JN133310

環境ガバナンスとNGOの社会学

生物多様性政策におけるパートナーシップの展開

Sociology of Environmental Governance and NGOs:
Partnership for Biodiversity Policy

藤田研二郎

Kenjiro Fujita

ナカニシヤ出版

はじめに

2014年10月，生物多様性条約第12回締約国会議で発表された『地球規模生物多様性概況第4版』では，2010年の第10回締約国会議で採択された愛知ターゲットの進捗状況について，次のような中間評価がなされている。

> 広範な指標からの推測によれば，現在の傾向に基づくと，生物多様性に対する圧力は少なくとも2020年まで増大を続け，生物多様性の状況は悪化を続ける。生物多様性の損失への社会による対応が劇的に強化され，計画期間となっている10年間の残り期間で，各国の計画やコミットメントからそうした対応が引き続き強化されることが見込まれているにもかかわらず，このような結果となっている。これは，部分的には，前向きな行動をとることと，前向きな成果が認識できるようになるまでの間に時間差が存在することが原因かもしれない。しかし同時に，圧力に対して対応が不十分であるためとも考えられ，生物多様性損失の要因がもたらしている悪影響を克服できないかもしれない［Secretariat of the Convention on Biological Diversity 2014=2015: 10］。

生物多様性条約が調印された1992年，また愛知ターゲットが採択された2010年以降，政府，NGO・NPOをはじめ多くの主体によって，生物多様性保全にかかわるさまざまな取組みがなされるようになった。しかし，日本を含む世界的な生物多様性の状況は，悪化の一途をたどっており，一向に改善の兆しをみせていない。上記の中間評価が示唆しているように，私たちはこのまま，この問題を解決することができるのだろうか。2019年1月現在では，愛知ターゲットの達成年である2020年に向けて，最終評価である『地球規模生物多様性概況第5版』が策定されている。

環境問題が新たな社会問題として注目されるようになってから，すでに久しい。1960年代の産業公害から数えてもはや半世紀，1990年代の地球環境ブームからも四半世紀以上が経とうとしている。

こうした社会問題としての定着とは裏腹に，環境問題への注目は次第に下がりつつあるように思える。近年でも，京都議定書の発効に伴う地球温暖化対策，また生物多様性条約第10回締約国会議に向けて積極的なキャンペーンが展開されていた

2000年代と比べると，2010年代に入ってからは，にわかにその勢いが失われてしまった。これは，環境問題一般に対して，一定の問題解決に向けた取組みがなされるようになったことによる，ある種の安心感の裏返しとも捉えられる。

確かに，問題解決に向けた取組みはなされるようになった。そのこと自体は肯定的に捉えられるにしても，環境問題の解決は前進しているとはいいがたい。本書では，こうした中で環境問題の解決が前進しないのはなぜか，ということを問いとする。そして，主に1990年代以降の環境政策の展開を再検証するという意図から，政府とNGO・NPOをはじめ多様な主体のパートナーシップに焦点を合わせる。生物多様性政策は，環境政策の中でもパートナーシップが最も強調されてきた分野の一つである。

前述のように，第10回締約国会議に沸いていた2010年前後ならまだしも，生物多様性政策は現在，社会問題としての新鮮さを失いつつある。またその後の東日本大震災，福島第一原発事故等と比べて，人命に直結する問題ではないということからも，一見すると取るに足らない問題のように映るかもしれない。しかし生物多様性政策，及びその中でのパートナーシップの推進は，とくに1990年代以降の環境政策一般の動向における典型例の一つと捉えられる。本書は，こうした典型例の検討を通じて，環境政策における新たな統治，また広くは政府と市民社会をめぐる近年の関係性のあり方を，批判的に再考するということを意図している。

目　次

凡　例

・文献からの参照・引用は（著者名 出版年：引用頁数）と（　）で表記し，資料からの参照・引用は［主体名 発行年月日：引用頁数］と［　］で表記する。また，文献及び分析に用いた資料は本書の巻末に掲載している。
・引用文中での〔　〕内の補足は筆者によるものである。
・引用文中での中略は［…］で表記する。

序章
環境ガバナンスは いかに論じられてきたか
行政と NGO のパートナーシップの理念と実態

1 パートナーシップをめぐる動向

日本の環境政策では 1990 年代以降，行政と NGO・NPO をはじめ多様な主体による「パートナーシップ」「協働」が推進されている。このパートナーシップは，今日の環境問題の解決において不可欠なキーワードになっているとさえ思わせるほどである。

たとえば政府による環境政策の総合計画である環境基本計画では，1994 年の第 1 次計画策定時から 4 つの長期目標の一つとして「参加」が掲げられ，「あらゆる主体が公平な役割分担の下に相互に協力・連携しつつ，環境保全に関する行動に自主的積極的に参加する社会」の実現が謳われている。また NGO・NPO 向けに年間 6 億円規模の助成を行う地球環境基金の創設（1993 年），全国各地での協働の拠点づくりという機能をもつ環境パートナーシップオフィスの展開（1996 年以降），地域の多様な主体の発意を活かした協議会方式での計画策定・事業実施に取り組む自然再生推進法の制定（2002 年）など，こうした事例は枚挙にいとまがない。さらに 2012 年に改正された環境教育等促進法では，目的に行政・企業・民間団体等の「協働取組」の推進が追加され，そのもとで地方自治体は「環境教育・協働取組推進の行動計画」を策定できるとされている。

これまで環境問題を対象とする社会科学において，上記のように推進されるパートナーシップの理念自体は，おおむね肯定的に捉えられてきたといえる。次節で詳述するが，環境政策学の環境ガバナンスという概念は，パートナーシップにもとづく環境政策の推進にあたって，理論的支柱の一つとなってきた。また環境問題が起こる現場，とくに地域社会の視点を重視する日本の環境社会学においても，パートナーシップは従来課題とされてきた政策決定・実施過程の閉鎖性を克服するもの，いわゆる「市民参加」につながるものと目されてきた。

環境政策ではパートナーシップの推進のもと，さまざまな地域現場における取り組みがなされるようになった。しかしその反面で，大局的にみたとき必ずしも政策的な成果が上がっていない状況が続いている。たとえば環境社会学会の機関誌『環境社会学研究』の創刊20年を記念した特集では，1990年代以降の環境政策一般に関して「あらゆることが劇的に変わったように見えて，実は何も変わっていないようにも見える」（池田 2014：5）との評価が下されている。また本書の事例となる外来種オオクチバス等の対策でも，1割程度の水域でしか駆除が成功しておらず，全国的な生息分布はほぼ変わっていない。さらに生物多様性の認知度自体も，2010年愛知県で開催された生物多様性条約第10回締約国会議後をピークに，近年では低下傾向にある。

なぜこうした状況が続いているのか。本書は環境政策の政策過程において市民セクターの主体であるNGO・NPO（以下主に「NGO」）と，政府・産業セクターの主体との間に形成される「セクター横断的連携」を対象とした経験的な検討を行う。とりわけ生物多様性政策に向けて政策提言活動を行うNGOを中心的な主体として，政策決定段階から上記の連携が形成される場合の条件，並びにその連携が後の政策実施体制にもたらす帰結について新たな問題提起を試みる。本書全体を通じた目的は，前述の環境政策の成果が上がっていない状況に対して，今日のパートナーシップが内在的に抱える課題に着目することで，その理由の一端を明らかにすることである。

従来の環境社会科学では多くの場合，パートナーシップの理念がもつ意義を一定の前提とした上で，地域社会の実践の中でそれをいかに運営するかという観点から議論が進められてきた。一方でそうした議論が念頭に置く局所的な事象を越えて，より大局的な観点からパートナーシップを検討対象とする研究は存外少ない。「今日のパートナーシップが歴史的にいかにして導入されるに至ったのか」，「個別事例を横断する特定の政策分野一般においてパートナーシップにもとづく環境政策が実際に成果を上げているのか，上げていないとすればなぜか」といった論点は，これまで決して十分には問われてこなかった。本書の志向するオリジナリティは，こうした大局的な視点に立って今日のパートナーシップが抱える課題を再検討することにある。

以降の本章では，環境ガバナンスという概念を導き手に，パートナーシップにかかわる先行研究の動向を検討しながら，本書全体の問いをより明確化していく。まず次節では，環境政策学の環境ガバナンス論，及びそれと軌を一にする環境社会学の新たな環境運動のあり方をめぐる議論，またそれらが強調するパートナーシップの理念的意義に対して実態面から批判する環境社会学とNPO論の先行研究を検討し，それぞれの限界を指摘する（第2節）。そして本書全体の問いを明確化するとともに，上記の限界を乗り越え今日のガバナンス，統治のあり方を批判的に捉える視座として，環境統治性と新自由主義との関係にかかわる議論を提起する（第3節）。最後に第4節では，本書の中心的対象となるNGO・NPOの捉え方と，それを取り巻くセクターの区分についてあらかじめ明示しておく。

2 環境ガバナンス，パートナーシップの理念と実態

2-1　環境ガバナンスという理念

「環境政策決定・実施過程における多様な主体のパートナーシップや協働」，近年これを強調する最たるものが，「環境ガバナンス」という理念である。環境ガバナンスは環境政策学を専門とする元行政官，研究者らによって，主に2000年代以降提起されるようになってきた環境政策における新たな統治の考え方である。

環境ガバナンス論では，1970年代初めに一定の政策的決着がついた産業公害以降のいわゆる都市・生活型公害や地球環境問題を念頭に，現代社会の環境問題が「複雑化・多様化」（松下・大野 2007：4）しているという診断を出発点とする。そしてそれらの問題に対応するためには，これまでの「政府による統治（ガバメント）」だけでは不十分であるとして，多様で多元的な主体の政策決定・実施過程への参加，並びにそれを基軸とした新たな統治への移行が求められる。こうした理念こそ環境ガバナンスであり，それは「上（政府）からの統治と下（市民社会）からの自治を統合し，持続可能な社会の構築に向け，関係する主体がその多様性と多元性を生かしながら積極的に関与し，問題解決を図るプロセス」（松下・大野 2007：4）と定義される。

上記の多様な主体の一つとしてとくに注目されるのが，NGO・NPOをはじめとする市民セクターの主体である。そもそも環境ガバナンスという理念自体，「環境政策の形成過程における環境NGOなどの非政府セクターの役割が認知されてから注目されてきた」（植田 2007：304）とされる。このことは，1992年にブラジルのリオ・デ・ジャネイロで開催された地球サミット前後からの国際的なNGOの活躍を念頭に置いたものである（山村編 1998；毛利 1999）。

環境政策でこうした市民セクターの主体が注目されるのは，それに対置されるセ

クター，すなわち市場と政府に一定の限界が存在するためである。環境ガバナンス論の代表的論者の一人である松下和夫は，次のように指摘する。まず市場は「環境という公共財を適正に管理し提供する」ことができず，また政府は本来適切な公的介入を行い市場の限界を是正する役割をもつが，一般的に「新たな問題に対する柔軟性・即応性に欠けがち」（松下 2002：82–3）である[1)]。一方でそれらを補完する存在として，NGO は次の役割を有する。まず「問題を社会的に認知させる役割（課題設定：agenda setting）」，また「それぞれが関わっているテーマにつき，専門的な知識と経験を蓄積し，実践性を持っていること」，さらに「政策提言とその実施に向けたロビー活動」（松下 2002：83–4）といったものである。

上記の市民セクターの主体の役割がとりわけ発揮されるべき局面が，環境政策の決定過程であろう。この政策決定について環境ガバナンス論では，政府や産業セクターの主体がそれらとの間に何らかの協力的な関係性，すなわちパートナーシップや協働を形成することの意義がしばしば強調される。松下はそうした政策立案段階からの協働の意義について，まず問題意識を共有し「相互学習の効果があがる」，またノウハウを活かし「より効率的な政策実施が可能になる」，さらに「公共主体による判断の限界（政府の限界）を補う」（松下 2007：80；松下・大野 2007：25–6）といったことを論じている。なおこうした協力的関係性の強調は，「協働原則」として近年国際的には環境政策の諸原則の一つにも数えられるものである[2)]。

■ 2-2　環境運動と「コラボレーション」

一方で政策決定・実施過程における多様な主体の協働は，環境政策側からのみな

1）松下（2002）の市場・政府の限界論は，レスター・M・サラモン（1992=1994：24–7）の解釈に依拠している。同様に NPO 論でも市場・政府のセクターに対置させる形で非営利セクターの意義を説く主張として，佐藤慶幸（2002, 2007）などがある。

環境ガバナンス論では上記の市場・政府の限界論に依拠せずとも，市民セクターの果たす役割についてさまざまな理論的視座から論じられる。たとえば，近視眼的な民主主義の「病理」をチェック・矯正し持続可能な発展に資するものとして（足立 2009），ローカルな知識などを有する場合より適切な政策形成をもたらす存在として（佐野 2009），エコロジカル・シチズンシップに立脚し社会をより持続可能にするために働きかける能動的主体として（松下・春日 2009），国益を越えた地球益を目指し地球環境レジームの形成に大きな役割を果たす存在として（星野 2009）市民セクターは論じられている。

また海外の事例が主であるが，NGO がそうした役割を体現している経験的事例も報告されている。たとえば松本泰子（2001, 2010）は，グリーンピースを中心とした国際環境 NGO が気候変動政策の国際交渉において一定の影響を与えていることを分析している。

らず，より草の根的な環境運動の側からも強調されている。この点で近年の環境社会学における環境運動論の動向は，前述の環境ガバナンス論と方向性を同じくしている。

日本の環境社会学において環境運動の研究は，1960年代以降の産業公害に対する被害者運動や大規模地域開発をめぐる住民運動から始まった（松原・似田貝編 1976；舩橋ほか 1985；舩橋ほか 1988；飯島 1993）。これらの運動は環境政策が未成熟な段階から，地域住民の生活環境を顧みない経済成長優先の産業・開発政策に対する批判として繰り広げられてきたものである。環境運動をはじめ社会運動一般は，「現状への不満や予想される事態に関する不満に基づいてなされる変革志向的な集合行為」（長谷川 2003：36）と定義される。

上記の初期の研究から明らかにされてきたのは，政策決定・実施過程において環境運動からの声が直接的に取り入れられず，それによって産業公害への対応が決定的に遅れる，あるいは大規模開発をめぐる紛争が深刻化しているということである（舩橋ほか 1985；舩橋ほか 1988；舩橋ほか編 1998）。一方で初期の環境運動の中心であった住民運動は，1970年代後半から1980年代にかけて停滞，いわゆる「冬の時代」を迎える（町村 1987）。こうした中では住民運動側の一つの限界として，積極的な対案を出せず，結果的に政策過程の外部者としての立場に終始してしまうことが指摘されてきた（庄司 1989：196-8）。

その後1980年代後半からは，従来のような政策過程の外部者にとどまらない運動のあり方が希求されるようになっていった。中でも象徴的なのが，自らオルタナティブなライフスタイルを提示する事業性を有しながら地域政党として政策過程にも進出していった，生活クラブのような運動のあり方である（佐藤編 1988；佐藤ほか編 1995）。また同時期には，いわゆる地球環境ブームの到来に伴い環境基本法の制定（1993年）をメルクマールとする環境政策の整備，さらに阪神・淡路大震災におけるボランティアの活躍から市民活動団体に法人格を与える特定非営利活動促進

2）この原則は，1976年ドイツの『環境報告書』が起源とされる。また経験的な事例研究でも，松本（2007）が気候変動政策のもとでのノンフロン冷蔵庫をめぐって，ドイツのグリーンピースがメーカーとの間に「戦略的架橋」を形成していった過程を報告している。同じ事例を扱った研究として，佐々木利廣（2001）も参照。

また環境庁の政策形成過程については，「霞が関に置ける相対的な基盤の弱さを補うために，創発過程などにおいてNGOなどとのパートナーシップを利用するのも1つの特色」（城山・細野編 2002：13）とされる。こうした政策決定過程からの協働は，環境領域の重要な特徴の一つといってよいだろう。

法の制定（1998年）などが展開していった。これらを受け1990年代から2000年代を通じて，環境運動論者，さらには運動側からも政策志向性や対案提示能力の向上が期待されるようになっていった（西城戸 1998：81；日本自然保護協会編 2002：294-5, 舩橋編 2011：252）。

こうした政策志向性の向上にとくに大きな期待を寄せるのが，長谷川公一（2003, 2011）の「セカンド・ステージ型環境運動」論である。長谷川はアメリカにおける反原子力運動を念頭に，従来的な運動のあり方を「体制の外部から異議申し立てを行う告発型のファースト・ステージ」と位置づける。そしてそれを脱した新たな環境運動を，「セカンド・ステージ」として積極的に評価する。セカンド・ステージ型環境運動とは，「体制内に参入し政府や企業体の政策決定過程に深く関与し，体制内部で変革のオルタナティブを提起する」（長谷川 2003：228）とされる。

このセカンド・ステージ型環境運動においてキーとなるのが，政府や企業との「コラボレーション」である。コラボレーションとは，「複数の主体が対等な資格で，具体的な課題達成のために行う，非制度的で限定的な協力関係ないし共同作業」（長谷川 2003：183）と定義される。長谷川は，こうしたコラボレーションが「共生社会＝成熟社会に向けてのシステムのつくりかえの原動力となっている」，「ポスト冷戦時代において社会変革のポテンシャルをもっとも秘めている」（長谷川 2003：229）と主張する。

以上と同様の運動のあり方は，他の運動論者によっても少なからず論じられている。たとえば高田昭彦は，NPO段階の市民運動として「『環境NPO』は，パートナーシップを通じて企業と行政に働きかけ，持続可能な（sustainable）環境創造のための社会ルールを編み出していく」（高田 2001：174）と主張する。また帯谷博明は「もうひとつの専門性」「領域横断的でローカルな知の体系」をめぐる比較優位性から，運動体と行政との間に対等な資格での「協働」が生じ，それを通じて長谷川のいうセカンド・ステージ型環境運動への移行が可能になると指摘する（帯谷 2004：288-98）。さらに環境運動に限らず市民セクターの主体一般について佐藤慶幸は，「企業と政府のあり方を批判するのみでなく，必要ならば企業と政府と協働（コラボレーション）することで，企業と政府のあり方を変えながら，新しい活動の領域を拡大することができる」（佐藤 2007：54）という方向性を提起している。

■ 2-3　理念的協働論の限界

ここまでの議論について環境ガバナンス論では，問題の複雑化・多様化という診断，ないし国際的な環境政策の展開を受けて，行政とNGO・NPOとのパートナーシップが新たな統治のあり方として提起されていた。ここでNGO・NPOは，市場・政府の限界という理論的な基礎づけからその役割が正当化され，企業・政府との協働によって政策立案における相互学習効果や効率的な政策実施，さらには政府の限界を補うといった環境政策の前進が導かれるとされる。

また依拠する理論的な背景こそ違えども環境社会学の環境運動論，とくにセカンド・ステージ型の議論も，協働への注目という点では同様である。住民運動をはじめ従来の環境運動が直面した政策過程の閉鎖性，環境運動が政策過程の外部者に終始してしまったことに伴う行き詰まりから，環境運動論では，新たな運動のあり方として対案を提示し政府や企業とも協働する方向性が提起されていた。このコラボレーションは，社会変革のポテンシャル，政府や企業の行動転換を導くものとして期待されている。

一方で両者の議論は，次のような限界を有する。第1に両者は，第一義的には理念的な観点から従来それが存在しなかったという状況を論拠に，新たな統治／運動のあり方として協働の意義を主張するものである。しかし実態的にいかなる状態を協働とみなすかは，少数の例示がなされている限りで不鮮明さを拭いきれていない。結果として，実態的には玉石混交の協働のあり方があるにもかかわらず，それらを一括りにして協働の意義ばかりを強調する向きが生じている。

第2に協働は，それが期待されるからといって自ずと形成されるものではない。実態的には各主体は固有の利害関心を有し，それが満たされることによってはじめて協働が可能になるという一定の形成条件，及びある条件のもとでしか協働が形成されないという選択性が想定される。一方で従来の議論は，理念的に協働の意義を主張するばかりで，その形成条件や選択性について十分考慮されていない。

第3に協働がもたらす帰結に関して，環境ガバナンス論では環境政策の前進が，環境運動論でも社会変革のポテンシャルといったことが，協働の形成それ自体と一体となって期待されていた。一方で前述の協働の形成条件，選択性を前提としたとき，協働が形成されたからといって上記の帰結が自ずと実現されるとは限らない。むしろ協働を通じて，環境政策の停滞，社会変革の失敗が導かれてしまう場合も，同時に考慮しなければならない。たとえば一方が他方にただ依存するという選択性のもとに協働が形成され，その結果一方だけの取り組みでは問題解決にとってまったく不十分，有り体にいえば「焼け石に水」になってしまうような場合が想定可能である。少なくとも経験的には，協働の形成とは別個にその帰結を考察しなければならないだろう。

■ 2-4　環境運動の制度化論

先行研究では，先述のように推進される協働の動向が手放しに称揚されてきたというわけではない。近年ではパートナーシップの理念自体，ないしそれが制度化に向かう動向については肯定的に評価しつつも，それによって起こる実態的問題を批判的に検討する研究が蓄積されつつある。以降ではこうした協働の実態面を扱う研究として，環境運動の制度化論，環境社会学の協働研究とNPO論における下請け化問題を取り上げる。

まず環境NPOに代表されるような1990年代以降の運動のあり方に関して，一定の批判的な視点を投げかけているのが，環境運動の制度化論である。ここで環境運動，ひいては社会運動一般における「制度化」とは，次の3つの変化をあらわすものとして整理することができる（Meyer & Tarrow 1998；Johnston 2011）。第1に従来インフォーマルな集団であった社会運動が，フォーマルな経営基盤をもつ組織として確立していくこと。第2に社会運動の戦術が，示威行動や直接行動といったものから，既存の制度を前提とした穏健なものに変化していくこと。第3にこれまで政策決定・実施過程の外部者であった社会運動が，その過程内部にも参入していくことである。なお論者によって力点は異なるものの，これらは従来明確に区別されてきたものではなく，しばしば重複して論じられる[3]。

こうした環境運動の制度化について，寺田良一（1998, 2016）はアメリカの環境NPOの歴史的展開に関する知見から，第1・2世代と呼ばれる環境NPOに生じた「体制編入（co-optation）効果」について指摘している。この体制編入効果とは，運動の穏健化，保守化，すなわち「社会運動性」（制度変革，体制批判志向）の減退という現象にあらわされるものである（寺田 2016：51–2）。アメリカの環境NPOに生じ

3）このうち第1のフォーマルな経営基盤の確立については，後述の寺田（1998, 2016）の他，その課題に応える形で，NGO・NPOが事業性を有しながらも運動性を担保するものとして政策提言への着目（長谷川・町村 2004：20–1；本郷 2007：234-5；西城戸 2008：266–70）といった議論が展開されている。また第2の戦術の穏健化に関して，青木聡子はドイツの原子力施設反対運動に関する知見から，体制側に歩み寄り保守化も進行する反面で，対決型の抗議行動が日常的に発生する現代ドイツ社会の特徴を，「特殊ドイツ的なエートス」「「世代責任」の意識と「正統なるもの」への強い疑念」（青木 2013：247）によって説明している。第3の政策決定への参入については，先述の長谷川（2003, 2011）の他，ドイツ緑の党に関する丸山仁（2004），逗子市米軍住宅建設問題に関する森元孝（2001）などが相当する。

た制度化については，R・E・ダンラップとG・マーティグの書籍（Dunlap & Mertig 1992）でも触れられている。こうした指摘は，前述のような協働を通じた社会変革のポテンシャル，政府や企業の行動転換を導くといった効果について，一定の留保をつけるものと捉えることができる。

ただしこの体制編入効果の第一義的な要因として寺田が指摘するのは，従来インフォーマルな集団であった運動が，フォーマルな組織基盤を確立する中で，組織の維持拡大，財源の確保といった「経営体の論理」が前面化することである（寺田 2016：51）。一方で寺田自身，第3世代の環境NPOの制度化を例に，草の根運動の「エンパワーメント効果」（寺田 1998：15-6, 2016：61-2）といった体制編入にとどまらない効果を指摘していることからも示唆されるように，運動の組織基盤の確立が必ずしも体制編入を導くわけではない。また体制編入効果を指摘する中では，「政策形成過程により深く組み込まれたり」（寺田 2016：51），ないし「企業や行政と妥協」（寺田 2016：61）といった，政府，企業との協力関係にもとづく論点も，他の要因として触れられている。すなわち組織基盤の確立，制度化が運動に生じたとしても，体制編入効果が起こるか否かは，政府，企業との関係性のあり方如何によると考えられる。しかし制度化論の先行研究では，この関係性のあり方に焦点を絞った検討が少ない。体制編入効果の発生条件を明確化するという意味でも，協働のあり方についてより特定的に検討する余地は残されているといえる。

■ 2-5　環境社会学の協働研究

次に環境社会学の協働研究とは，地域現場における協働の実践を対象にして，そこに生じる問題を抽出しようという傾向を有する一連の研究である。たとえば脇田健一は，「環境ガバナンス時代の環境社会学」の課題の一つとして，「特定の定義が巧妙に排除ないしは隠蔽され，あるいは特定の定義に従属ないし支配されることにより抑圧されてしまう」（脇田 2009：12）状況を，批判的に分析することを説いている。また佐藤仁は，環境ガバナンスの根底に「知のガバナンス」があるとして，普遍的な知に圧倒され「暗黙知化」されてきた知のあり方，とりわけ「特定の時間と場所に機能を限定されたローカルな知」（佐藤 2009：40）を回復することを，環境社会学の重要任務の一つとして提起している。

また主にコモンズ論に立脚した協働現場の事例研究から，環境ガバナンスの実態的課題を検討するのが，宮内泰介らを中心とするグループである。宮内は現状のガバナンスの問題として，政策側の「科学的で「公共的な」環境保全」と地域住民側の「ダイナミックな「埋め込まれた環境保全」」が「ときに対立構造をもたらしている」ことを指摘する。そしてそれに代わって「地域からの視点，生活者の視点に立つ」ことを出発点としながら，「地域社会の多声性（polyphony）」に目配りした「順応的ガバナンス」（宮内編 2013：321-7）のあり方を提起している。同様に丸山康司は，行政による環境保全を「堅い管理」「個別性を捨象することによって成立している」として，代わりに「多様性を維持」した「抑圧的環境保全からの解放」（丸山 2013：304-8）を主張している。

以上のような批判において念頭に置かれているのは，NPO などの参加も得て決定された自然再生事業が，その決定に関与しえなかった住民からの反発を受けて，結果的に立ち行かなくなってしまったような事例である（例：富田 2013）。さらに近年では，上記の順応的ガバナンスを適切に運営するための課題として，「複数性の担保」，「共通目標」の設定，プロセスの「評価」，環境保全活動での「学び」，「支援・媒介者」の存在（宮内編 2017：334-5）といったノウハウの蓄積に展開している。

本書も環境ガバナンス，ないしパートナーシップの実態を批判的に捉えるという点では，これらの環境社会学の協働研究と共通している。ただしそれらの先行研究については，次のような限界を指摘することができる。

第１に先行研究では，パートナーシップの名のもとに実態的には行政による支配，地域住民の従属という関係性が生じ，結果としてローカルな知が圧倒されたり，対立，抑圧に転化したりする状況，すなわち住民の主体性が脅かされる状況が問題化されていた。ここでそれらが対象としているのは，あくまで地域住民に対する帰結である。一方で協働にもとづく環境保全事業の成果は，住民への影響と別に評価されなければならない。この点，協働が住民にとって望ましい状態にあったとしても，環境保全事業自体の成果が乏しい場合は十分にありえる。対してたとえば宮内は，「ともかくプロセスが続いている」ことをもって「成功」と捉える見方を示しており（宮内編 2017：337），そうした事業の成果に関する直接的な評価を避けている。むろんここでは，環境保全にとっての成果が不十分だからこそ，そのプロセスが継続されているという場合が起こりえる。

第２に環境ガバナンス論では，政策決定過程からの協働がすでに強調されていた。対して環境社会学の先行研究は，上記のガバナンスのあり方を実質的に批判するものではない。というのも，たとえばローカルな知が抑圧されるような状況が存在したとしても，ガバナンス本来のあり方を貫徹しそれを政策決定に組み込めば，自ずとその問題は解消されるためである。この意味でこれらの先行研究が批判しているのは，環境ガバナンスの実態では必ずしもない。むしろ環境ガバナンス論が移行すべきと主張している，従来のガバメント的な統治と捉えた方が適切であろう。前述の佐藤仁による批判でも，「〔参加，協力〕の価値を正面から批判するのは難しい」として，環境ガバナンスを「環境の維持管理を目的とした人間社会の編成のあり方」（佐藤 2009：43）と定義し直し，従来的なガバメントとの違いをあいまいにしている。

もっとも地域現場において環境ガバナンスの理念が形式的に受け取られ，従来のガバメント的統治が残存しているという状況は想像にかたくない。前述の環境社会学における批判もそうした状況に目を向けたものであろうし，その状況を解消していくこと自体の意義は論をまたない。しかしそうした従来的統治が残存している状況をもってガバナンスを批判したとしても，それは批判というより実質的にはガバナンス自体と軌を一にしたものとなっている。そしてまたガバナンスは，際限なく求められ続ける。

一方で上記の循環から抜け出すために必要なのは，環境ガバナンス論が主張する市民セクターの声が政策決定にも反映されるような状況において，それでもなお実態的に発生する問題を明らかにすることだろう。とりわけ政策決定からの協働を強調するという手法が，いかなる潜在的機能を果たしているのかについて，経験的に特定しておく必要がある。抑圧的とされていた状況が解消されてもなお生じる問題，市民セクターの主体性が脅かされているというわけではない，むしろそれが十分担保されているといっていいにもかかわらず発生する問題が，本書の焦点となる。

■ 2-6　NPO 論における下請け化問題

ここまで環境領域の先行研究を対象に検討を進めてきた。しかし本書の検討対象であるパートナーシップや協働について，それに期待する理念，ないしそれが制度化に向かう動向は，何も環境領域だけに限らない。今日それは，市民セクターの一般において観察されるものである（Salamon 1995=2007）。一方でそのパートナーシップの実態的な側面に関して，近年 NPO 論の中から提起されている代表的な問題が「行政の下請け化」である。

行政の下請け化について，その問題提起の端緒ともなった田中弥生（2006）では，次のように整理されている。すなわち有給職員などの雇用の確保，組織の存続目的から NPO が行政から委託事業を受託することで，NPO の経営自体が次第にそれに依存したものになっていくこと。こうした委託事業への依存は，新たなニーズの発見の減少や寄付の調達の低下につながり，最終的に NPO 本来の自主事業がなされなくなるということに帰結しうる（田中 2006：74）。なおこの下請け化問題が生じる領域の見本例と目されているのは，社会福祉領域における介護保険制度や指定管理者制度である。これらの背景には，「行政では担いきれなくなったサービスを市民の自発的な活動に担ってもらう」（田中 2006：92）という政策の流れがある。

上記の政策の流れは，環境領域でも共通しているだろう。この点は第1章で詳細に検討する。またこの下請け化問題は，環境社会学の先行研究でもすでに一部指摘されている。たとえば松村正治は，横浜市新治里山公園の事例から，NPOが指定管理者を担う中で行政から過大な事務量を課せられ，「会員のやる気を阻害するという不満の声」（松村 2013：241）が上がっている事態を報告している。逆に茅野恒秀は，群馬・新潟県境に位置する「赤谷の森」における生物多様性復元プロジェクトにおいて，林野行政とNGO，住民の3者による協働が「〈発注－下請け〉の関係に陥ってしま」（茅野 2009：33）わないように，各主体をエンパワーしプロジェクトの多面的な姿を関係者と常に共有する工夫がなされていった過程を描写している。

この下請け化問題で提起されているのは，委託事業という形式での協働が，次第にNPO側の経営の依存に，最終的に支配－従属関係に陥り，NPO本来の自主事業が阻害されるという状況である。すなわちパートナーシップを通じた主体性への脅威を問題化するという点で，先述の環境社会学の協働研究と通底するものと捉えられる。

一方で本書の関心である環境政策決定・実施過程に照らせば，さらなる検討課題として次のことが残されている。第1に前述の田中（2006）の整理にもあらわれているように，NPO論の下請け化問題は政策実施過程を対象としたものである。対して政策決定過程は，その問題構成の中に含まれていない。こうした問題構成の外部にあるからこそ，近年下請け化を回避するための手段として盛んに提起されているのが，NPO自身が政策決定過程にも積極的に関与していくこと，すなわち政策提言（アドボカシー）である。

政策提言の必要性は，田中自身によっても「自立したNPO」の一つのあり方としてすでに指摘されていた（田中 2006：203）。また近年では，藤井敦史が，NPOをはじめ社会的企業を「ハイブリッド組織」として，その特徴の一つに「政策提言やパートナーシップを通じた政治的問題解決」を位置づけながら，それらを通じて「行政下請け化」や「営利企業への制度的同型化圧力に対しても「闘う」必要がある」（藤井ほか編 2013：4-10；藤井 2010）ということを論じている。こうした政策提言は，NPOのような事業性を有する市民セクターの主体について，行政や企業と違うア

表1　活動領域ごとのNGO・NPOの傾向（%）（内閣府国民生活局［2009］より筆者が作成）

		全体	自然環境保護	保健・医療・福祉				その他				
				高齢者福祉	児童福祉	障害者福祉	健康づくり	教育・生涯学習	まち・むらづくり	芸術・文化の振興	青少年育成	国際交流
調査数（団体）		4,379	320	697	184	655	117	156	407	283	204	118
法人格	任意団体	72.6	72.5	69.2	75.0	62.1	72.6	65.4	73.5	86.6	78.9	89.0
	特定非営利活動法人	27.4	27.5	30.8	25.0	37.9	27.4	34.6	26.5	13.4	21.1	11.0
収入総額	10万円未満	22.1	21.6	22.7	29.9	25.0	17.9	17.3	17.0	20.5	27.9	14.4
	10～30万円未満	3.3	16.3	13.5	12.0	10.4	12.0	12.8	17.0	16.6	15.2	15.3
	30～50万円未満	6.8	8.4	3.6	3.3	4.3	4.3	6.4	8.6	9.5	5.4	22.9
	50～100万円未満	7.0	10.0	4.0	1.6	4.7	11.1	9.6	8.6	11.7	4.4	7.6
	100～200万円未満	5.2	4.7	2.7	2.7	3.1	12.8	7.7	8.8	7.4	6.4	5.1
	200～500万円未満	5.4	7.5	3.3	4.9	4.6	6.8	8.3	5.9	8.5	4.4	7.6
	500～1000万円未満	3.8	4.1	2.7	5.4	6.3	1.7	3.2	2.9	1.4	4.4	2.5
	1000～2000万円未満	3.6	0.9	3.9	3.3	8.4	2.6	3.2	2.5	1.1	2.9	1.7
	2000～5000万円未満	3.0	1.6	4.9	3.3	7.8	0.9	3.2	1.0	0.7	1.5	-
	5000万～1億円未満	1.0	0.3	2.0	1.1	2.4	0.9	-	1.0	0.4	-	-
	1億円以上	0.3	0.3	0.8	0.5	0.5	-	0.6	0.5	-	-	-
調査数（団体）		3,131	240	446	124	507	83	113	299	219	147	90
収入の内訳	会費	5.7	12.7	1.5	2.6	2.3	13.1	9.3	5.1	17.7	21.8	27.5
	寄付金	5.9	9.0	1.4	4.1	3.7	6.9	4.6	20.9	9.2	12.9	8.4
	補助金	8.2	45.3	17.6	39.3	45.3	17.7	35.1	14.4	29.9	19.5	24.0
	事業収入	55.2	24.9	76.3	38.2	43.4	61.8	46.6	57.4	37.2	32.7	25.4
	その他	5.0	8.0	3.2	15.8	5.4	0.6	4.4	2.1	6.0	13.1	14.6

注）「調査数（団体）」の2行を除き，セルの値の単位は%である。また，濃い灰色でハイライトしたセルは，全体より5%以上上回るもの，薄い灰色でハイライトしたセルは，全体より5%以上下回るものである。

イデンティティを論じる文脈でもしばしば提起されるものである（本郷 2007：235；西城戸 2008：268）。

ただしNPO論における政策提言は，下請け化を回避するための手段として問題構成の外部から要請されている限りで，その有効性に焦点を絞った検討がなされているわけではない。この政策提言の有効性に関する検討は，本書を通じて引き受けていかなければならない課題である。

第2に本書が環境領域を対象とすることから，下請け化問題が念頭に置いている状況との違いにも留意しなければならない。前述のように下請け化問題がその背景として想定していたのは，行政からの委託事業であった。一方で既存の調査結果からは，環境領域において多くの場合，委託事業はNGO・NPOの主な収入源となっていない可能性が示唆される。表1は，内閣府国民生活局によって2008年度に実施された「市民活動団体等基本調査」の報告書から作成したものである。これは，特定非営利活動（NPO）法人と任意団体含むNGO・NPOを対象とする調査としては過去最大規模のもので，このうち環境領域のNGO・NPOは「自然環境保護」に相当する[4]。

同調査の結果から環境NGO・NPOは，法人格の取得の有無や収入総額という点では全体の傾向と大差ない。一方でその特徴といえるのは，収入の内訳に関して「補助金」（行政，財団，上部・下部機関からの補助金，助成金，交付金）[5]の占める割合が45.3%と，上位10活動分野中最も高く，対して委託事業を含む「事業収入」（機関誌・刊行物の売り上げ。調査研究受託収入。業務委託収入。販売・製造の売り上げ。講習会・研修会の収入。手数料。入場料）の割合が，最も低い（24.9%）ことである。

上記から環境NGO・NPOの収入源は行政からの補助金，民間の助成金が主であり，対して委託事業はそもそも少ないということがうかがえる。ここで委託事業ではあくまで発注元，すなわち国や地方自治体といった行政が事業主体となるのに対して，補助金・助成金ではNGO・NPO自身がその事業主体となる。この点でNPOの主体性，行政との対等性を尊重するならば，委託よりも補助のほうが望ましいという言説は，NPO関係者によってもしばしば主張される（原田 2010：57-8）。そしてこの意味で，環境領域のNGO・NPOはその主体性は担保されやすい傾向にあり，逆にそれが脅かされるような行政の下請け化の対象になる懸念は相対的に小さいとも想定される。

ただし上記は，大局的な観点からみた環境NGO・NPOの特徴を述べたにすぎない。すなわち，下請け化問題で示唆されていたようなNGO・NPOの自主事業がなされなくなる傾向があるか否かは，本書の事例研究を経た上で再検討しなければならないだろう。また事実，その主体性が担保されやすいのであるとすれば，それが下請け化とは違ったいかなる帰結を導くのか，本書を通じて考察していく必要がある。

4）同調査は，都道府県，政令指定都市が有する「市民活動団体リスト」を母集団（70,986団体，2008年11月時点）に，10,000団体を無作為抽出した調査票調査である。本表では調査票の中で分類された28の活動分野のうち，「その他」を除き調査数が100を超える上位10分野の傾向を示している。環境領域にかかわる分類には自然環境保護以外にも，「公害防止・省エネルギー」「リサイクル」があるが，両者の調査数はそれぞれ39，42団体で傾向を捉えるには必ずしも十分な数ではない。なお2008年度以降，内閣府国民生活局による調査の対象はNPO法人に限られ，任意団体を含む調査は実施されていない。

5）ちなみに，一般にNGO・NPOにとって，補助金と助成金の違いは，前者が主に行政から，後者が主に民間から交付されるのを呼び分けたものである。

3 本書の問いと構成

■ 3-1 本書全体を通じた問い

ここまでの先行研究の検討を踏まえ，本書の問いを再整理すれば次のようになる。まず本章の冒頭で提起したように本書で念頭に置くのは，パートナーシップの理念が等しく受容され実態的にも制度化に向かっているにもかかわらず，大局的にみたとき必ずしも政策的な成果が上がっていない状況である。すなわち，「従来の議論で環境問題の解決策として提起されてきた協働がすでに実行に移されているにもかかわらず，現実の環境問題解決が進んでいないとすればなぜか」という問いを，本書全体を通じて探求する。

そしてこの問いのもとに，本書では環境政策決定・実施過程におけるNGOを取り巻くパートナーシップを検討する。まず政策決定過程については，経験的な協働の形成条件，及びその選択性に着目する。中でもNGOの政策提言活動を対象に，それが行政にも受け入れられていく過程を分析することで，市民セクターによる政策提言の有効性を検討し，また上記の協働形成条件の選択性という観点から，市民セクターの声が反映されてもなお実態的に発生しうる問題を明らかにする。

次に政策実施過程については，協働の形成自体と別個にその帰結，すなわち「協働によって環境政策が前進したといえるか停滞したままか，あるいは社会変革が生じたか」という成果を評価する。とりわけ経験的にはNGOに対する協働の影響のみならず，環境保全事業への影響を政策的成果として考察する。またNGO自身の主体性が脅かされておらず，十分担保されているといっていいのであれば，それが下請け化とは異なるいかなる帰結を導いているのかについて，新たな問題提起を行うことになる。

なおパートナーシップの理念を肯定的に捉え，その意義を前提とする既存の議論は，多くの場合現状の協働のあり方に問題があるとしても，より適切な協働を構想しさらにそれを推進することで，その問題を解決していくという志向性を有している。たとえば環境社会学の協働研究における適切な順応的ガバナンスのノウハウの蓄積，NPO論の行政の下請け化問題における政策提言を通じた政策決定過程への関与の方向性が，その象徴的なものであろう。一方で結論を先取りすれば，本書の議論は必ずしもそうした志向性を共有するものではない。むしろ本書が志向するのは，政策的にパートナーシップを推進するという方向性それ自体が，一種の「対症療法」につながり，かえって問題解決の停滞を導いてしまっているという可能性である。本書全体を通じては，この可能性が存在することの問題提起と，それが実現してしまう場合の条件について考察することになる。

■ 3-2　環境統治性と新自由主義の諸問題

以上の問いにあらわれているように，本書は環境ガバナンス，パートナーシップの実態を批判的に捉えるという志向性を有している。ここでそうした志向性から今日的な統治のあり方を捉えるにあたって，「環境統治性」（environmental governmentality）という概念を参考に，その足がかりとなる視座を設定しておきたい。環境統治性とはミシェル・フーコーに端を発する統治性研究の影響を受けて，近年欧米の環境社会科学において提起されるようになってきた概念である。なお環境統治性自体は，広く統治性概念一般と同様に，必ずしも明確な定義を有するわけではない。むしろ統治性概念自体は，それを通じて過去と現在の統治のあり方について思考し批判するための「診断的な道具」（Walters 2012=2016：24）と捉えた方が適切といえる。

環境統治性という概念のもとに探求される問いも，決して一様ではない。たとえば人口を対象とする統治の成立の背後にある知の作用を問う統治性研究一般の命題と類比的に，あらゆる生命を対象とする統治の成立を規制科学や環境影響評価といった環境諸科学の知の作用から検討する先行研究などがある（Ructheford 1999）。一方でこうした環境統治性研究の中でもとくに注目すべきとされるのが，「主体性」（subjectivity）の構築，主体化をめぐる論点である（Darier eds. 1999）。ここで統治性概念において統治される者は，必ずしも自由を奪われた存在とみなされない。むしろ一定の自由を有しながらも，自発的に統治に従う存在とみなされる。言い換えれば，統治性研究において被統治者の主体性は，単に個人に内在するものとして前提に置かれるものではない。むしろその主体性は，一定の育成・管理のもとに成立していると捉えられ，そのために用いられる知や技術のあり方が主な分析対象となる（Walters 2012=2016）。

こうした観点のもとに環境統治性の議論では，たとえばWise UseやProperty Rightsといった1990年代以降のアメリカの環境運動の背景について，クリントン・ゴア政権期における環境政策の知との関連を考察したもの（Luke 1999），環境問題の啓発書における主体形成の技法を考察した研究（Bowerbank 1999），あるいはインドのローカルな森林政策を対象に，当初政府の環境規制に対抗的であった地域住民たちが次第に自分自身をコントロールするようになっていった過程について，その組織づくりやモニタリングなどの技術を分析した事例研究（Agrawal 2005）などが蓄積されている。なおこれらの議論を参考にするにあたって留意すべきは，単に主体性が構築物であるということを暴き出すこと自体が目的ではないということだ。むしろどのような主体のあり方が求められ，また同時にどのような主体のあり方が排除されているのかを問うことにこそ，統治性概念の意義があるといえる。

本書でも環境統治性研究を参考に，環境ガバナンス，パートナーシップの統治のあり方の特徴を考察していくことになる。とりわけ主体性の構築という論点については，NGO の主体性が十分担保されている状況，たとえば政策決定にその声が反映される，ないし行政の下請け化の対象になっていないような状況が観測されたとしても，それを所与のものとはみなさない。むしろ本書では，政策決定・実施過程における協働形成条件の選択性や帰結の分析から，その主体性の担保にかかわる育成・管理のあり方に注目する。上記を通じて，主体性が脅かされていない状況でもなお発生しうる問題について提起することが，環境統治性研究の観点に立った本書の貢献である。

また統治性研究一般において多く問われてきたのが，自由主義的な統治性にかかわる論点である。中でも新自由主義は，単に歴史的な統治のあり方の変遷というばかりでなく同時代的な事象であるだけに，中心的な主題となってきた（Walters 2012=2016）。なお新自由主義とは，市場メカニズムを経済の外部，すなわち本来国家の役割とされてきた行政サービスにも適用できるとする考え方で，具体的には行政機構の民営化などに象徴される（仁平 2017）。この新自由主義と NGO をはじめ市民セクターとの関連については，従来行政の代替となるボランティアの動員という観点から批判的な検討が加えられてきた。とりわけ社会福祉領域におけるボランティア政策の価値観について，社会保障費の抑制，保障の質的後退に従属した形での行政機能の代替といった特定機能への誘導がみられること（阿部 2003），また政府の新自由主義的な行財政改革とボランティア自身の言説が共振し，動員という現象が生じていることなどが明らかにされている（仁平 2011）。

ここで上記の先行研究が主に念頭に置くのは，福祉国家の再編という文脈下にある社会福祉領域である。一方で新自由主義的な改革に伴う動員について，環境領域の市民セクターを主な対象とした検討は従来なされていない。むしろそうした検討がなされていないにもかかわらず，あるいはそれがなされてこなかったからこそ，環境領域は新自由主義に伴う動員と無関係の領域と目されることもある。たとえば市民社会組織と新自由主義との関連を扱う定量的研究では，「環境やジェンダー，平和問題は，ネオリベラリズムが浸透したりその改革に適合的な政策領域であるとはいいがたい」（丸山ほか 2008：56）と解釈されている[6]。また福祉領域に比して，ネオリベラリズム的再編下における変容が主題化されない研究状況にもとづき，渡戸一郎は「環境領域の市民活動については，より楽観的な印象を受ける」（渡戸 2007：32）とも指摘している。

環境政策と新自由主義との関連という主題に限れば，すでにその観点から地球サミット以降の展開を整理した先行研究もある（Bernstein 2002）。すなわち所与のままに，環境領域の市民セクターを新自由主義的改革に伴う動員から免れているとする根拠はないだろう。この論点についても，本書の中で考察していきたい。

■ 3-3　本書の構成

本書の構成は，以下のようになる。第 1 章では 1970 年代の環境行政の成立から現在に至る環境政策史に関して，NGO・NPO をはじめ市民セクターに向けた環境行政側のまなざしを検討する。この中では政策決定における市民参加という手法が，いかなる行政側の意図のもとに導入されていったのかを考察し，今日のパートナーシップや協働のもつ実態的な意味を把握する。なおここで議論する内容は，本書を通じて検討していく仮説の下地となるものである。

第 2 章では事例研究に入るに先立ち，社会運動研究における戦略的連携論をベースに本書の分析視角を設定する。そしてそれをもとに，事例研究を通じて解消していくいくつかの課題を提起する。またそれに合わせて，事例研究の中で論点となる連携形成条件の選択性，並びに連携の帰結として想定される他者変革性の発揮，行政の下請け化といった諸概念を規定する。

第 3，4 章では外来種オオクチバス等の規制・駆除をめぐる政策提言活動について，事例研究を行う。第 3 章では 1990 年代後半から 2000 年代半ばにかけての政策決定過程における NGO と漁業者団体，環境行政を中心としたセクター横断的連携の形成過程を分析する。第 4 章ではその後の展開に関して，上記の連携を通じて構築された政策実施体制を対象に，NGO の実質的な位置づけを考察する。

第 5 ～ 7 章では，生物多様性条約第 10 回締約国会議に向けた政策提言活動に関

6）この解釈は東京圏の市民社会組織のうち「環境問題」を活動対象としている組織について，NPO 法人などの法人格を有さない任意団体が突出していることに関するものである（丸山ほか 2008：55-6）。ただしこれは，任意団体であっても東京都の活動支援や地球環境基金の助成対象となるなど，別の要因によると考えられる。

する事例研究を行う。第5章ではセクター横断的連携の分析に入る前段階の作業として，上記の運動にかかわったNGOのネットワーク組織を対象に運動組織間の連携戦略とその帰結を分析する。第6章では政策決定過程におけるNGOと行政機関のセクター横断的連携について，4つの政策分野の比較分析から連携形成条件を特定する。第7章では上記の連携を通じて構築された政策実施体制に関して，その中で環境NGOの事業が担っている実質的な役割を考察する。

最後に終章では事例研究から得られた知見をまとめ，示唆を述べる。とりわけNGO・NPOを取り巻く状況を「実施体制の丸投げ」という概念から捉え直し，その循環構造について問題提起を行うことになる。

4　NGO・NPOの捉え方とセクターの区分

本書は環境政策決定・実施過程を対象とするものであるが，その中心的な主体となるのはNGO・NPOである。本節ではNGO・NPOをめぐる本書の捉え方と，それを取り巻くセクターの区分を明示しておく。

第1にNGOとは「非政府組織」(Non-Governmental Organization)，一方でNPOとは「非営利組織」(Non-Profit Organization) の略称である。本書では両者を，「民間の営利を主な目的にしない組織」と定義する。両者の違いについて慣例的には，NGOは海外で国際協力や環境問題などの活動をする団体を指すのに対して，NPOは国内で活動する団体を指すことが多いとされる（田尾・吉田 2009：11-3)。

ただし第1章の分析にもあらわれているように，日本の環境政策では海外，国内で活動する団体を問わず，両者はほぼ互換的に用いられる傾向がある。また日本ではNPOという用語が登場する以前から，政府から独立して活動する団体をNGOと呼んできた経緯があり，『環境白書』における初出も「NGOs」(昭和63年版）という言葉を用いている。さらに第3章以降で登場する事例の関係者たちも，自らの団体を指す場合にNGOという名称を好むことが多い。したがって本書では，両者を区別せずNGO，NPOを互換的に表記し，とくに事例研究の中では主にNGOという言葉を用いることとする。

第2に上記のNGO・NPOの定義とも関連して，本書ではNGO・NPOをはじめとする主体が属する社会部門とそれ以外の主体が属する部門を，「セクター」という概念から区分する。とりわけ本書で区分するセクターは，「政府／産業／市民セクター」の3つである。まずNGO・NGOは，市民セクターに属する。そしてそれらは,「民間」の組織であるという点で政府セクターと対置され,また「営利を主な目的としない」という点で産業セクターと対置される。

本書における各セクターは,「公的/民間」「営利/非営利」という構成主体の性格にもとづき操作的に区分されるにすぎない。ここで上記のセクター区分によって本書が意図しているのは,実社会でパートナーシップ,協働が推進されている現状に即して,その論点を過不足なく捉えるということである。それぞれのセクターの構成主体としては,主に次のものを念頭に置く。

まず政府セクターは公的主体によって構成される部門であり,行政機関,立法府にかかわる政党や政治家が含まれる。ただし政策決定・実施過程を対象とするという本書の問題関心のもとで,両過程を通じて影響力をもつのは,まずもって行政機関である。とくに第3章以降の事例研究では行政機関を中心的な対象とし,政党や政治家は政策決定過程の分析にかかわる限りで触れることとする。

次に産業セクターの主体としては,民間企業及びそれらの利益団体,また農業者,漁業者団体といった職業別団体を想定する。なお利益団体や職業別団体,NGO・NPOは,社会学の伝統では同じく「アソシエーション」に分類される。これに関して,両者の違いに留意すれば次のようになる。すなわち利益団体や職業別団体は,特定業種の構成員の利益を目的に行動する。

一方でNGO・NPOは,「営利を主な目的としない」という点で特定の業種に依らず,代わりに不特定多数の利益を目的に行動するものである。本書では市民セクターの主体として,このNGO・NPOを第一義的に念頭に置く。また上記の特定業種に依らないということに関連して,市民セクターの主体はそのメンバーシップが業種にもとづかず広く一般に開かれているということを要件とする。

本書では以上のようにNGO・NPO,市民セクターを捉えるが,その境界設定についてはしばしば困難が生じる。そのためとくに法人格の有無や種類について,あらかじめ付言しておく。まず特定非営利活動(NPO)法人といった法人格をもたない「任意団体」も,本書ではNGO・NPOの対象に含んでいる。これは日本のNGO・NPOは,その実際的な活動において必ずしも法人格を必要としないためである。

またNPO法人以外の「公益法人」,財団法人や社団法人なども,NGO・NPOに相当する場合には本書の対象に含む[7]。もっとも日本の公益法人は,歴史的に所管する行政機関の厳しい監督下にあったのみならず(Pekkanen 2006=2008),行政が設立に際して資本金を大幅に出捐する,いわゆる「外郭団体」が少なからず存在するため，NGO・NPO の定義に相当するか否かは一定の留意が必要である。本書では民間のもの，とりわけ行政がその設立に直接関与していないもので，かつ特定業種に依らず不特定多数の利益を目的とし，開放的なメンバーシップを有するという観点から，それらを判断している。

なお「パートナーシップ」「協働」をあらわす用語について，本書では分析的に「セクター横断的連携」「連携」という言葉を用いる。これは分析視角のベースとなる戦略的連携論（第 2 章）の用語に合わせるとともに，市民・政府・産業セクターを横断する関係性とそれ以外のものを明確に区別することを意図したものである。次章では，歴史的に NGO・NPO が環境行政からどのようにまなざされてきたか，ということを検討する。

7）第 1 章でも触れるが，日本の環境 NGO・NPO は任意団体であっても活動支援や助成対象となり，また法人格を必要とするような委託事業がそもそも少ないため，事務作業を負ってまで法人格を取得するメリットが小さいといえる。第 3 章以降の事例研究で扱う NGO も，意図的に任意団体を選んでいるものが少なくない。

またNGO・NPO に関する既存の定量的調査でも，対象に任意団体を含んでいる（町村ほか 2007；内閣府国民生活局 2009）。さらに後述の公益法人も，たとえば町村敬志ほか（2007）の「市民活動団体」調査では，「自発性・集合性」「イッシュー対応性」「介入性」といった要件を設定した上で対象に含んでいる。

第1部
環境政策史・分析視角／方法
分析のために

第1章 パートナーシップの環境政策史

1 市民セクターに向けた環境行政のまなざし

パートナーシップ，協働が推進される近年の環境政策の動向のもとでは，限定的ではあるものの，「政策決定段階からの市民参加」が導入されるようになってきた。たとえばその嚆矢となったとされる1994年環境基本計画の策定過程，より制度化された形式では地域の主体の発意を活かした計画策定を謳う自然再生推進法の制定（2002年），また政策提言やロビイングといった非制度的な参加のあり方も含めれば，環境政策の分野一様にというわけではないにしろ，1990年代以降そうした市民参加は十分進展したといえる。

本章では，NGO・NPOをはじめ市民セクターの主体に向けた環境行政側のまなざしを対象に，1970年代の環境行政の成立から現在に至るパートナーシップの環境政策史を分析する。本章の問いは，上記のように政策決定段階からの市民参加が導入されるようになったのはなぜか，ということである。本章の分析は近年の環境政策決定・実施過程における協働について，その実態的な意味を把握するために必要な基礎作業であるとともに，第3章以降の事例研究で検討する仮説の下地となるものである。

意外にも思えるが環境社会科学において環境政策の歴史は，最近になってようやくその重要性が主張されるようになってきた新しい研究分野といえる。環境政策史という分野の確立を提唱する喜多川進は，「環境政策の誕生背景，政策過程，その後の変遷を，政治的，経済的，社会的文脈のなかに位置付けて歴史的に研究することは，これまでほとんど注目されてこなかった」（喜多川 2015：157，西澤・喜多川 2017）と指摘する。従来の研究状況において環境政策の歴史は，ほぼ教科書的な文献の導入部分で概要的に記述されるにとどまってきた。

一方で協働・市民参加の進展については，上記の教科書的な歴史記述の中でも少なからず触れられている。そしてその記述は，環境政策学における歴史と環境社会学における歴史の2通りに整理することができる。まず環境政策学において環境政策の歴史一般は，環境問題自体の変化にもとづき進展していったものと捉えられる（倉阪 2013；松下 2007）。すなわち1960年代以前の産業公害，1970～1980年代の都市・生活型公害，さらに1990年代以降の地球環境問題という問題の質的な変化のもと，それへの対応の歴史として環境政策史が語られる。このうちパートナーシップの導入は，1992年地球サミット前後からのNGOの活躍，また『リオ宣言』における「パートナーシップ」の提唱が転換点とされる。その背景には，地球環境問題の登場に伴う問題の複雑化・多様化，ポリシーミックスの展開などが述べられる。

次に環境社会学において環境政策の歴史は，主に草の根的な環境運動を遠因として進展してきた，ないし今後も進展していくものと目される。これは1970年代初めに至る公害対策の確立を念頭に置きつつ，それを一般化したものと捉えられる。たとえば関礼子は，「日本の環境行政には，公害や環境汚染，開発に反対する住民の声が地方自治体の環境政策に影響を与え，自治体の環境行政が国の法・政策に影響を与えてきたという特徴がある」（関 2009：101）と指摘する。また環境政策を経済システムへの介入の過程として描き，その源泉の一つに環境運動を位置づける環境制御システム論（舩橋編 2011：242）も，それに近いものといえるだろう。さらに中澤秀雄は，環境政策史を環境運動史と関連させつつまとめ，とくに1990年代以降の制度形成に多様な主体が関与するようになった展開を指して，「公共圏がようやく成立しはじめたのかもしれない」（中澤 2001：93）と提起している。

両者の観点は，環境問題ベースの政策史観と環境運動ドリブンの史観として整理することができる。そしてそれぞれの史観にもとづきながら，パートナーシップ，とくに政策決定段階からの市民参加が導入されるようになったのはなぜかという問いに応えるとすれば，環境問題ベースの史観では地球環境問題の登場，及びそれに伴う問題の複雑化・多様化によって，環境運動ドリブンの史観では市民セクターの声が反映された結果として，それらが導入されたと応えることになるだろう。

一方でこれらの環境政策史観には，次のような限界がある。まず両者の史観は，環境行政自身の意図に対する視点を欠き，その結果行政を単に受動的な主体として描く向きが生じている。すなわち前者では問題の質的変化にそのまま対応する存在として，後者では運動の要望にただ応える存在として，環境行政を捉えることになってしまう。また公害対策の過程において象徴的であったように，行政と市民セクターの関係は潜在的に対立を含む。そしてこのことを前提とすれば，潜在的対立があってなお近年行政自身が政策決定段階からの市民参加を求めるようになった理由，その背後にある行政側の意図こそ明らかにしなければならない。

また論を先取りすれば，今日の協働・市民参加の萌芽は，1980 年代環境庁によるアメニティ政策にさかのぼることができる。一方でこの時期は，地球サミットの『リオ宣言』によるパートナーシップの提唱よりいくぶん早い。また当時環境運動は「住民運動の停滞」「冬の時代」（町村 1987）にあったとされ，その声が影響力をもったとは考えにくい。このように環境問題ベース，環境運動ドリブンの史観では，1980 年代になぜ協働・市民参加の萌芽が登場したのかについて，十分応えることができない。

したがって本章では，とくに政策決定段階からの市民参加の背後にある環境行政の意図に着目しながら，パートナーシップの環境政策史を分析する。以降ではまず次節で，本章の資料と時期区分について述べる。そしてその後の第 3 節～第 5 節では，1970 年代の環境行政の成立後から 2010 年代に至る展開を記述・分析していく。最後に第 6 節では，本章の知見を小括し，後の事例研究で扱う生物多様性政策について政策分野上の特徴をあらかじめ指摘する。

2　資料と時期区分

まず本章で分析対象とする資料は，主に表 1-1 のものである。第 1 の『環境白書』は公害対策基本法，平成 6 年（1994 年）版以降は環境基本法にもとづく年次報告で，1971 年の環境庁設置の翌年から発行されている。その内容は「総説」と，環境庁・省の部局を反映した政策分野ごとに昨年度の状況と当年度の施策をまとめた「各論」によって構成される。

第 2 の『かんきょう』は環境庁・省の広報誌であり，さまざまな施策の解説，審議会などの動向はもとより，現役の行政官，その OB・OG，審議会・懇談会などで委員を務めた専門家の論説が多数掲載されている。とくに各号の末尾には「本誌に掲載した論文等で，意見にわたる部分は必ずしも環境庁の統一見解とは限りませんことをお断りしておきます」［例：『かんきょう』1982.7：88］と但し書きされているように，必ずしもオーソライズされていない生の言説も掲載されているという特徴がある。

『かんきょう』については，市民セクターに向けたまなざしが確認できる記事を可

表 1-1　分析対象とする主な資料

資料名	期　間	備　考
環境白書	昭和 47 年（1972 年）版 〜 平成 27 年（2015 年）版	平成 19 年版から『循環型社会白書』と合冊， 平成 21 年版から『生物多様性白書』と合冊
かんきょう	1976 年 9 月号 〜 2007 年 3 月号 （隔月，1990 年 4 月号〜毎月）	環境庁・省の広報誌。 株式会社ぎょうせいが発行， 環境庁・省が編集協力

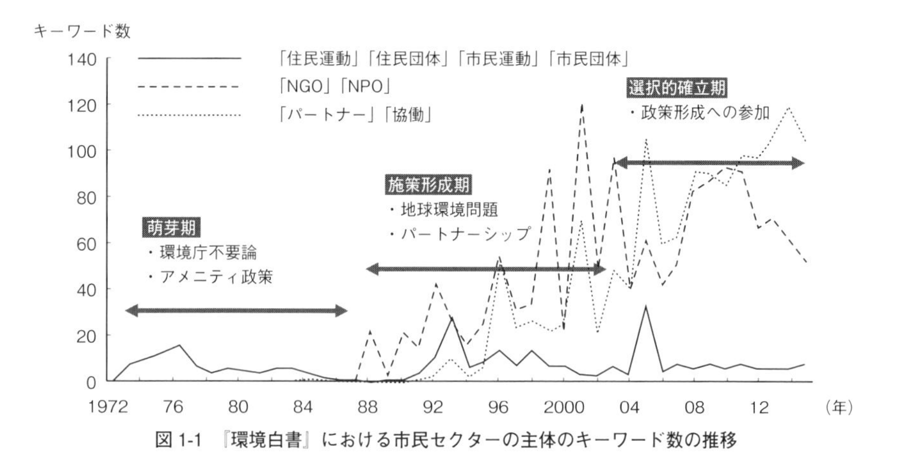

図 1-1　『環境白書』における市民セクターの主体のキーワード数の推移

能な限り収集し分析対象とした。また関連する新聞記事，審議会・懇談会の報告書なども補足的に収集している。加えて本章の環境政策史に関する分析の裏付けとして，環境庁・省の元行政官 2 名に聞き取りを行った。

また図 1-1 は，『環境白書』にあらわれる市民セクターの主体と，パートナーシップに関するキーワードについて，その数の推移を示したものである。ここでの市民セクターの主体とは，「住民運動」「住民団体」「市民運動」「市民団体」「NGO」「NPO」を，パートナーシップとは「パートナー」「協働」を検索語としている。このキーワード数の傾向から，該当期間を次の 3 つに区分する。

第 1 は 1970 年代から 1980 年代後半である。この期間は市民セクターの主体のキーワード数こそ最大 16（1976 年）と少ないが，公害規制の行き詰まりに対して新たな環境行政の存在意義を模索する中で協働・市民参加の端緒があらわれる時期であり，「萌芽期」と呼べる。第 2 は 1980 年代末から 2000 年代初期で，キーワード数が急増していく。この期間は地球環境問題の文脈からNGOが発見され，その育成・活用に向けたパートナーシップ施策が矢継ぎ早に形成されていく。本章ではこれを「施策形成期」と呼ぶ。第3は2000年代半ば以降であり，キーワード数は安定し政策決定も含めた協働・参加が確立する。これを「選択的確立期」と呼ぶ。以降では，この時期区分にもとづき節ごとに記述していく。

3 協働・市民参加の萌芽期

3-1　行財政改革下の逆風

1950年代から続いた高度経済成長は，その裏面として深刻な産業公害を引き起こしてきた。これらの問題に一応の政治的決着がつけられ，それまでの後追いを脱した抜本的な公害規制が整備されたのが，1970年代初めである。1970年11月にいわゆる公害国会が開かれ公害対策基本法の改正[1)]，各種規制に関する個別法の制定・改正など，14本もの公害対策の法律が可決された。また依然各省庁に分散したままであった公害規制の権限を一元化し，環境保全に関する事務の総合調整を図るため，翌年7月には総理府のもとに環境庁が創設された。このとき合わせて農林省からは鳥獣保護，厚生省からは自然公園の管理が，環境庁に移管されている。以上これらの産業公害の規制と自然保護を柱として，日本の環境行政はスタートした。

こうして短期間のうちに整備された日本の環境行政であるが，その後すぐに逆風にさらされることとなる。1973年に発生した第1次石油危機を受けて，国内の景気は後退，翌年には戦後はじめてのマイナス成長を記録し，日本の高度成長は終焉を迎える。そして景気回復を優先する世論が高まり，経済の建て直しが政府最大の課題となる中で，公害規制は行き詰まりをみせ，その後も1980年代にわたって新たな施策展開の乏しい状況が続いていく。

公害規制は，1975年を転機に［橋本 1988：220-4］にわかにバッシングされはじめ［例：『文藝春秋』1975.2：312-38］，1978年には二酸化窒素に関する環境基準が緩和されるなど行き詰まりをみせる。また環境影響評価（アセスメント）法制定の挫折は，こうした逆風を象徴する事態としてしばしば言及される（松下 2007：50-2；倉阪 2013：38-9）。なお上記の公害規制の整備にあたって，政府外部からの推進力となっ

1）この改正は従来公害対策のアキレス腱ともなってきた調和条項，すなわち「経済の健全な発展との調和を図る」とする目的条項を削除するものである。これは生活環境優先の考え方をはじめて明確化したもので，日本の環境行政の礎といえる。

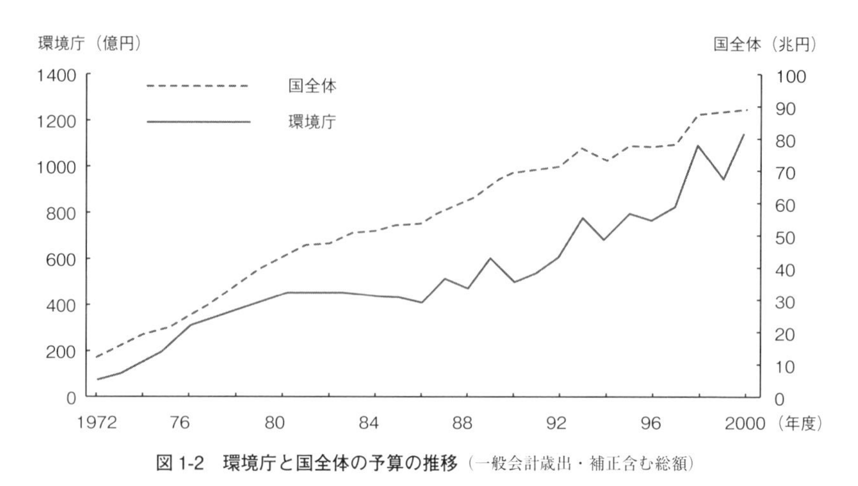

図 1-2　環境庁と国全体の予算の推移（一般会計歳出・補正含む総額）

た全国各地の住民運動も，1970 年代後半からは「停滞」の様相をみせはじめる（町村 1987）。『環境白書』における「住民運動」の言及も，1976 年版を最後に 1992 年版まで途絶えている。

さらに，当時の環境行政はその存在意義さえも疑問視される事態に直面していた。とりわけ 1977 年 10 月に石原慎太郎環境庁長官が，環境行政の礎ともなった公害対策基本法の改正について「魔女狩り」と発言する［『朝日新聞』1977.10.24 夕刊］。また 1981 年 5 月には自由民主党の森下泰環境部会長が，「環境庁は将来，廃止すべきものと考える」と発言し物議を醸すこととなる［『朝日新聞』1981.5.13 朝刊］。とくに後者は消費税導入という鬼門を避け「増税なき財政再建」を図る鈴木善幸内閣のもと，同年 3 月に第二次臨時行政調査会（以下「第二次臨調」）が設置され，行政改革が声高に主張されるようになったことに関連した発言である［『月刊自由民主』1981.10：196–203］。もっともこの「環境庁廃止論」は第二次臨調の検討項目に依拠せず，一種の「悪乗り」とも評される［『朝日新聞』1981.6.6 夕刊］。しかし政府内部にあってその存在意義が公然と批判されるほどに，当時の環境行政への逆風は強まっていたといえる。

図 1-2 は環境庁と国全体の予算の推移である。環境庁の創設後，予算の前年度比増加率は 1974 年度の 42.9% をピークに早くも失速し，予算総額自体も 1981 年度の 455 億円で高止まりする。そして，行財政改革の一環でゼロ・シーリングの要求枠が設定された 1982 年度以降は，国全体の予算が増加する中でも減少に転じている。1987 年度には公害健康被害補償対策費の膨らみによって一時的に増加するが，それ

を除くと実質的にプラス予算に転じるのは，1989年度になってからである［『かんきょう』1989.7：28］。この1970年代後半から1980年代は，環境政策の研究者の間でも「環境政策の後退」（例：宮本1987：32-6）と評される。

■ 3-2　アメニティ政策における萌芽

こうした逆風の中で，環境行政の新たな局面として構想されたのが，アメニティに関する政策である。そしてその中では，今日に続く協働・市民参加の萌芽と呼べるものが登場している。事実『環境白書』における「協働」の初登場は，このアメニティ政策の文脈である［『環境白書』1984］。

アメニティとは，西欧社会とくにイギリスの環境政策において「快適さ」「住み心地の良さ」をあらわす包括的な概念である。ただし自然ばかりでなく歴史的環境も対象とし，都市農村計画に適用されるということ以上に，明確な定義は存在しない（木原1992：62）。この概念が日本でも重視されるようになったきっかけは，1976年11月の経済協力開発機構（以下「OECD」）による日本の環境政策レビューである。世界で最も深刻な公害に向き合った国としてレビューの対象となった日本は，「公害戦争に勝利した」と高く評価された反面，「生活の質の向上をめざす環境対策が必要」と指摘された。そしてその中で言及されたのがアメニティ概念である［『かんきょう』1977.1：59-60］。

このアメニティという課題にいち早く反応したのが，当時20～30代の若手官僚たちであった。同年12月には環境庁内にアメニティ研究会が設立される。そのメンバーには1990～2000年代に局長級，さらに環境庁の生え抜きとして事務次官を経験する人物の名前が挙がっている。同研究会では，「“アメニティとは何か”という議論を踏み台に，ケーススタディを通じて新しい環境行政の方向を探求」［『かんきょう』1977.5：38-9］することを目的に，歴史的環境の研究で著名な木原啓吉氏らの教示も得ながら，概念整理や環境行政上の位置づけなどの検討が進められた[2)]。

アメニティ研究会の成果として1978年4月に作成された報告書『アメニティと

---

2) OECDレビューのアメニティの指摘については，当時の石原環境庁長官も強い関心をみせ，1977年に文化人らを委員とする私的諮問機関「快適な環境懇談会」を設置，同懇談会は報告書『日本は快適か』［快適な環境懇談会事務局編1977］をとりまとめている。こうした動きは，アメニティ研究会とその後の政策をオーソライズする役割を果たしたとされる。環境庁15年周年を記念した座談会では，OECDレビューをきっかけに「環境庁はアメニティ行政というものに，一つの活路を求めてい」ったとも述懐されている［『かんきょう』1986.9：18，木原啓吉氏の発言］。

今後の環境行政』［『かんきょう』1978.5：7-15］では，アメニティという課題に関して次の環境行政上の位置づけが与えられている。まず「アメニティを必要とする背景」として，産業公害の健康被害対策は「従来の事後的処理」，また環境影響評価なども「本質的には従来の路線上にある」と評価され，「今後の環境行政にはそれ以外の努力も要求されている」ことが主張される。また当時の「環境対策は不況のために苦境におちいっている」ことが触れられ，その中から「新しい経済的・社会的環境に対応しつつ国民の環境行政に対する真の要求を再確認すること」が必要とされる。そして今後の環境行政の考え方として，「環境は単に護るべきものではなく，我々人間が努力して創造し，かつ維持管理していく」ことが主張され，こうした課題に関して関係行政機関の事務の「総合調整」を行うことが，環境庁設置法に即した任務と確認される。

すなわち従来の事後処理的な公害規制，その逆風下での行き詰まりから脱却した環境行政の新たな存在意義として，当時のアメニティ政策は構想されていたことがうかがえる。こうした構想のもとその主要な個別分野として想定されたのは，「清掃」「緑化」「騒音防止」「広告規制」「レクリエーション施設等の充実」「歴史的・文化的環境の保護」「公共施設の美観向上」である。

一方でこれらの施策を進めるにあたって概して制約として言及されるのが，「財源の不足，マンパワーの配置，養成の遅れ等」である。この制約を前に施策実施の手段として強調されているのが，次の3点である。

> その第一に，行政の関与がボランティア活動等の地域住民活動を阻害するものではなく，むしろそれらを積極的に支援する配慮が加えられること，第二に行政の関与の際は行政組織の間で十分総合調整をはかること，第三に住民参加を積極的にとり込むことにより，行政と住民の間の協働体制を確立することである。［『かんきょう』1978.5：12，下線は原文ママ］

すなわち「ボランティア支援」「住民参加」「協働体制の確立」は，財源・マンパワーの不足の中でも，アメニティ政策を実施するための手段として見出されている。これらのキーワードには，1990年代以降「パートナーシップ」として推進される施策の萌芽を認めることができる[3)]。

これらの構想にもとづき，1979年度の概算要求からは重点施策として，アメニティの調査研究に関する予算が盛り込まれる［『かんきょう』1978.11：69］。また翌年度からは，その「こと始め」として，地域の事例紹介を通じた普及啓発事業「快適環境シンポジウム」がスタートする［『かんきょう』1981.3：43］。そして1984年度からは，「アメニティ・タウン（快適環境整備）事業」が開始される。これは，計画策定とともにそれに関連した普及啓発事業を実施する市町村に対して，一定の補助を行うものである［『かんきょう』1984.5：14–6］。この計画策定・実施には，「住民・各種団体」も構成主体の一つとなる「快適環境づくり協議会」の設置が求められている[4)]。

また上記のアメニティ政策の文脈から，市民セクター側の活動のモデルとして着目されたのが「ナショナル・トラスト」である。自然・歴史的環境の買い取り・保全事業であるナショナル・トラストは，アメニティ概念と同じくイギリスを母国とし，当初から木原氏によってその概念との関連で紹介されていた［『かんきょう』1977.3：9］。また1970年代から日本でも，北海道の知床100平方メートル運動，和歌山県の天神崎保全市民運動など，先駆的な事例が登場している。これらにもとづき，1983年8月環境庁に「ナショナル・トラスト研究会」が設置，政策的な検討が進められ，1985年度にはその活動を行う公益法人について税制上の優遇措置も講じられている［『かんきょう』1985.3：63］。

さらにボランティア支援と関連して，同じくこの時期に着目されたのが，「環境教育」である。環境教育は，当初国連人間環境会議（1972年，ストックホルム）以降の国際的文脈から課題となったが［『かんきょう』1981.1：19–21］，環境庁において施策化されるにあたっては，アメニティ政策との関連が色濃くあらわれたものとなっている。1986年5月環境庁に設置された「環境教育懇談会」では，学校教育よりも主として社会教育の面，「地域社会における環境教育システムの確立」について検討する，という方針が示され［『かんきょう』1986.7：63–4］，同懇談会が1988年にとりまとめた報告書では，その環境教育システムの中に，「民間活動の支援体制の整備・充

3）アメニティ政策の構想は1986年に策定された「環境保全長期構想」に引き継がれ，環境行政全体に一般化されている［『かんきょう』1987.3：68–72］。一方でこうした構想に批判がなかったわけではない。1984年版『環境白書』を特集した座談会では，アメニティ政策にみられる環境行政側のボランティアに向けた期待について，次のような批判が述べられている。「環境に対する個人の配慮を強調するのは公害行政の曲がり角というような今日の段階で，産業に対する規制の強化から目をそらし，われわれ個人に環境保全の責任を押しつけることになるのではないかという誤解も生ずるのではないかと懸念します。」［『かんきょう』1984.7：6，森嶌昭夫氏の発言］。

4）1987年度以降は，「アメニティ・マスタープラン」を策定する都道府県向けの補助に展開している［『環境白書』1987：91］。一方でこの事業は1989年度をもって終了し，後述の「地域環境保全基金」に代替したとされる。

実」が位置づけられている［『かんきょう』1988.7：76–7］。その具体的な施策とは，情報提供，拠点づくり，リーダー育成の研修，基金の設置などである[5)]。

以上，萌芽期における環境行政側のまなざしをまとめれば次のようになる。すなわち市民セクターの主体は行財政改革の逆風の中で，新しい環境行政の存在意義を模索する過程で見出された。とりわけこのとき着目されたのは，行政側の財源・マンパワーの不足を補い，政策実施にかかわる役割だったといえる。ただしこの時期のアメニティ政策は，概して低調なものであった。市民セクターの主体に関する支援・参加・協働は，地方自治体を介した間接的なものにすぎず，また当時環境庁の予算自体が漸減傾向にある中ではアメニティ・タウン事業でも，各年度20市町村に対して経費の1/2（上限700万円）が補助されたに過ぎない［『かんきょう』1984.5：15］。これらがより積極的・直接的になされるようになるのは，1980年代末からである。

4　施策形成期とパートナーシップ

4-1　NGOの「発見」

1988年版『環境白書』において，はじめて「NGOs」というキーワードが登場する。そして環境行政側からは，このNGOを積極的・直接的に育成・活用するという方向性が示される。こうした日本の環境行政におけるNGOの「発見」は，それに前後する地球環境問題の台頭を背景としたものであった。

日本の環境行政で水面下ながら地球環境問題が意識され始めたのは，1980年である［『かんきょう』1981.1：7–8］。この年，環境庁が試訳・提出したアメリカ政府の『西暦2000年の地球』という報告書に当時の鈴木首相が興味を示し，環境庁内に「地球的規模の環境問題に関する懇談会」（以下「地球懇」）が設置された。このとき座長には，前政権の外務大臣でローマ・クラブのメンバーでもあった大来佐武郎氏

5）ある雑誌の記事によれば，環境庁は当時「ボランティア法」制定の意向を示していたという［『月刊ボランティア』1985.1：9］。これについて仁平典宏は，「政府が「ボランティア」を，各サブシステムの文脈から自律した水準において捕捉・規制しようとする欲望を，端的に示すもの」（仁平 2011：320）と評価している。ただし『環境白書』『かんきょう』の資料からはこうした法制化の意向は確認できず，とくにナショナル・トラスト法については多様な運動の発展を期待する観点から「時期尚早」と断念されてさえいる［『かんきょう』1984.1：38–9］。上記の意向について記事中に参照元はなく，新聞記事検索でも関連するものはヒットしないため，その詳細については定かではない。

が就任している。この地球懇は，国連人間環境会議の10年周年にあたる1982年のナイロビ会合に向けて報告書を作成，それをもとに日本政府は「環境と開発に関する世界委員会」の設立を提案する［『かんきょう』1988.3：64-5］。この委員会は1987年に東京で最終会合を開催し報告書を公表，その中で中心的な理念として提唱されたのが，「持続可能な開発」（sustainable development）であった。これを受けて地球懇は特別委員会を設置，翌年8月に報告書を提出する［環境庁編 1988］。NGOの「発見」は，この報告書の経過を反映したものである。

上述からも示唆されるように，当初NGOが注目されたのは国際的な文脈であり，中でも持続可能な開発にあらわされる国際協力の文脈であった。そのため『環境白書』［1988］に言及されるNGOの活動も，概して国際的なNGOによる取り組み，たとえば国際自然保護連合や世界自然保護基金（以下「WWF」）が実施する国際的な調査活動，コンサベーション・インターナショナルが実施し注目を集めた「対外債務の自然保護払い」[6]などである。また国連環境計画などの国際機関がNGOと協力関係を重視していることも，それに関連している。先の大来氏は，こうした『環境白書』［1988］におけるNGOの言及について次のように指摘する。すなわち「政府の環境政策」への「民間機関の反対とか批判は，やはり必要」と前置きしながらも，国際協力の文脈では「政府と民間が一緒になってやるようなNGO」が重要で，それに対して「政府も一部資金的な援助をするというようなことも，だんだん必要になってきているんじゃないか」［『かんきょう』1988.7：10］。ちなみに大来氏自身も，当時そうしたNGOの一つであるWWFジャパンの会長を務めている。

またとくに環境行政側から，こうしたNGOとの協力関係が必要とされた経緯には，次のことがある。同じく『環境白書』［1988］についてそれを特集した座談会では，地球懇特別委員会の委員を務めた猪口邦子氏が，国際協力の実施における「マンパワーの充実」を要請している。そしてこのマンパワーとして，NGOの活用が述べられる。

> ［…］具体的に誰かというと，やはりNGOを育てて彼らを活用していくほかないと思うんです。非常にフレキシブルなスタッフが必要ですしね。人数においてもキャパビリティーにおいても。日本はNGOの育成ということについ

---

6) 1987年，ボリビア政府の対外債務を引き受ける代わりに自然保護区域の創設を求め実施されたもの。これについて環境庁では「自然保護債務スワップ等研究会」を設置，1991年と1994年にはその報告書がまとめられた［『かんきょう』1991.9：21, 1995.2：28］。

> て，いまひとつ熱心ではなかったのではないか。どちらかというとこれまでじゃま者扱いをしてきたとも見えます。彼らの莫大なエネルギーと善意ある意図・それはまさに日本国民の良心を結集したようなところがあるのですから行政としても，彼らの力を活用していくという視点が，これからは望まれるのではないか。[『かんきょう』1988.7：22，猪口邦子氏の発言，以降本章の引用における下線は筆者による]

またこうしたNGOの育成・活用は，環境行政の人材不足とも関連づけられる。

> 私はもっと行政がそういうマンパワーの活用と動員に知恵を絞ればいいと思うのね。日本では公務員の数がすごく少ないわね。それで人手が不足している。[…] そういうフレキシブル・システムを，官僚機構の周辺部分にかなり広範に持っていると，非常に足腰の強い行政体制というものを，行革の時代においても維持していくことができるんじゃないかと思いますね。[『かんきょう』1988.7：22，猪口邦子氏の発言]

すなわち行財政改革による環境行政の人材不足の中で，それを補うために活用・動員する存在としてNGOは発見されたといえる。ただし発見と同時に課題となったのは，日本におけるNGOの弱さである。『環境白書』でも，「欧米諸国と比較すると，一般的に我が国のNGOsは比較的歴史が浅く，財政基盤が脆弱で専門家の確保が十分できない等の課題を抱えているのが現状である」と述べられている[『環境白書』1988：117] [7]。これにもとづき以降NGOの育成が，環境行政上の課題となっていく。

■ 4-2　パートナーシップ施策の形成

こうしたNGOの育成・活用の方向性は文脈こそ違えど，これまで環境庁が構想してきたアメニティ政策とも軌を一にしたものである。1980年代末から1990年代

7）なお上記のようなNGOの現状を把握する最初の試みとしては，1992年に「我が国の環境保全団体の状況に関するアンケート調査」が実施されている[『かんきょう』1993.1：20]。NGOの育成・活用に関連して地球サミットの準備会合では，当初日本のNGOからの参加がなく，環境庁側から「日本のNGOが参加していないので，日本として恥ずかしい。CASA〔筆者注：団体名〕にも参加してほしい」と関係者に要請する一幕もあったという（山村編 1998：29）。

にかけて，この市民セクターの育成・活用という方向性は，新たなパートナーシップとして矢継ぎ早に施策化されていく。この動きは地球サミットに前後する国内世論の高まり，またバブル景気に伴う税収の増加という追い風を受けたものであった。

まずアメニティ政策の延長から，1989年47都道府県・11政令市に「地域環境保全基金」の創設がされた。これは環境庁の同年度補正予算によって総額116億円の補助金が，その基金造成に決定されたことによる。この基金では運用益を通じて，地域の環境保全活動の拠点となる地域環境センターの設置，リーダー育成の研修，各種イベントの普及啓発事業などが実施されている［『かんきょう』1990.3：60-1, 1990.8：22］。当時はバブル景気の中で，竹下登首相の「ふるさと創生」というかけ声のもと全国の市町村に一律1億円を交付するなど，地域活性化事業が注目を集めていた。この地域環境保全基金の設置も，一部その時流に乗ったものである［『かんきょう』1989.3：10-3］。

次に1992年6月リオ・デ・ジャネイロでの地球サミットに向けた動きの中から，直接的にNGOに資金助成する仕組みが設立される。この地球サミットに向けては，1980年代末から先進各国が主導権争いを繰り広げていた。こうした中で，当時首相であった竹下氏は，地球環境問題に強い関心を寄せ，リクルート事件によって1989年に辞職した後も政府の環境外交に影響力をもち続けた（阪口 2011：29）。地球サミットを前にした1992年4月，竹下氏の主宰のもと先進各国首脳が集まり，途上国支援に向けた資金調達について話し合う「地球環境賢人会議」が東京で開催された。この会議終了後，竹下氏は地球サミット事務局長の要請に応え，「官民共同の環境基金づくり」を提唱する［『朝日新聞』1992.4.18 朝刊］。これを受けて環境庁はすぐさま検討に入り，同年10月に所管の公害防止事業団が環境事業団に衣替えするのに合わせ，その内部にNGO向けの基金を創設することを決定する［『朝日新聞』1992.5.13 朝刊］。

こうして創設されたのが，「地球環境基金」である。これはNGO・NPO向けの基金としては国内最大規模のもので，2015年度までに政府と民間からの拠出によって141億円が造成されている。そしてその運用益と環境庁・省からの補助を合わせ，国内外で環境保全活動を行う団体（任意団体も含む）に対して直接的に資金を助成，また情報提供や研修などを通じた間接的な支援も行っている。近年の助成件数は年間200団体ほど，助成金総額は年間約6億円に上る［環境再生保全機構 2016a］[8)]。同基金の創設に関して環境庁は，新たな「パートナーシップ」の「手始め」と位置づけている［『かんきょう』1993.1：18-9］。このパートナーシップこそ地球サミットの『リオ宣言』で提唱された概念で，以降環境行政ではセクター横断的な協力関係の構築にこの概念を用いるようになる。

また地球サミットをめぐる動きの中から，1993年11月「環境基本法」が制定された。これは公害対策基本法に代わる環境行政最上位の基本法であり，地球環境問題の対策に向けて従来の規制的手法ばかりでなく，経済的手法などの新たな政策手法の導入を図る観点から，その論拠として立案されたものである（松下2007：63–5；倉阪2013：47–8）。市民セクターの育成・活用についても，こうした新たな手法の一つとして法的根拠が与えられている。まず第6～9条には，国，地方公共団体，事業者，国民という各主体の役割が明文化されている。このうち国民は，「環境の保全に自ら努めるとともに，国又は地方公共団体が実施する環境の保全に関する施策に協力する責務を有する」とされ，その役割のもと第26条では「民間団体等の自発的な活動の促進」が掲げられている。

この環境基本法にもとづき，翌年12月には「環境基本計画」が策定された。そしてその中では，4つの長期目標の一つとして「参加」が挙げられ，「あらゆる主体が公平な役割分担の下に相互に協力・連携しつつ，環境保全に関する行動に自主的積極的に参加する社会を実現する」ことが謳われている［『かんきょう』1995.2：16］。

最後にパートナーシップを推進するための拠点づくりとして，1996年7月「環境パートナーシップオフィス」（以下「EPO」）が開設された[9]。EPOは，いわゆる中間支援組織的な役割を果たすものである。このEPOの開設にあたっては，環境庁，NGO，企業の関係者と専門家から成る検討会が設置されたが，このときNGO側からは「行政の事業では，予算，意思決定，人事が行政に握られてしまうため，NPOは自律性を失い，安上がりの行政手段と化してしまう危険があるとの懸念」が表明された（川村2001：77）。ただし環境行政側も完全にNGO側に事業を委ねることもできず，最終的には環境庁とNGOのスタッフが共同でEPOを運営することとなった。その後2003年に環境保全活動・環境教育推進法が制定されると，それにも

8）なお地球環境基金の他にも，この時期に設置されたNGO向けの基金・補助金には次のものがある。まず中央省庁によるものとして，外務省のNGO事業補助金と小規模無償資金協力制度（1989年設置），郵政省の国際ボランティア貯金（1991年）などがある。また公益法人を含む民間によるものとしては，地球環境日本基金（1991年），イオン環境財団（1991年），経団連自然保護基金（1992年）などがある。

9）同年10月には国連大学との共同で東京都渋谷区に「地球環境パートナーシッププラザ」がオープンし，環境保全活動情報の発信や交流の場として機能し始めている［『かんきょう』1996.12：6–10］。

とづきこのEPOは全国的に展開していく［『かんきょう』2003.11：9-10］。2005年に再編された環境省の地方環境事務所のもとには，全国8ヵ所に地方EPOが設置された[10)]。

なお施策化の展開と合わせ，この時期の『環境白書』からは市民セクター自体の歴史も構築されていく様子が見て取れる。1992年版『環境白書』では，1976年版以来途絶えていた「住民運動」に関する記述が再登場し，それが「公害問題の歴史」おいて「大きな役割を果たした」と積極的に評価される。そしてこの記事は次のように締めくくられる。

> 以上のとおり，環境法制度の充実，強化に与えた住民運動の影響は極めて大きなものがあったと言えよう。なお，現在でも，公害を発生させた企業に対する反対運動，あるいは行政に対して政策転換を要求する運動のほか，リサイクル運動，ナショナルトラスト運動，生活排水対策を推進する運動など，自らの生活の在り方を反省して環境に負荷をかけない新しい生き方を求めていく運動が各地に見られ，環境保全に係る市民運動は，多様な展開を見せている。公害がなくなり，被害の補償や権利の回復のための運動の必要がなくなって，これに費やされている市民の力が積極的に環境を改善していく運動にますます振り向けられるような社会状況が，今後に創出されるならば，持続可能な社会を作る上で一層有意義なことと言えよう。［『環境白書』1992：198］

産業公害に対する住民運動とリサイクル，ナショナル・トラストといった運動は，文脈を同じくするものではなく，ほとんどの場合別々の地域，別々の担い手によって展開されてきたものである。上記の記述は，「市民の力」というキーワードによってそれらを地続きのものとして捉え，行政側の期待する運動のあり方に向けてその力を誘導しようとする姿勢が，端的にあらわれているといえるだろう[11)]。

10）同じく1996年9月には，環境保全活動に対し助言などを行う者を登録する「環境カウンセラー登録制度」をスタートさせている。

　なお環境領域に限らない市民セクターの育成・活用については，「特定非営利活動促進（NPO）法」制定（1998年）に前後する動向が大きいが，環境庁のパートナーシップ施策はそれと独立に展開していったといえる。『環境白書』『かんきょう』の資料でも，両者の接点を見出すことができない。また環境領域では，法人格の有無は必ずしも強い要件とならず，たとえば地球環境基金の助成は一定の要件さえ満たせば任意団体でも申請可能である［環境再生保全機構 2016a］。

以上施策形成期は，萌芽期のアメニティ政策で構想された市民セクターの育成・活用が，法的根拠の付与，基金・拠点づくりを通じて，より直接的・積極的に推進されていったとまとめられる。こうした施策形成の背後にあった環境行政側のまなざしとは，従来と変わらず政策実施におけるNGOの役割に対する期待であり，それによって自らのマンパワーの不足を補うことである。中央公害対策審議会の委員として環境基本法の立案にかかわり，環境基本計画においてはその素案を策定した中央環境審議会企画政策部会の部会長を務めた森嶌昭夫氏は，「NGOの活用」について次のように述べる。「行政がNGOを助成すると考えるのではなく，むしろ自分のキャパシティを超える部分を外注すると考えればいいわけです」[『かんきょう』1995.9：16]。

5　選択的確立期と政策決定への参加

■ 5-1　政策分野の傾向

以上の一連の経過をもって環境行政による協働・市民参加の施策は，2000年代前半にほぼ確立し今日に至っている。本節ではそれ以降の確立期の状況について，そうした施策にみられる傾向を確認していきたい。

表1-2は，2009～2015年版の『環境白書』における市民セクターの主体のキーワード数を，政策分野ごとに集計したものである。この政策分野は，環境省の担当部局を反映した白書の構成にもとづいている[12)]。ここで対象期間を2009年版からとしているのは，現在の白書の構成が確定するのがその年以降のためである。このうち「総説」と「基盤・参加・国際協力」は，キーワード数こそ多いが個別分野を横断する総合的な内容であるため参考までとし，ここではそれ以外の5つの政策分野を取り上げる。

政策分野ごとにみたとき最もキーワード数が多いのは，「生物多様性」と「廃棄物・リサイクル」で，両者とも80件を超えている。それぞれの分野で言及される具

11) こうした「市民の力」の誘導を図る記述は，1998年版『環境白書』にもあらわれている。その中では1970年代の滋賀県の石けん運動をモデルとして，「単に行政に向かって，赤潮を何とかしろという要求を突きつけるだけではなく，自分達が何を成し得るか」という運動側の自問が重要であったとされる。

12) 環境省の担当部局は「地球温暖化」は地球環境局，「生物多様性」は自然環境局，「廃棄物・リサイクル」は廃棄物・リサイクル対策部，「大気・水・土壌環境」は水・大気環境局，「化学物質」は環境保健部である。

表 1-2 『環境白書』における政策分野ごとの市民セクターの主体のキーワード数

政策分野		2009年	2010年	2011年	2012年	2013年	2014年	2015年	計
（総説）		24	30	33	21	41	32	30	211
各論	地球温暖化	0	0	4	0	0	0	0	4
	生物多様性	21	16	9	11	11	11	9	88
	廃棄物・リサイクル	18	16	20	5	5	4	14	82
	大気・水・土壌環境	2	2	1	1	2	1	3	12
	化学物質	0	0	0	0	0	0	0	0
	（基盤・参加・国際協力）	24	26	25	25	8	8	7	123

注：キーワードは，「住民運動」「住民団体」「市民運動」「市民団体」「NGO」「NPO」。
　　各論は，「昨年度の状況」と「当年度の施策」を合わせ，集計している。

体的な内容は，「生物多様性」については森林，田園，里山，河川，湿地，干潟といった地域現場での保全活動や自然再生，モニタリング調査，環境教育，普及啓発といったものである。また「廃棄物・リサイクル」については家庭ごみの減量，レジ袋削減運動，古着や廃棄自転車のリユース，廃食油のリサイクル，生ごみの堆肥化，ごみや雑草などを用いたペレットの製造といったいわゆる3Rの活動である。これらは環境行政の政策実施におけるもので，それにかかわる市民セクターの役割が注目されているといえる。

対して「地球温暖化」「大気・水・土壌環境」の分野では，市民セクターのキーワード数自体少なく，「化学物質」に至っては0となっている。またここで言及されているものも，地球温暖化について家庭におけるCO2排出量を可視化し，診断する事業，また大気・水・土壌環境について行政との協働による身近な水環境の一斉調査，流域の保全・再生，海岸清掃，震災起因洋上漂流物に関する情報共有にネットワーク構築といったもの，すなわち政策実施にかかわる役割であり，上述の2分野と同様の傾向を示している。

■ 5-2　政策決定への参加

政策決定における市民参加については，環境行政側からどのように捉えられているのだろうか。環境庁では環境基本法の立案過程から，NGO（例：日本自然保護協会）を対象としたヒアリングが実施されている［『かんきょう』1992.11：20］。中でも1994年の環境基本計画の策定にあたっては，審議会でのより幅広いNGOへのヒアリング，パブリック・コメントの受付，意見公募の上での地方9ブロックでのヒアリングが実施された［『かんきょう』1994.8：7–8］。こうした取り組みは，環境政策における政策決定への市民参加の嚆矢となっている（山村 1996：116；諏訪 1998：vii；日本自然保護協会編 2002：290）。

これ以降とくにローカル・レベルの環境保全関連の計画に関して，策定過程への市民参加が奨励されるようになる。たとえば量こそ限られるが『環境白書』の中でも，農村・公園整備事業，地方自治体における環境基本計画，流域環境保全の行動計画，まちづくり事業，ローカルアジェンダ 21，生物多様性地域戦略，地域連携保全活動計画などの策定における市民参加の事例が紹介されている（表 1-3）。また 2001 から 2011 年には，コンテスト形式で NGO からの政策提言を募集する「NGO 環境政策提言フォーラム」（後に「NGO／NPO・企業環境政策提言フォーラム」）が開催されている。

こうした政策決定への参加の効果について，1994 年の環境基本計画策定の中心人物であった森嶌氏は，座談会における「もっと NGO の活用を」というテーマの中で次のように発言している。

> 行政が作った政策をさあどうでしょうとかというのではなくて，政策形成過程で国民が自分で勉強をして，政策提案をするということになれば，国民がこれはカネがかかりすぎてダメだとか，こんなものは実際にできっこないとか分かってくる。そうすると，じゃあ自分たちは何をしなければならないかという意見も出てくるはずです。ですから私は，制度としては NGO とのネットワークを環境庁が作っておいて，最初から考えて提案してもらう。そこから出てきたものを審議会で議論したり，それをどのように扱うかは行政が最終的な責任を持つことにして，もっとプランニングの場にも国民に創造的に主体的に参加し，提案してもらうことにしたらどうでしょうか。同時にそれが極めて有力な環境教育にもなる。だからそれを実施するときに，みんな分かって実施してもらえることになるのではないか。こういう仕組みを環境庁あたりが率先してやってみてはどうでしょうか。［『かんきょう』1995.9：15-6，森嶌昭夫氏の発言］[13)]

上記で言及されているのは，政策形成過程への参加を通じて「自分たち」，すなわち NGO 自身が何かをしなければならないと認識し，自発的に政策実施にかかわるようになるという効果である。すなわち環境行政側は，単に NGO が政策決定に参加するということを求めているのではなく，後の政策実施にかかわることを合わせ期待している。こうした期待は，先述のような NGO の役割に対する期待の延長線

表 1-3 『環境白書』における政策決定への市民参加の言及

年 版	「政策実施」への期待を含む	含まない
1990年代前半		地球サミット［91-98 年版］，欧米の NGO［92 年版］，北米自由貿易協定［95 年版］
1996年	農村整備事業（滋賀県甲良町），環境基本計画（神奈川県鎌倉市）	地球サミット他国際会議
1998年	流域アジェンダ（桂川・相模川），里づくり（徳島県木頭村），鎌倉市緑の基本計画，横浜市舞岡公園	地球温暖化防止京都会議
1999年		地球サミット，地球温暖化防止京都会議
2000年	東京都武蔵野市「木の花小路公園」	
2001年	まちづくり事業（横浜市），ローカルアジェンダ 21	アメリカの NGO，気候変動枠組条約締約国会議
2002年		地球サミット，ヨハネスブルグサミット
2003年	環境基本計画（埼玉県志木市）	
2005年		NPO 法人気候ネットワーク，ヨハネスブルグサミット
2006年		ヨハネスブルグサミット
2007年		ヨハネスブルグサミット
2008年	循環型社会基本計画の見直し	
2009年		生物多様性条約 COP9
2010年		「ポスト 2010 年目標に関する日本提案」
2011年	「生物多様性ひょうご戦略」，地域連携保全活動計画	生物多様性条約 COP10
2012年		リオ＋20
2015年	再生可能エネルギープロジェクト（水俣市），一般廃棄物処理基本計画（名古屋市）	第 3 回国連防災世界会議

上にあるものであろう。さらに言えば，政策実施にかかわる NGO の主体性を促進するためのツールとして，あらかじめ政策決定段階からの参加が奨励されているといえる。

この政策実施に関わる主体性の促進という観点から政策決定への参加を奨励する

13）なお引用中でも言及される「環境教育」については，萌芽期から「ボランティア育成」（第 2. 3. 2 項）という文脈が付加されている。また施策形成期には，環境保全活動の推進と環境教育の推進がほぼ同義のものとなっている。小・中・高校の体験型学習「総合学習」の導入（2002 年）に向けた動向とも関連しながら，1999 年 12 月には中央環境審議会から「持続可能性に係る活動をすべて環境教育」「市民，行政，企業，NGO などで実施されている様々な環境保全行動はすべて環境教育」［『かんきょう』2000.2：11］として扱うという考え方のもと，答申がまとめられている。

言説は，『環境白書』上でも確認することができる。たとえば滋賀県甲良町の農村整備事業の事例を紹介した記事では，その末尾に「このように計画段階からの参加を通じて主体的に計画した施設は，事業完了後もほとんどが住民の手による管理，維持改善が行われている」［『環境白書』1996：197］と付言されている。また2005年版では，「政策策定への市民参加」の効果について次のように述べられる。

> 地域のニーズをくみ上げ，市民との協働により意思決定をし，市民とともに実行・運営し，評価を行っていくことは，より適切な環境政策を決定するだけでなく，市民が環境保全行動に自発的に取り組む社会を実現することにもなることから，これからの環境問題への対応のためには極めて有効な手段であるといえます。［『環境白書』2005：47］

同様の記述は，2000年版『環境白書』の東京都武蔵野市「木の花小路公園」の建設の事例でも触れられている。

他方で行政側からの期待の有無にかかわらず，NGO・NPOは政策決定過程に参加し自身の影響力を発揮しようと試みる。こうした政策実施にかかわらない，むしろ行政機関や企業の行動を転換しようとする活動に関して，『環境白書』上では限定的に紹介されるにとどまっている。1970年代から住民団体と地方公共団体，事業者との間の公害防止協定の締結や環境影響評価における住民参加が取り上げられているが，1982年を最後に途絶え，1990年代以降も地球サミットや1997年の地球温暖化防止京都会議などの国際会議に関する内容紹介，欧米のNGOに関する紹介の中で，そうした活動の存在が触れられる程度である（表1-3）。

6　協働・市民参加の意義とは？

6-1　行財政改革，熟議民主主義との関連

本章では協働・市民参加が導入された経緯に着目しながら，1970年代以降の環境政策史を検討してきた。市民セクターの主体に向けた環境行政側のまなざしの分析を通じて，明らかになったのは次のことである。1970年代初めの環境行政の成立以降，行財政改革の逆風に対峙する中で，行政側の財源・マンパワーの不足を補う存在として，市民セクターの主体は見出された。萌芽期のアメニティ政策における協働・市民参加は，当初低調かつ間接的なものであったが，それが後の青写真となり，

地球環境問題が台頭した1980年代末以降，法的根拠の付与，基金・拠点づくりを通じて，市民セクターの育成・活用がより直接的・積極的に施策化されていった。こうして2000年代前半までに確立した環境政策上の協働・市民参加では，政策分野の偏りや，主に政策実施にかかわる市民セクターの役割が期待されていること，並びにその期待の延長から政策決定への参加も奨励されていることといった傾向を指摘することができる。

このように，財源・マンパワーの不足を補うという環境行政側の意図のもとに，協働・市民参加は導入されていた。そしてその背景となっていたのが，行財政改革である。この点でアメニティ政策における協働・市民参加は，行財政改革の逆風に対峙し新たな存在意義を模索する中で，とくに行政側の財源やマンパワーの不足を補うものとして構想されていた。またこうした行財政改革との関連，マンパワーの補完といった観点は，1980年代末以降パートナーシップに関連する施策が矢継ぎ早に形成される中でも論拠とされ，さらにはそこには政策実施における役割への誘導といった姿勢も散見される。

なお協働・市民参加の意義としては，環境問題のように不確実性の高い問題に対してより適切な政策決定を行うということもあるだろう。これは従来環境社会学において市民参加の意義として強調されてきた，熟議民主主義の論点とも重なるものである。ここで熟議民主主義とは，「住民参加，市民参加を積極化する形で，十分な議論を尽くす機会を設定することであり，この立場から，さまざまな討論手続きや意思決定手続きを洗練・工夫していくこと」（舩橋編 2011：251）と定義される。

一方で本章の知見から上記の適切な政策決定という論点は，行政側の協働・市民参加の導入における意図と関連がないとはいわないが，相対的に薄いといわざるをない。というのも仮に熟議民主主義に重きを置くのであれば，政策実施における期待にかかわらずとも政策決定への市民参加が奨励されるべきであるし，先の表1-2からも，意思決定に高い不確実性を伴う政策分野「地球温暖化」や「化学物質」といった分野において，市民参加が期待されているわけではないということが示唆されるためである。

また先述のように，協働・市民参加の導入の背後に行財政改革の影響が認められるという点は，序章で提起した新自由主義的な改革に伴うボランティアの動員とも通底する論点である。これまで環境領域は，新自由主義に伴う動員と無関係の領域と目されることもあったが，むしろその関連は十分確認できる。また従来の議論で念頭に置かれていた社会福祉領域に対して，環境領域は次のような特色をもつ。

第1に環境領域におけるパートナーシップの施策は，基金の創設や拠点づくり，情報提供，環境教育，リーダー育成の研修などが中心であり，対して委託事業やそれを担保する制度（例：介護保険制度）の形成はほぼなされていない。つまりこれらの施策は，行政が事業を発注しNGO・NPOに実施させるといったものではなく，あくまでNGO・NPO側の自主事業を支援し促進するというものが主である。そのためこれらによって市民セクター側の主体性を脅されるという事態は，必ずしも想定されない。

むしろ環境行政側は市民セクターの主体性を脅かすことのないように，慎重に配慮してきたともいえる。たとえば地球環境基金の創設にあたっては，助成に際して「民間団体の自主性，自立性を尊重する」意図から，選定はNGO関係者も含む「運営委員会」の意見に基づき行うこと，また「団体の存立基盤であるような運営費，管理費〔＝職員の人件費，事務所費など〕」は助成対象としないという考え方が，当時の環境庁担当者から示されている［『参議院会議録情報』1993.4.21，八木橋惇夫氏の発言より］。

第2に社会福祉領域では社会保障費の抑制に伴い，いわばこれまであった行政側の役割を代替させる形で市民セクターの動員が進展していた。対して環境領域では，そもそも行政側の役割が総合調整に限定されており，政策実施体制が不十分な中で，アメニティや地球環境問題といった国際的な文脈から登場する新たな課題に対応するため，市民セクターの活用が進展したといえる。つまり福祉領域では，既存の体制が削減されることに伴い生じた空白を市民セクターが補完しているのに対して，環境領域では新課題に伴い生じた空白に市民セクターが活用されている。そのため福祉領域と比べて環境領域では，市民セクターの活用自体が相対的に行政側の役割の不足と認知されにくいという側面をもつ。

■6-2　協働・市民参加の導入の裏面

本書の目的は，単に上記のような協働・市民参加の導入の背後に環境行政側の意図があるということを暴き出すこと自体ではない。むしろ協働・市民参加の導入は，行政にとっても市民セクターにとっても，一見win-winの関係性が成立しているようにも思える。つまり行政側は財源・マンパワーの不足を補うことができるし，市民セクター側は自身の活動を展開していくことができる。

一方で本章の検討にもとづき以降本書を通じて留意したいのは，次の2つの論点である。第1に市民セクターの役割に期待する政策実施体制は，十分なものといえ

表 1-4　『環境白書』における年代ごとの政策手法の語彙の推移

語　彙	1970 年代	1980 年代	1990 年代	2000 年代	2010 年代	計（文）
「規制」の語彙	588 (11.7%)	566 (6.2%)	1,207 (4.5%)	357 (2.8%)	163 (1.2%)	2,881 (4.3%)
「課税」の語彙	24 (0.5%)	58 (0.6%)	411 (1.5%)	99 (0.8%)	96 (0.7%)	688 (1.0%)
「促進」の語彙	104 (2.0%)	253 (2.8%)	1,495 (5.6%)	909 (7.2%)	874 (6.5%)	3,635 (5.4%)
「協働」の語彙	97 (1.9%)	431 (4.7%)	1,794 (6.7%)	891 (7.0%)	837 (6.2%)	4,050 (6.0%)
全体（文）	5,014	9,120	26,919	12,705	13,413	67,171

注：1972 ～ 2015 年版『環境白書』総説を KH Coder で分析。なおカイ二乗検定の結果は，1%水準で有意である。
「規制」の語彙：規制 or 義務 or 義務付ける or 義務づける or 指導
「課税」の語彙：課税 or 税 or 税制 or 課徴 or 誘導
「促進」の語彙：促進 or 促す or 教育 or 啓発 or（普及 and 啓発）or 支援 or 自主
「協働」の語彙：協働 or パートナーシップ or 連携 or 協力 or 合意 or 参加 or 参画

るのかということを問わなければならない。この点でパートナーシップの環境政策史では，政策決定への参加も含め市民セクターの主体性を促す施策が形成されていた。しかしいくら諸個人の主体性を促進したとしても，いわゆる「フリーライダー問題」を回避することはできない。このフリーライダー問題では，小集団でなく強制や選択的誘因がない状態では，みなフリーライダーになろうとし，公共財供給のための集合行為は成立しない（Olson 1965=1996）。もちろん上記は理論上のもので，現実には少なからず例外が起こりえるし，その例外の理由を問うこと自体にも意義はある。しかし主体性の促進に偏った政策実施体制が根本的に不十分になってしまう可能性も，同時に想定しておく必要があるだろう。

第 2 に協働・市民参加の導入にもとづく主体性の促進の裏面として，別の政策手法や経済的手法が回避されている可能性がある。表 1-4 は，1970 ～ 2010 年代における年代ごとの政策手法の語彙の推移である。経済的手法について，ここでは環境税をはじめとする課税を念頭に置いている。この表からは，環境行政成立当初 1970 年代に中心的手法であった「規制」がしだいに縮小，また「課税」も環境基本法が制定された 1990 年代に少し突出するもののその後伸び悩み，対して「協働」の語彙とともにとりわけ 1990 年代以降「促進」の語彙が拡大していった様子が見て取れる。

ここで 1970 年代後半から 1980 年代に「環境政策の後退」が叫ばれていたことを念頭に置けば，当時から規制的，ないし経済的手法の拡大が必要とされてきたのに，それらは十分なされることなく，むしろ協働・市民参加の導入にもとづく主体性の促進をもって代替されてしまっている懸念が示唆される。本章を通じて提起したいのは，こうした協働・市民参加の導入の裏面に生じる問題である。

■6-3　生物多様性政策との関連

本書では，選択的確立期の環境政策決定・実施過程について事例研究を行う。そのうち第3章以降で事例となるのは，生物多様性政策である。ここで本章の議論との関連から，その政策分野の特徴についてあらかじめ指摘しておこう。

「生物多様性」とは，1990年代以降日本の環境政策の中に登場した新たな分野カテゴリーである。これは，1992年の地球サミットで調印された生物多様性条約を端緒とする。概念としての生物多様性とは，生物種，その遺伝子，生態系という3つのレベルでの多様性を意味し，それぞれのつながりを重要視するものである。また条約上の目的とは，「生物多様性の保全」とその「持続可能な利用」，「遺伝資源の利用から生ずる利益の公正かつ衡平な配分」である。

日本の環境政策史に位置づけたとき，この生物多様性概念のもつ含意は，これまでの自然保護行政における特定の生物種，エリアに限定した対策から，政策的射程を広げることにある（宮永 2013：83）。すなわち主に規制的手法にもとづく希少な野生生物の保護や自然公園など保護地域の指定といった，従来の限定的なアプローチを越えて，より包括的な観点から里山といった二次的な自然や歴史的環境の保全，遺伝子組み換え作物のリスク，開発途上国への援助などに射程幅を広げることが，この政策分野では企図されている[14)]。この包括性という特徴から，生物多様性は環境法学者によって「多様な主体が対話を交わすプラットフォーム」（及川 2010：25）

14）今日生物多様性関連の法律には次のものがある（及川 2010：40；日本自然保護協会編 2010：28-9）。まず生物多様性概念の登場以前の限定的アプローチに立つものとして，古い順に，鳥獣保護法（旧狩猟法，1895年制定），自然公園法（1957年），自然環境保全法（1972年），種の保存法（1992年）が挙げられる。また概念登場以降の包括的アプローチに立つものとして，自然再生推進法（2002年），カルタヘナ国内法（遺伝子組み換え作物の規制，2003年），外来生物法（2004年），生物多様性基本法（2008年），生物多様性地域連携促進法（2010年）が相当する。それらの法体系について，以前は自然環境保全法が上位の基本法的役割を果たしてきたが，今日では生物多様性基本法を上位に，それ以外の個別法が下位に位置づけられる。

　また政策的射程を広げるという意図から，「生物多様性」や「里山」といった概念も環境行政によって戦略的に導入されたものでもある。環境庁・省の元行政官で環境政策学者の倉阪秀史氏は，ある研究会でその背景を次のように説明している。

「まず，1973年に都市緑地保全法が成立した際に，それによって都市区域内の自然保護を建設省が行うことに決定されたことで，環境行政は，国立公園のような境界の限られた自然保護政策にとどまってしまった。その現状に対する突破口として期待されたのが「生物多様性」であり，この概念であれば，都市域にも生物がいるので，絶滅危惧種のような限定的な対策ではなく，徐々に「里山」のような「人里」にまで環境行政の対象を拡大することが可能になると考えられた。」（浅田 2007：292）。

表 1-5 『生物多様性国家戦略』における市民セクターの主体のキーワード数

キーワード	1995年（第1次）	2002年（第2次）	2007年（第3次）	2010年（第4次）	2012年（第5次）	計
市民団体	1	23	19	16	6	65
NGO	0	35	58	82	35	210
NPO	0	46	22	24	28	120
計	1	104	99	122	69	395

注：「住民運動」「住民団体」「市民運動」のキーワード数は，0であった。

とも評される。なおこうした包括的な志向は，生物多様性に限らず，環境行政一般のアメニティ政策や環境基本法にかかわる展開とも軌を一にしたものである。

上述の包括的志向をもつ生物多様性政策は，実施体制においても非常に幅広い主体の協働・参加が要請される。中でも環境行政側から大きな期待が寄せられているのが，NGO・NPO をはじめ市民セクターの主体である。先の表 1-2 でも「生物多様性」は，「廃棄物・リサイクル」と並び，環境政策上最も市民セクターの主体が言及される政策分野の一つとなっていた。

表 1-5 は，『生物多様性国家戦略』における市民セクターの主体のキーワード数の推移である。この国家戦略とは，条約にもとづき生物多様性国家戦略関係省庁連絡会議によって策定されるもので，2016 年現在第 5 次までが公表されている。表からこの分野において市民セクターが頻繁に言及されるようになるのは，2000 年代前半パートナーシップに関する施策が確立する中でであったといえる。

それに先立ち 1995 年の第 1 次戦略は，短期間での策定であったため関係各省庁の施策の連携が十分でなく［『かんきょう』2001.12：5］，とりわけ NGO からは痛烈に批判（日本自然保護協会編 2002：290–1），「各省庁の施策の寄せ集めにすぎないと酷評」（及川 2010：36）されたという。これらの反省から第 2 次戦略の策定にあたっては，見直しの懇談会の段階から NGO へのヒアリングが実施されるなど政策決定への市民参加が試みられた。

この第 2 次戦略以降，NGO をはじめとする市民セクターの主体は頻繁に言及され，環境行政側からの期待を背負うようになっている。たとえば直近の 2012 年に策定された第 5 次戦略において「NGO・NPO 等の民間団体」は，国内外でのさまざまな活動実践，プログラム提供や体制づくりを進めていく際の「原動力」と位置づけられている［生物多様性国家戦略関係省庁連絡会議 2012：101］。そしてここでも注目されているのも，市民セクターの政策実施にかかわる役割である。第 5 次戦略の中で取り上げられる市民セクターの活動は，保全活動や自然再生，モニタリング調査，環境教育，普及啓発などで，また森林，田園，里山，都市，河川，湿原，海岸といったほぼすべてのフィールドが対象となっている。ここには「緑の基本計画」（都市の公園整備など），「河川整備計画」，里山里地の保全活動，「エコ・コースト事業」（海岸のごみ対策・清掃）といった各種計画策定における市民セクターの自主事業を見込んだ参加も奨励されている。一方で「遺伝資源へのアクセスと利益配分」「遺伝子組換え生物」といった論争的ないし不確実性の高い政策分野では，こうした市民参加に関する言及はなされていない。この点は環境政策一般の傾向と同様といえる。

以上から生物多様性政策は，1990 年代以降とくに選択的確立期における協働・市民参加の推進という動向を，最もよく体現した環境政策の分野の一つと位置づけられる。次章では，この生物多様性政策の決定・実施過程における NGO・NPO の政策提言活動の事例研究を行うにあたって，まず本書の分析視角を設定する。その後第 3 章以降で，それらの事例研究に入っていくことになる。

第2章 連携形成条件の分析視角

1 パートナーシップの分析に向けて

第2部以降では，環境政策過程においてNGO・NPOと政府・産業セクターの主体との間に形成されるパートナーシップを対象とした事例研究を行う。とりわけ生物多様性政策に向けて政策提言活動を行うNGOを中心的な主体として，政策決定段階から協働が形成される場合の条件と選択性，並びに協働が後の政策実施体制にもたらす帰結について新たな問題提起を試みる。序章でも論じたように本書全体を通じた目的は，環境政策の成果が必ずしも上がっていない状況に対して，今日のパートナーシップが内在的に抱える課題に着目することで，その理由の一端を明らかにすることである。

上記の目的のもとに本章では，次章以降の事例研究で用いる分析視角を設定する。なお「パートナーシップ」「協働」をあらわす用語について，以降では分析的に「セクター横断的連携」「連携」という言葉を用いる。

まず次節では，本書の事例研究と同様の対象を扱う環境政策過程論の先行研究を検討し，本書の分析方針を明確化する。その方針のもとに第3節では，セクター横断的連携の形成条件を経験的に特定するための分析視角を設定する。ここでは近年欧米の社会運動研究において，新たな研究プログラムとして立ち上げられつつある戦略的連携論の視角をベースとする。また第4節では事例研究を進めるにあたって留意しなければならない諸課題を提起，並びにそれにかかわる諸概念を規定するとともに，環境政策の成果にかかわる論点との接続を行う。最後に第5節では，本章の検討と次章以降の事例研究の対応関係，事例の選定とそれにかかわる社会調査の方法についても明示する。

2 環境政策過程論の諸アプローチ

本書の事例研究は，環境政策決定・実施過程に関するものである。したがって本研究の分析視角の設定に入る前に，環境政策過程論の先行研究を検討しておこう。政策過程論とは広義には，特定政策の決定・実施をめぐる諸主体の相互作用の動態を通時的に記述・分析するものである。この政策過程を捉えるにあたっては，従来政治学者を中心に，さまざまなアプローチが提唱されてきた（大嶽 1990；草野 1997）。

しかし，こと NGO といった市民セクターの主体にまで射程が及ぶアプローチは，存外少ない。これはそれらの研究が，主に政策決定者の視点や主観的意図から政策過程を分析することを念頭に置いてきたためである（茅野 2014：14-5）。また日本の政策過程は，歴史的に市民セクターの主体の関与に閉鎖的であった。そのため特定の環境政策（容器包装リサイクル法，環境教育促進法，気候変動政策など）を対象とし，かつ NGO をはじめ市民セクターの主体を射程に含める先行研究においても，それらの政治的影響力は限定的であるということがしばしば報告されてきた（寄本 1998，2009；浅野 2007；藤村 2009；長谷川・品田編 2016）[1)]。

本節では上記のような研究動向の中でも，環境政策を対象とし，かつ意識的に市民セクターの主体にまで射程が及ぶアプローチを採用している先行研究を取り上げる。それらは対立構図の変遷を捉えるものと，段階論的に捉えるものとに区別することができる。

まず対立構図の変遷を捉えるアプローチとして挙げられるのが，ドイツと日本の脱原子力をめぐる運動と政治を年代記的に描いた本田宏（2002，2005）である。ここで本田が採用するのは，ポール・A・サバティエらによって提唱される「アドヴォカシー連合論」のアプローチである。これは政策構想（アドヴォカシー）を共有するアクター同士の連合と連合間での力関係の構図に着目し，社会構造や政治制度，外部で発生した事件，それに促される各連合内部の意見の変化によって，政策転換を捉えようとするものである（本田 2005：14）。本田は，支配的連合（政府，電力業界など）と対抗連合（環境運動，革新政党など）の力関係の構図を通じて，ドイツと日本

1）このうち，利益団体論の先行研究の中には，NGO なども含む，特定の政策領域にかかわる諸団体のマッピングを通じて，そのネットワーク構造と政策決定への影響の関連を分析しているものがある。中でも環境領域の先行研究としては，気候変動政策に関する辻中豊（1999），佐藤圭一（2014）がある。ただし，それらは政策過程を通時的に扱うものではないため，本書ではこれ以上踏み込まない。

それぞれの原子力政策の変遷や運動をめぐる紛争管理の形式を読み解いている。

上記は推進－反対といった対立軸がみえやすい政策過程について，連合間での長期的な相互作用の変遷を分析するのに有効なアプローチと考えられる。ただし本書の目的に照らして，結果的に一つの連合を構成するアクター間の相互作用を分析する場合，必ずしも有効とはいえない。もっともこのことは，連合内部を一枚岩的に扱っているということを意味しない。たとえば本田（2005）でも，支配的連合内部における「利害調整様式」などが着目されている。一方でそうした連携形成のされ方は，対象ごとに記述されるにとどまっている。本書の目的に照らせば，それらの連携形成に焦点を絞った分析視角をあらかじめ設定する必要がある。

次に段階論的なものとして挙げられるのが，茅野恒秀（2014）である。茅野は国有林，河川，沿岸域（干潟）という3つの自然保護問題の領域について，それぞれのフォーカシング・イベント（白神山地・青秋林道建設問題，長良川河口堰問題など）に着目しながら，環境政策と環境運動の相互作用の過程を分析している。その中で茅野自身が提唱しているのが，「アクター・アジェンダ・アリーナ」アプローチである。これは利害関係者への開放性を備えた討議の場である「アリーナ」の集積として政策過程を捉えるもので，そのアリーナは段階論的に「課題設定／政策決定／個別問題解決アリーナ」と類型化される。そしてアリーナ間での移行が達成ないし阻害される過程を，社会運動や行政組織といったアクターとその設定課題であるアジェンダに注目しながら分析している。

また同様に段階論的に政策過程を分析するものとして，環境問題の構築主義アプローチが挙げられる[2)]。これは「なんらかの想定された状態について苦情を述べ，クレイムを申し立てる個人やグループの活動」を社会問題と捉え，「クレイム申し立て活動とそれに反応する活動の発生や性質，持続について説明すること」（Spector & Kitsuse 1977=1990：119）を研究プログラムとする社会問題の構築主義から派生したものである。その中では，問題の過程を段階論的に捉える「社会問題の自然史モデル」（Blummer 1971=2006；Spector & Kitsuse 1977=1990；Best 2008）が提起されて

2）構築主義的な環境問題研究には，次の3つの流れがあるとされる（Yearley 2001）。後述の社会問題の構築主義，文化人類学的リスク論（例：Steve Rayner），科学社会学の科学知識の構築主義（例：Steven Yearley）。またその研究例としては，イギリスとオランダの酸性雨問題を事例に，歴史的に敵対関係にあった環境運動と行政が，「エコロジカル近代化」という「ストーリーライン」のもとに連携していく過程を分析したもの（Hajer 1995），アメリカにおける地球温暖化の「問題のなさの社会的構築」に関するもの（McCright & Dunlap 2000, 2003）などがある。

きた。なおハーバート・ブルーマー（1971=2006）による自然史モデルは，上記の茅野でもアプローチの導出にあたって参照されている。とくに環境問題については，ジョン・A・ハニガン（Hannigan 1995=2007, 2006）が「組み立て（assembling）」「提示（presenting）」「競争（contesting）」からなる3段階を提唱している。またハニガン自身，その研究例として「生物多様性の消失」が地球環境問題として市民権を得るに至った政策過程を，遺伝資源に関心をもつ途上国，保全生物学者，野生生物保護に取り組む国際機関とNGOといった諸主体のクレイム申し立て，及びそれらが組み立てられ，提示され，競争する相互作用から分析している。

上記の段階論的なアプローチは，政策過程の通時的かつ包括的な記述，また問題ごとの過程を比較し，段階間の移行における達成・阻害要因を分析するのに有効性をもつだろう。一方でその中では段階の区別以上に，主体間の相互作用における行為や関係性を分析する視角が設定されておらず，特定的な知見を導出しにくいという難点をもつ。たとえば茅野（2014）は，課題設定／政策決定アリーナを経て，あるアジェンダが変革課題として共有されれば政策課題に転換されるということを考察しているが（茅野 2014：221），そうした共有，転換にかかわる行為，そこに生じるアクター同士の関係性について踏み込んだ特定化はなされていない。同様に環境問題の構築主義でも，クレイム申し立てを対象とするという以上に，主体間の相互作用における行為や関係性を分析するための視角は設定されていない。

3　戦略的連携論の分析視角

以上から本節では，結果的に一つの連合を構成するアクター間の行為や関係性，それ通じた連携形成を分析するための視角を独自に設定する。なお本書においてそうした連携形成の中心的な主体，焦点組織となるのはNGOである。従来社会学においてこうした市民セクターの主体，中でもその政策提言活動を含むそれらの集合行為は，社会運動研究において対象とされてきた。また近年欧米の社会運動研究では，新たな研究プログラムとして「戦略的連携論」が立ち上げられつつある。これはNGOをはじめ市民セクターの主体が，他組織との間に協力的な関係性を形成していく過程，及びその形成条件を分析するものである。本書ではこの戦略的連携論をベースに，次章以降の事例研究で用いる分析視角を設定する[3]。ただし戦略的連携論の視角を，序章で検討したような本研究のパートナーシップにかかわる論点に接続させるためには，いくつかの点で留意しなければならない課題がある。この点については本節末尾で指摘しよう。

■ 3-1　戦略的連携論の系譜

戦略的連携論とは，以下のような系譜のもとで展開されてきたものである。まず欧米の社会運動研究では，1960年代後半の資源動員論の登場以降，断片的にではあるが，社会運動組織が取り結ぶ組織間関係が注目されてきた。たとえば資源動員論の端緒ともいえる「社会運動組織」に関する理論的な論考の中でも，それらの組織間関係をめぐる論点が触れられている他（Zald & Ash [1966] 1987；McCarthy & Zald 1977=1989），運動組織を取り巻く周辺組織（主にコミュニティ組織）との関係性に着目したものとして「組織連関フィールド（multi-orgazanizational field）」（Curtis & Zurcher 1973）といった概念も提起されてきた。中でも資源動員論の「社会運動インダストリー」というモデルでは，市場的な競争によって結果的に形作られる協調的・対立的な組織間関係のあり方が，14の仮説によって整理されている（Zald & McCarthy [1980] 1987）。また戦略的連携論にも連なる先駆的な事例研究としては，女性運動におけるアンブレラ組織の形成過程を「連携活動（coalition work）」という概念から分析したもの（Staggenborg 1986），さらには1980年代ドイツにおける2つの抗議イベントを事例に，その中での組織間関係の形成過程を「メゾ動員（mesomobilization）」[4] という概念から分析したもの（Gerhards & Rucht 1992）がある。

ただし運動組織の連携形成に焦点を絞った研究が，体系的に蓄積されるようになったのは，主に2000年代以降といえる。このことはグローバル化に伴う複合的な社会問題への対応や政策過程への参入にあたって，特定の地域現場・問題・事業を横断する運動のあり方が注目されるようになったことをおよそ背景としている。初期には，1997年京都市での気候変動枠組条約第3回締約国会議における日本国内のNGOの連携組織「気候フォーラム」を事例とした研究（Reimann 2002），またとくに

3）なおとくに組織研究では，有力な資源依存パースペクティブの理論的考察（山倉 1993；小橋 2013），近年では「ネットワーク組織」（朴 2003；若林 2009）や「組織間コラボレーション」（佐々木ほか 2009）といった観点から，組織間関係の動態が議論されており，それにはNPOとの協働，パートナーシップも対象に含まれる。ただしそれらは，主に企業の提携のような関係性を見本例としたものであり，本書のような政策過程への適用は困難なため，ここではこれ以上踏み込まない。

4）メゾ動員概念を用いた研究としては，カナダの社会運動組織に関するもの（Carroll & Ratner 1996），同じくカナダの先住民の権利をめぐる協定交渉の事例研究（Ratner & Woolford 2008），韓国の民主化運動の事例研究（Chung 2011）などがある。

政策過程への参入について環境運動と労働運動の連携に着目したもの（Obach 2004），さらにシドニー・タロー（Tarrow 2005）によるトランスナショナルな運動，及びそこでの連携形成に関する理論的な論考などがある。それ以外にも女性参政権運動と禁酒運動との連携をめぐるもの（McCammon & Campbell 2002），並びに学生運動に関するもの（Van Dyke 2003）などイベント・ヒストリー分析を用いた研究，また運動組織について定量的なネットワーク分析の手法を用いる研究グループ（Diani & McAdam eds. 2003；Diani 2011）といった近年の分析手法の発達から生じた流れも組み合わさり，これらの先行研究の系譜は戦略的連携論初の論文集（Van Dyke & McCammon eds. 2010）に結実している[5]。

ちなみに日本の研究状況に関しては，早くは塩原勉が自らの「運動総過程図式」の中に社会運動の組織間関係，すなわち「諸組織間の社会過程，とくに対立とコアリッション」（塩原 1976：336）を位置づけている。また片桐新自（1995）は，地域政治過程における組織連関ネットワークを4パターンに類型化し，それらを政治的な意思決定のあり方と関連させながら論じている。さらに近年では，グローバル社会運動におけるサミット・プロテストをめぐる事例研究でも，そうした運動組織の連携形成について触れられている（野宮・西城戸編 2016）[6]。ただしこれらにおいて，上記の戦略的連携論に相当するような連携形成の条件を含む分析視角は提起されていない。

5）その他論文集（Van Dyke & McCammon eds. 2010）以前の研究としては，運動の文化的側面と組織連関フィールドの関連についての理論的論考（Klandermans 1992），連携志向が強い環境運動組織の特徴についての定量的分析（Shaffer 2000），社会運動の組織間関係に関するレビュー論文（Rucht 2004），トランスナショナルな労働運動における連携の内実についての分析（Bandy 2004），2003年のイラク戦争反対運動の事例研究（Meyer & Corrigall-Brown 2005），トランスナショナルな環境運動組織を対象とした定量的分析（Murphy 2005），1999年のWTOシアトル会合での抗議行動をめぐる事例研究（Levi & Murphy 2006），サミット・プロテストをめぐる研究（della Porta 2007）などが挙げられる。またネットワーク分析を用いた研究としては，韓国の環境運動組織について扱ったもの（Park 2008）などがある。

6）その他日本の研究状況としては，吉野川可動堰問題における住民運動組織と革新政党との連携を扱った樋口直人（2008），国際協力NGOのネットワークに関する金敬黙（2008），2008年のG8北海道洞爺湖サミットでの抗議行動をめぐる富永京子（2013），熊本水俣病の労働組合と患者（支援）団体に関する鈴木玲（2015）などがある。また運動関係者自身による記録としては，浅岡美恵（1998）をはじめ気候変動枠組条約第3回締約国会議での「気候フォーラム」に関する『環境社会学研究』第4号の小特集を参照。

■ 3-2　連携概念の定義

戦略的連携論において「連携（coalition）」とは，次のように定義される。「2つ以上の社会運動組織が，ある共通課題について一緒に活動すること」。これには「2つの運動グループ間での単なるパートナーシップから，数多くの社会運動組織による複雑なネットワークまで」，あるいは「単一のプロジェクトでの協働」から「より長期的なアライアンスの形成や長年にわたる多様な活動をめぐる協働」（Van Dyke & McCammon eds. 2010：xiv-xv）まで含むとされる。

すなわち連携は，関係する組織の数，その時間的な幅についても，さまざまな協力関係を含む包括的な概念として定義されている。なお上記の定義は，主に社会運動組織間，市民セクターの主体間の連携を念頭に置いたものだが，先行研究ではそれ以外のセクターの主体との連携形成も等しく分析対象とされている。たとえば本書の分類にもとづけば，産業セクターの主体に相当する労働組合といった利益団体（例：Obach 2004, 2010），また政府セクターの主体に相当する地方政府（例：Issac 2010），国家や政党（例：Almeida 2010）などである。この点で後述の戦略的連携論の分析視角も，運動組織を焦点組織とすればいかなる組織との連携であっても適用可能であるという包括性をもつ。以上のように先行研究における連携概念の定義は包括性を特徴としているが，その裏面としてあいまいさを残すものとなっている。

こうしたあいまいさを極力排しつつ，他の概念との差異化を念頭に置き，本書では次のように連携概念を定義する。「複数の組織が相互の自律性を有しつつ，特定のプロジェクトにおいて一緒に活動すること」。本書の定義の要点は，「相互の自律性」と「特定のプロジェクト」である。まず前者について，協力関係の中でも，ある一方の主体によって別の主体の意思決定の自律性が排される場合を，本書では連携とは呼ばない。ここでそうした場合として想定されるのは，直接的・間接的な権力を伴う支配関係や，組織境界が消滅してしまう合併などである。これらは，序章で検討した長谷川公一のコラボレーションの定義における「対等な資格」「非制度的」（長谷川 2003：183）といった要件，並びに戦略的連携論における「連携は合併からは区別される」（Van Dyke & McCammon eds. 2010：xv）という指摘にもとづくものである。

次に後者の「特定のプロジェクト」について，本書ではそうしたものをもたない関係性を連携からは区別する。ここで想定されるのは，単に情報交換のつながりがあることを意味する「紐帯」や「ネットワーク」である。戦略的連携論では，これらも含み対象とされることもあるが（例：Guenther 2010），その場合後述の連携形成条件における「先行する紐帯」と区別ができなくなってしまう。またここでのプロジェクトとは，期限や関係するメンバーの範囲がある程度特定されている共同作業を念頭に置いている。これも，コラボレーション概念における「具体的な課題達成」「限定的」（長谷川 2003：183）という要件を引き継いだものである。

■ 3-3　連携形成の分析視角

続いて，上記のような連携が形成される場合の条件を特定するにあたって，そのベースとなる分析視角を設定していく。戦略的連携論の展開から，これまで連携形成をめぐる条件として指摘されてきたものは，次の3つに整理することができる（Van Dyke & McCammon eds. 2010）。なお以下の3つは，社会運動研究一般で運動の動態を説明する変数として提起されるものとも親和的である（McAdam, McCarthy, & Zald 1996）。戦略的連携論の3つの連携形成条件は，そこから派生・展開したものと位置づけられる。

1）政治的機会・脅威

まず，「政治的機会・脅威」が挙げられる。これは連携形成の外部環境における条件であり，そこにそれぞれの組織の活動遂行にとって好ましい機会，あるいはそれを妨げうるような脅威が登場することによって，連携形成が促されるとされる。なおこうした観点は，社会運動研究一般における政治的機会構造論の流れを汲むものである（成・角 1998；中澤ほか 1998）。

社会運動研究一般ではとくに政治的機会について，諸次元の整理などの体系化が試みられているが[7]，戦略的連携論において政治的機会・脅威は多くの場合，チャンスやピンチのような連携形成のきっかけを捉える概念としてのみ用いられる。具体的には，政治的機会として法制度上での関係組織の位置づけや（Issac 2010；Obach 2010），体制の民主化（Almeida 2010），あるいは都市ごとの政治文化（Diani et al. 2010），一方で脅威としては国家の経済危機や（Wiest 2010；Borland 2010），特定集団への攻撃（Okamoto 2010），戦争の勃発（Reese et al. 2010）といったさまざまな

7）政治的機会構造論における諸次元の体系的整理として，構造的側面（異なる国や地域の共時的な違い），流動的側面（同一の国や地域の通時的な違い），あるいは文化的側面（イデオロギーなど），制度的側面（政治体制など）がある（Gamson & Meyer 1996；成・角 1998）．本書の事例研究をそれ位置づけるとすれば，流動的かつ制度的な政治的機会（第3～7章）と流動的かつ文化的な脅威（第3章）について扱うものである．

外部環境上のきっかけを指している。

2）先行する紐帯

次に関係する組織の間に介在するものとして，「先行する紐帯」が挙げられる。とくに連携それ自体も一つの紐帯であることを考慮すれば，ここでの条件となるのは連携それ自体ではなく，連携の特定プロジェクトにとって先行する関係組織間の紐帯，あるいはその間を架橋するメンバーの存在である。こうした先行紐帯，あるいは架橋者の役割への着目は，資源動員論の仮説，すなわちそれらが存在することによって組織化のコストが低くなり，諸個人の参加ひいては社会運動自体の発生が促されるとする仮説に端を発するものである（片桐 1995：81）。連携形成も，こうした先行する紐帯が存在することによって促されると想定される。

戦略的連携論の先行研究では，組織間での過去の共通する活動経験（Corrigall-Brown & Meyer 2010）やメンバーシップの重複（Wiest 2010），地理的な近接性（Okamoto 2010），あるいは分断された組織群の中間層による架橋（Borland 2010）といったものが，その具体例とされている。

3）組織フレーム

最後にそれぞれの組織の認識的側面を捉えるものとして，「組織フレーム」が提起されている。ただしこの認識的側面を捉える概念は，戦略的連携論において必ずしも統一されていない。たとえばフレーム概念の他にも，「利害関心」や「アイデンティティ」，「イデオロギー」といった用語によって，この側面が対象化されている。一方で戦略的連携において重要なのは，いずれの概念にせよ，それぞれの組織が有する認識的側面が部分的にでも一致することによって，それらの間での連携が成立するということだ。こうした認識的側面の具体例としては，関心のある政策アジェンダ（Cornfield & McCammon 2010）や，そのアジェンダの優先順位低下をめぐる危機認識（Borland 2010），組織のあり方をめぐるアイデンティティ（Roth 2010），クレイム申し立て対象のレイベリングのし方（Reese et al. 2010）などが挙げられる。

本書では上記の認識的側面のうち，問題状態や価値，解決策の定義づけといったそれぞれの要素を分節化して特定可能という特徴から，フレーム概念を採用する。このフレーム概念は，社会問題の構築主義を一つの背景としながら，社会運動研究一般ではデイビッド・A・スノーらの研究グループによって彫琢されてきたものである（Snow et al. 1986；Snow & Benford 1988；Benford & Snow 2000）。

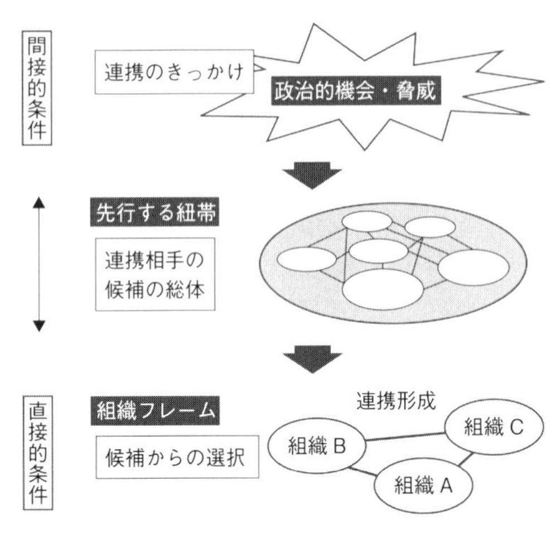

図 2-1　連携形成をめぐる諸条件の位置づけ

以上の諸条件について戦略的連携論では，それらの条件の組み合わせの重要性が強調されている（McCammon & Van Dyke 2010）。すなわち政治的機会・脅威，先行する紐帯，組織フレームは，必ずしもそれぞれ単独で効果をもつわけではなく，それらが相互に組み合わされることによってはじめて連携形成が導かれるとされる。またこれまでの戦略的連携論では，それぞれの条件の位置づけが明確化されず，いわば並列的に論じられてきた傾向がある（Van Dyke & McCammon eds. 2010）。対して本書では，これらの条件について次のような位置づけの違いを想定する。

まず政治的機会・脅威は，連携の外部環境に存在するもので，もちろん連携形成にかかわるが，いかなる個別主体と連携を形成するかという連携相手の選択に関しては，直接的な影響を与えるものではない。この意味で政治的機会・脅威は，連携形成の間接的条件であるといえる。対して先行する紐帯と組織フレームは，上記の連携相手の選択にもかかわる条件である。ここで先行紐帯とは個別主体がさまざまに有するつながりであり，あくまで連携相手の候補の総体を指し示すものである一方，組織フレームはそうした候補の中からフレームが一致する特定の主体を連携相手として選択するものと位置づけられる。したがってこの組織フレームが，連携形成にかかわる最も直接的な条件と想定される。これらの位置づけを整理したのが，図 2-1 である。

上記の諸条件の位置づけから，本書ではとくに連携形成の直接的条件と想定される組織フレームについて重点的に検討することとなる。一方で本節冒頭でも指摘したように，本研究のパートナーシップの論点と接続させるにあたって，戦略的連携論の分析視角には留意しなければならないいくつかの課題が想定される。以降ではセクター横断的連携を念頭に，本書の事例研究を通じて解消していくことになる諸課題を提起し，またそれにかかわる諸概念を規定しておく。

■ 3-4　事例研究に向けた諸課題と諸概念

1）事例に即した分析枠組の設定と選択性の考察

第1に戦略的連携論の分析視角では，その定義，諸条件について運動組織をはじめ市民セクターの主体を焦点組織とするという以上に，特段の適用範囲の限定はかけられていない。したがってそれは包括性を特徴とするものであるが，裏を返せば過度に一般的なものとなっている。次章以降の事例研究では，市民セクターの主体間の連携形成も扱うが，本書の中心的な対象は，NGOと政府，産業セクターの主体によるセクター横断的な連携である。本書の事例研究では，上述の戦略的連携論の分析視角をベースとしつつも，より示唆の大きい知見を導出するにあたって，個々の事例に即した特定的な分析枠組を再設定する必要がある。

セクター横断的連携については先行研究でも断片的ながら，たとえば「領域横断的でローカルな知の体系」をめぐる比較優位性から，運動体と行政との間の「協働」が可能になる（帯谷 2004）といった一定の仮説が示唆されてきた。次章以降の事例研究では，それぞれの冒頭で上記にもとづくより特定的な分析枠組を設定する。中でも本書全体を通じては，以下の仮説について中心的検討する。

第1章の環境政策史における市民セクターの位置づけに関する検討から，近年のNGOに対する行政側の期待の内実は，主に環境行政の財源・マンパワーの不足を補完するということであった。このことから，NGOの政策提言の中にあらわれる組織フレームが次のようなものである場合，NGOと政府，産業セクターの主体によるセクター横断的連携の形成が促されると想定される。すなわち「NGO側に後の政策実施体制における自主事業が，あらかじめ見込まれる」場合である。本書ではこうしたNGOを政策実施体制の主体，解決策の担い手に定義づけるフレームを「NGO事業型」と呼ぶ。NGO事業型の提言は，上記のような近年の環境行政の期待と合致するばかりではなく，政府，産業セクターの主体にとって後の政策実施におけるコストが相対的に低いものとなる。

一方でNGOの政策提言は，何もそうした自身の事業に関連するものに限られない。むしろNGO側からみたとき他者の行動にかかわるもの，たとえば政府セクターに何らかの制度的措置を要請するものや，産業セクターにその遵守を求めるといったものの方が一般的には想起しやすいかもしれない。これらは上記のNGO事業型に対置すれば，「NGO以外の主体を政策実施体制の担い手とする」組織フレームといえる。本書ではこうしたフレームを「他者実施型」と呼ぶ。ここで他者実施型の政策提言の場合，政府セクター側はそれを受け入れることによって自ら制度的措置の策定・実施，あるいは産業セクター側も営利活動の修正といった相対的に高いコストを負うことになる。そのため進んでNGOと連携しない，すなわちセクター横断的連携は形成されにくいと想定される。

上記の区別によって意図しているのは，これまでNGO・NPOの「政策提言」として一括りに議論されてきたものを分節化して捉えるということである。たとえば序章で指摘したように従来NPO論では，行政の下請け化を回避するための手段として政策提言活動の重要性が提起されていた。ただしそれは下請け化の問題構成外部から要請されている限りであり，こと政策提言自体に焦点を絞った検討はなされていない。また環境運動論でも，政策提言型，抗議型のように運動の志向性を語感的に区別することこそあったが（例：長谷川 2003；西城戸 2008），それらをフレームという観点から操作的に定義づける試みは，従来なされてこなかった。この点で本書では，上記の区別を導入することによって，組織フレームの違いにもとづきながら，政策提言の有効性を分析的に評価することが可能となると想定される。

また前述の仮説のもと，本書ではセクター横断的連携の形成条件における「選択性」を特定することを意図としている。この選択性とは，「その条件のもとでしか連携が形成されない」ことを意味する。連携にかかわる主体はそれぞれ主体的に行為しており，理念的にはさまざまな条件のもとで連携が形成されうる。しかしそれでもなお一定の条件のもとでしか連携が形成されないという場合を，本書では選択性として考察する。

2）組織フレームの受け手・すれ違いと一致

第2に連携形成の直接的条件として想定される組織フレームについて，その端緒となっている社会運動研究一般のフレーム分析では，次のような課題が指摘されている。まずフレーム分析では，送り手となる主体のフレーミング戦略のみに着目し，それが賛同者や二次メンバーの動員に成功したという事実をもって，そのフレーミングの有効性を評価するという論理構成がしばしばとられる（例：田窪 1997；長谷川 2003)。こうした評価は戦略的連携論の先行研究にもみられ，たとえばイラク戦争反対運動に関する事例研究（Reese et al. 2010）では，主要団体のフレーミングに注目し，幅広い主体との連携形成が可能になった要因をフレーミング戦略の有効性に求めている。

一方で上記の論理構成は，なぜそのフレーミングが動員，連携に成功したのかということを十分説明しているとはいえない。というのもフレーミングが動員，連携に成功したのはそのフレーミングが動員，連携に成功したからであると答えることとなり，結果としてトートロジーに陥るためである（野宮 2002；本郷 2007；西城戸 2008)。すなわちフレーミングが有効であった理由を，その内容自体や動員，連携に成功したという事実のみに求めない説明図式が必要である。

上記のトートロジー的説明を回避するためには，まず送り手のフレーミングばかりでなく，その受け手独自の文脈にも着目することが必要である。西城戸誠（2008）はそうした観点から，受け手側のもつ「運動文化」について検討している。また連携が形成されなかった場合とそれが形成された場合を比較し，連携相手とのフレームのすれ違いと一致がそれに対応しているか否かを分析することも有効であると考えられる。これに関連して本郷正武（2007）は，そうした失敗事例の検討の必要性を指摘している。ちなみにフレーミングの失敗についての検討は，社会運動研究一般の先行研究でもその欠如が指摘されてきたものである（Benford 1997)。

3）連携のもたらす帰結

第3に連携のもたらす「帰結（outcome)」についての検討が挙げられる。戦略的連携論の先行研究においてこれまで主要な問いとされてきたのは，初期にほぼつながりのなかった，ましてや対立すらあった組織の間で，なぜ連携が形成されたのかということであった。すなわち，まず初期の組織間の分断状況が措定され，そこから連携が形成されるに至った条件を特定することが，その分析において中心的な課題とされる。ここでそうした初期の分断状況として措定されるのは，既存の政策領域の縦割りや運動内部での下位区分などである（Obach 2010)。

こうした状況に対して戦略的連携論では，そうした多様な主体の連携への参加のみならず，連携が導く「帰結」を分析することが，今後の課題の一つとして提起されている（Staggenborg 2010)。ここで提起される連携の帰結とは，「内的な運動動態に対する連携の影響」と運動外的な「ターゲットや目標に対する連携活動の影響」（Staggenborg 2010：327）に分けられる。こうした帰結に関する検討は，戦略的連携論のみならず社会運動研究一般においても，従来乏しいとされてきた論点である。

本書では前者の運動内的な帰結も，運動組織間の連携形成に関する事例研究の中で検討するが，主な考察対象となるのは後者の運動外的な帰結である。とりわけセクター横断的連携が政策実施体制にもたらす帰結を考察する。なお序章で検討した環境ガバナンス論と環境運動論では，セクター横断的連携の形成それ自体と環境政策の前進，あるいは運動の目指す社会変革といったものが，一体となって論じられる傾向があった。対して上記の実施体制にもたらす帰結の考察は，この両者を別個に検討することを試みるものである。ここでそれらの議論から実施体制における帰結のあり方としては，あらかじめ次の2つの可能性が想定される。

まず環境運動論では上記のセクター横断的連携，コラボレーションを，社会変革のポテンシャルとみなしていた。ここで具体的に社会変革とは，政府，産業セクターの主体，すなわち環境運動側からみた他者の行動をより環境配慮的なもの，持続可能なものに転換するというものである。本書ではこうしたNGOの社会変革のあり方を，他者変革性と呼ぶ。そして「政策実施体制において政府，産業セクターの主体が，「独自に」市民セクターの主体が行った政策提言にもとづく事業を実施するようになる状態」が成立する場合を，「他者変革性の発揮」がなされたとみなす。ここで「独自に」とは，「市民セクターの主体が存在しなくとも，その事業が実施可能な状態」であることを要件とする。こうした状態はセカンド・ステージ型環境運動論でも，市民セクターから政府セクターに向けた「運動の政策化」，市民セクターから営利（産業）セクターに向けた「運動の事業化」という概念によって示唆されていたものである（長谷川 2003：186）。

またNPO論では別様の可能性として，行政の下請け化というセクター横断的連携の帰結が提起されていた。これに関して本書では，「政策実施体制において，市民セクターの主体の「自主事業」がなされなくなる状態」が成立する場合を，「行政の下請け化」が生じたとみなす。ここでNGO・NPOによる「自主事業」とは，「すでに政策実施体制の中に位置づけられているものばかりでなく，それに位置づけられていないものも含む」ことを要件とする。これは，主に社会福祉領域で想定される委託事業ではないという意味の自主事業を要件とすると，そもそも委託事業の少ない環境領域ではNGOの活動のほとんどが自主事業となってしまうことに配慮したものである。

4）まとめと政策的成果

以上ここまで提起してきた諸概念について，概念同士の関係を整理すれば，次の命題の形にまとめられる。

「他者変革性の発揮」命題：環境政策決定過程では選択性を介してもなお，NGOによる他者実施型の政策提言のフレームのもとでセクター横断的連携が形成され，その結果政策実施体制では政府，産業セクターの主体が「独自に」NGOの提言にもとづく事業を実施するようになる。

「行政の下請け化」命題：環境政策決定過程では選択性によって，NGO事業型の政策提言のフレームのもとでのみセクター横断的連携が形成され，その結果政策実施体制ではNGOの「自主事業」がなされなくなる。

また最後に本書では，上記のようなあり方で連携の帰結として構築される政策実施体制について，「政策的な成果」を検討する。なお本書での政策的成果とは，「政策実施体制が，特定の環境問題の解決に対してもつ効果」のことを意味する。対して政策的にパートナーシップや協働が推進されている現状をもって，その形成それ自体を評価するものでない。また本書では特定の地域現場における局所的な問題解決ではなく，政策実施体制という大局的な観点からみた問題解決を念頭に置く。

ここで上記の政策的成果を検討するのは，序章で提起した本書の問い，すなわちパートナーシップの理念が等しく受容され実態的にも制度化に向かっているにもかかわらず，必ずしも政策的な成果が上がっていない，現実の環境問題解決が進んでいない状況に照らして，その理由の一端を明らかにするためである。この点で政策的成果が必ずしも上がっていない状況が観察されたとしても，上記それぞれの命題のもとでは問題点の診断，並びに解決策の提示について異なる方向性が示唆されうる。

たとえば「他者変革性の発揮」命題のもとでは，現状政策的な成果が上がっていないにしても，それはあくまで社会変革の過渡的な状態と診断されうる。そしてその解決策は，現状の方向性のままNGOはさらなる他者実施型の政策提言を行い，セクター横断的連携を通じて政府，産業セクター独自の事業を展開させていくということになるだろう。一方で「行政の下請け化」命題のもとで成果が上がっていないとすれば，その問題点はNGOの主体性，自主事業を脅かしている政策実施体制のあり方に求められる。そしてその解決策としては，NGOの主体性を担保し自主事業を進めるべく，市民セクター側のエンパワーメントやそれを支える制度の構築が必要となる。なお後者の問題点の診断，解決策の提示は，序章で検討した環境社会学の協働研究とも重なるものである。

ただし結論を先取りすれば，本書の事例研究を通じて得られる知見は，「他者変革性の発揮」命題からも「行政の下請け化」命題からも十分に捉えられない趣をもつ。事例研究後の考察・結論では，その知見にもとづきながら新たな問題提起を行うこととなる。

4　事例研究の方法

本章では欧米の社会運動研究における戦略的連携論にもとづき，セクター横断的連携の形成条件及びその選択性を考察するための分析視角を設定してきた。まず本書では，連携を「複数の組織が相互の自律性を有しつつ，特定のプロジェクトにおいて一緒に活動すること」と定義する。また「政治的機会・脅威」「先行する紐帯」「組織フレーム」という3つの条件を中心的な分析視角とし，中でも連携形成をめぐる最も直接的な条件と想定される組織フレームについて重点的に検討を行う。

さらに次章以降の事例研究で解消しなければならない課題として，次のことが挙げられる。まず個々の事例に即した分析枠組を再設定しつつ，中でもNGOの政策提言について解決策の担い手の定義づけにかかわるフレームが「NGO事業型」あるいは「他者実施型」の場合，連携形成を促すのか否かという仮説を中心的に検討する。またそれを通じて，連携形成条件の「選択性」を考察する。次に組織フレームに関しては，トートロジー的な説明を回避するため，フレームの受け手，ないしフレームのすれ違いと一致を分析する必要がある。さらに連携の帰結，中でも後の政策実施体制に生じる帰結について，「他者変革性の発揮」「行政の下請け化」という観点から検討すること，及びその実施体制が問題解決に対してもつ効果を「政策的成果」として考察することである。

4-1　事例の選定と社会調査の方法

上記の分析視角をもとに，以降の本書では生物多様性政策の政策決定・実施過程をめぐる事例研究を行う。第1章末尾でも指摘したように生物多様性政策は，1990年代以降の環境政策における協働・市民参加という動向を，最もよく体現した分野

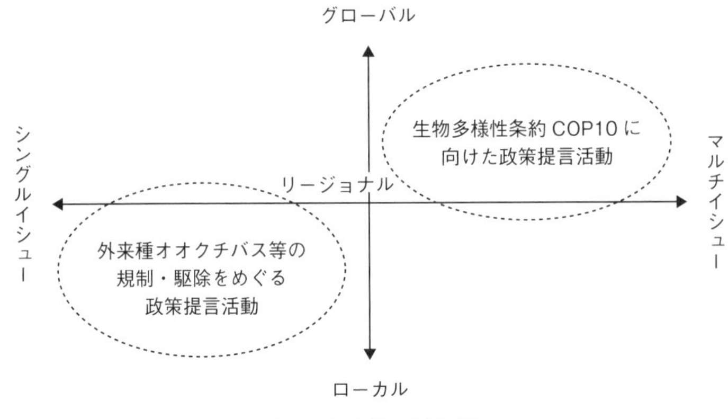

図 2-2　両事例の位置づけ

の一つであった。そのため本書のいうセクター横断的連携を検討するにあたっても，最適な政策分野であると想定される。

このうち本研究では，外来種オオクチバス等の規制・駆除をめぐる政策提言活動と，生物多様性条約第 10 回締約国会議（COP10）に向けた政策提言活動を事例として取り上げる。両者は第 1 章の時期区分における選択的確立期に位置し，こと政策決定段階から NGO をはじめ市民セクターの主体の政策提言活動が積極的に繰り広げられ，かつそれらが一定の影響力をもったという点で注目に値する事例である。

また両事例の関係性は「シングルイシュー／マルチイシュー」「ローカル／リージョナル／グローバル」という 2 つの軸から，次のように整理することができる。まずオオクチバス等の規制・駆除をめぐる政策提言活動は，生物多様性関連政策の個別分野であるシングルイシューを対象として，かつ主にローカルからリージョナルなレベルで争われたものであった。一方で生物多様性条約 COP10 に向けた政策提言は，生物多様性政策全般にかかわるマルチイシューを対象として，かつ主にリージョナルからグローバルなレベルで争われたものと位置づけられる。

上記の整理をもと，両事例は次のような特色をもつ。まずオオクチバス等の規制・駆除をめぐる政策提言はシングルイシューということから，それにかかわる主体の数も相対的に限られる。ここで具体的にそれにかかわった主体は，市民セクターではその問題に焦点を絞って活動するローカル，リージョナルな NGO であり，政府セクターでは水産庁と環境省，産業セクターでは主に内水面の漁業者団体である。

一方で生物多様性条約COP10に向けた活動は，グローバルに及ぶマルチイシューということから，必然的にそれにかかわる主体も増加，多様化する。具体的にこれにかかわった主体は，市民セクターでは自然保護系のNGOからユース，消費者団体，国際協力NGOまで多岐にわたり，また政府セクターも環境省，農林水産省，外務省他，産業セクターも広告会社やバイオ産業の利益団体などに及ぶ。こうした特色を反映して本書の政策決定過程に関する事例研究では，前者についてその問題に焦点を絞った通時的な分析，後者について個別の政策分野ごとの共時的な比較分析を行うこととなる。

また結果的に構築される政策実施体制についても，次のような違いがある。すなわちオオクチバス等の規制・駆除はローカルに近く，とりわけ地域現場での具体的な実践（バスの防除）をいかに推進していくかということが実施体制の課題となっている。一方でCOP10以降の実施体制では，グローバルに及ぶ多様なイシューに対して包括的に取り組む体制，生物多様性全般の普及啓発や多様な主体がそれにかかわる場の設定が課題とされている。事例研究後の考察・結論ではこうした両事例の特色を踏まえながら，それでもなお共通してみられる傾向に関してさらなる問題提起を行っていくことになる。

事例研究で用いるデータは，それらの政策決定・実施過程にかかわったキーパーソンへの聞き取り，並びに関連資料である。聞き取り調査はNGOに対するものが中心であるが，それ以外の主体，たとえば漁業者団体，釣り団体，行政機関，企業関係者に対しても実施している。中でも関係者主催のイベントなどに参加する中で，話を伺った場合を除き，筆者から個別にアポイントメントをとった聞き取り・資料収集の機会は，計42件（オオクチバス等の規制：21件，生物多様性条約COP10：21件，本書付録に一覧を掲載）になる。なお生物多様性条約COP10の事例に関しては，筆者自身当時NGOが結成したネットワーク組織の後継組織に，2013年10月から個人会員として参加し，2015年6月から2017年7月までは役員を務めてきた。このフィールドワークを通じて得たデータや示唆も，事例研究には反映されている。

また関連資料に関しては，公共図書館やインターネットを通じて入手可能な団体外部向けの資料の他，内部に向けの広報誌や機関誌，ニュースレター，報告書，シンポジウムの配布資料など，さらに総会の配布資料や内部の各種委員会における議事録なども収集している。

■ 4-2　論点の対応関係

最後に次章以降の事例研究に関して，本章で指摘した論点との対応関係を示しておく。それらを整理したのが表2-1である。

まず外来種オオクチバス等の規制・駆除をめぐる政策提言活動について，まず第3章ではその政策決定過程，とくに1990年代後半から2000年代半ばに至る社会的論争の期間を対象にNGOと漁業者団体，環境省とのセクター横断的連携に着目しながら，その形成条件を特定する。ここでは，先述のNGO事業型と他者実施型の政策提言をめぐる仮説の検討を行う。また組織フレームに関して，結果的にその受け手となった漁業者団体独自の状況を考察するとともに，NGO側とのフレームのすれ違いと一致の過程を分析対象とする。次に第4章はその後の政策実施過程について，新たに構築された実施体制とその中で実質的にNGOが担っている役割を検討する。

次に2010年に愛知県で開催された生物多様性条約COP10と，それに向けた政策提言活動について，まず第5章では政策決定過程におけるセクター横断的連携の分析の前段階として，運動の組織的基盤となったNGOのネットワーク組織の形成過程，中でも運動組織間の連携戦略とその運動内的な帰結について分析する。なおこの章では，結果的にフレームの受け手となった二次メンバーの参加過程について検討している。次に第6章では，COP10の政策決定過程における環境NGOと行政機関とのセクター横断的連携に関して，4つの個別政策分野を取り上げ，またNGO事業型と他者実施型の政策提言をめぐる仮説を中心的に扱いながら，それぞれの分野における連携形成条件，及びその選択性について比較分析する。最後に第7章ではCOP10後に構築された政策実施体制について，その中でNGOが担っている実質的

表2-1　本書の事例研究における論点の対応関係

論点		外来種オオクチバス等の規制・駆除		生物多様性条約COP10		
		決定過程	実施体制	決定過程		実施体制
		第3章	第4章	第5章	第6章	第7章
セクター横断的連携	形成条件・選択性：「NGO事業型」「他者実施型」の仮説	○	-	-	○	-
	政策実施体制における帰結	-	○	-	-	○
組織フレームの受け手		○	-	○	-	-
組織フレームのすれ違いと一致		○	-	-	-	-
運動内的な連携の帰結		-	-	○	-	-

表 2-2　本章で提起した概念

<table>
<tr><td colspan="3">連　携</td><td>複数の組織が相互の自律性を有しつつ，特定のプロジェクトにおいて一緒に活動すること</td></tr>
<tr><td rowspan="3">連携形成条件</td><td rowspan="2">組織フレーム</td><td>NGO事業型</td><td>NGO 側に後の政策実施体制における自主事業が，あらかじめ見込まれる場合</td></tr>
<tr><td>他者実施型</td><td>NGO 以外の主体を政策実施主体の担い手とする</td></tr>
<tr><td colspan="2">選択性</td><td>その条件のもとでしか連携が形成されないこと</td></tr>
<tr><td rowspan="3">連携の帰結</td><td colspan="2">他者変革性の発揮</td><td>政策実施体制において，政府，産業セクターの主体が，「独自に」市民セクターの主体が行った政策提言にもとづく事業を実施するようになる状態。とくに市民セクターの主体が存在しなくとも，その事業が実施可能な状態</td></tr>
<tr><td colspan="2">行政の下請け化</td><td>政策実施体制において，市民セクターの主体の「自主事業」がなされなくなる状態。とくに自主事業には，すでに政策実施体制の中に位置づけられていないものを含む</td></tr>
<tr><td colspan="2">政策的成果</td><td>政策実施体制が，特定の環境問題の解決に対してもつ効果</td></tr>
</table>

な役割を検討する。

なお本章で独自に提起し，後の事例研究で用いる概念を表 2-2 に整理しておく。

第2部
外来種オオクチバス等の規制・駆除
ローカルな政策提言活動

第3章　NGO - 漁業者団体 - 行政間の連携が形成されるまで
第4章　ローカルな NGO の展開と政策実施体制

第3章 NGO-漁業者団体-行政間の連携が形成されるまで

1 オオクチバス等をめぐる社会的論争

「外来種」とは，もともとその地域にいなかったが，人間の活動によって他の地域から持ち込まれた種のことをいう。外来種は，それが持ち込まれると在来種を捕食する，生息環境を奪い合う，近縁種と交雑し遺伝的撹乱が生じるといった生物多様性への影響，さらに農林水産業への影響が懸念されている。こうした種はとくに「侵略的外来種」とも呼ばれる。なお外来種は概念上，海外から日本に導入された種も国内地域間で移入された種も両方含むが，現在法的規制によって対応されているのは，明治時代以降に海外から日本に持ち込まれた生物が中心である。

この外来種については，国際的にも国内的にも長らく法的な規制が存在せず，ほぼ自由に移入可能な状況にあったが，1992年に採択された生物多様性条約では，「生態系，生息地若しくは種を脅かす外来種の導入を防止し又はそのような外来種を制御し若しくは撲滅すること」（第8条（h））と規定され，後にガイドラインが採択，締約国にその対策が求められることとなった。日本では2005年に，「特定外来生物による生態系等に係る被害の防止に関する法律」（略称「外来生物法」）が施行され，アライグマやジャワマングース，オオヒキガエルなどが，規制対象となる「特定外来生物」に指定されている。特定外来生物は保管，運搬，野外へ放つといった行為が規制され，また被害が生じる恐れがある場合，主に駆除などの防除が行われることとなる[1)]。

この特定外来生物の指定にあたって，社会的な論争の渦中にあったのが，「オオク

1) 特定外来生物を許可なく飼育，栽培，保管，運搬，輸入，野外へ放つ，植える，まく，譲渡，引き渡し，販売した場合，個人では最大3年以下の懲役，もしくは300万円以下の罰金，法人では最大1億円の罰金が課せられる。

チバス等」[2)]（以下「バス」）である。バスは北米原産の淡水魚で，大型で肉食性が強いことから，とくに生物多様性への影響が懸念される外来種であるが，同時にルアー（疑似餌）釣りの対象として非常に高い人気を誇る魚でもあった。日本では1970年代以降のルアー釣りブームに伴い，主に釣り人の自主的な放流によって全国的に生息分布を広げ，1990年代には青少年を中心とした空前の大ブームのもと，各地に繁殖したバスを釣具店・メーカーといった関連産業が積極的に利用するという体制が構築されていった。さらにこのときには，従来バスによる食害の被害者であった漁業者でさえも，一部には漁業権を活用し，バスを半ば公的に利用する状況となっていた。

その後過熱したブームに警鐘を鳴らすように，1990年代後半から環境NGOがバスの生物多様性への影響について問題提起をし，それをめぐる社会的論争が漁業者，釣り団体を巻き込み，繰り広げられていった。先の特定外来生物の指定は，そうした論争に一定の決着をつけるもので，象徴的には上記のようにして構築されたバスを利用する状況を，不適当なものと再定義するという意味あいをもった。このとき指定を強く後押ししたのが，NGOと漁業者団体である。両者は指定の決断を下した環境大臣を招聘し，合同シンポジウムを共催，また共同宣言を採択するといった連携を形成し，この政策決定を強力に後押しする役割を果たした。

本章と次章では，この外来種オオクチバス等の規制をめぐる政策提言活動と，その帰結として構築された政策実施体制を対象に事例研究を行う。本章では，とくに市民セクターの主体であるNGOと産業セクターの主体である漁業者団体について，上記の連携が形成された条件を特定しながら，最終的にNGO－漁業者団体－行政間でのセクター横断的連携に展開していった過程を分析する。ここでは，1990年代後半から2000年代半ばに至る社会的論争の期間が対象となる。

ここで上記の連携形成自体は，本分析で注目する「組織フレーム」以外にも，さ

---

2) ここで「オオクチバス等」という表記は，同族で近縁種のコクチバスと合わせたものである。外来生物法の政策実施の中ではしばしばこの表記が用いられるため，本書でもそれに即す。一般にオオクチバスはコクチバスを合わせ「ブラックバス」と呼ばれ，また同じく北米原産のブルーギルも合わせて問題化されることが少なくない。2005年の外来生物法施行時には，これら3種が同時に特定外来生物に指定されている。

ただしコクチバスはオオクチバスより生物多様性への影響が懸念されるため，2000年時点で社会的論争にかかわる主体間でも駆除すべきとの立場で一致し［日釣振 2000.6.20］，またブルーギルはそもそも釣り対象としての人気が劣る。したがって両者は，論争の中では大きな争点とならなかった。そのため本書で主に扱うのは，オオクチバスをめぐる動向である。

まざまな条件が組み合わさった結果として，生じていたものである。まず後述のように，NGO の代表と漁業者団体の会長との間には，過去に自然保護運動で協力した経験があった。また漁業者団体側は，その内部に一部バスを利用する状況が形成されながらも，従来からバスの被害をめぐる問題化に取り組んできたのであり，その点に限れば当初から NGO 側とも主張が一致していた。さらに NGO と漁業者団体の両者にとって，論争過程で登場した釣り団体の対抗運動は深刻な政治的脅威であった。これらのことは，市民，産業というセクターを超えても，両者の連携を促す大きな要因となっていた。

一方で上記の要因は，初期から一貫して存在していたものである。対して NGO 側の言説を詳細にみていけば，組織フレームに重要な変化を確認することができる。そしてそれは漁業者団体側にとって重視されていた点でありながら，初期には両者のフレームがすれ違っていた点であり，その変化は両者が連携形成という選択をする上で重要な意味をもったと考えられる。また上記の組織フレームの変化は，後の政策実施体制における NGO の位置づけにも大きく関連している。こうした問題関心から，本章では NGO と漁業者団体のフレームのすれ違いと一致をめぐる過程に着目し，どのような組織フレームのもとで両者の連携が形成されたのかということに焦点を合わせながら，分析を進めることにする。

次節では，まず上記の組織フレームのすれ違いと一致を分析するための分析枠組を，社会運動研究のフレーム分析を参照しながら設定する。そして第 3 節から第 5 節では，バス規制の政策決定過程における NGO と漁業者団体のセクター横断的連携について，両者のフレームに着目しながら分析していく。最後に第 6 節では，組織フレームの「他者実施型」から「NGO 事業型」への移行という観点から，本章の連携形成条件を整理し小括を述べる。

2　組織フレームの分析枠組

前章で述べたように本書では，「政治的機会・脅威」「先行する紐帯」「組織フレーム」というセクター横断的連携の分析視角のうち，連携形成の直接的条件である組織フレームを中心的に検討する。ここで上記のフレームのすれ違いと一致をめぐる過程を分析するにあたっては，それぞれの言説の要素を分節化し相互に比較可能な形で捉える分析枠組が必要であろう。これに関して社会運動研究一般のフレーム分析では，スノーらによって「コア・フレーミング・タスク」（Snow & Benford 1988；

Benford & Snow 2000）という枠組が提唱されてきた。本節ではそれにもとづきながら，本章の分析枠組を設定する。なおこのコア・フレーミング・タスクは，社会問題の構築主義の枠組では，ジョエル・ベストのレトリック分析（Best 1987=2006, 2008）に相当する。したがってその枠組も，適宜参照する。

社会運動研究一般のフレーム分析では，運動のリーダー層が賛同者を動員する際の「フレームの共鳴（resonance）」が主要な分析対象とされてきた。このうちコア・フレーミング・タスクとは，その共鳴の度合いを測定するため，意味構築のプロセスに焦点を合わせ提起されたもので，次の３つを構成要素としている。

まず「診断的（diagnostic）フレーミング」とは，「問題の同定，非難や因果関係の帰責を含む」（Snow & Benford 1988：200）ものである。構築主義のレトリック分析では「前提（grounds）」に対応する。これに関して本節ではより焦点を絞り，佐藤仁（2002）に示唆を得ながら次の２点に着目する。一つは「問題のはじまり」を定める「時間と方向のフレーミング」で，過去の出来事をいかに解釈し，その責任の所在をどう捉えるかに関するものである。もう一つは「スケールのフレーミング」で，その問題状況の「影響の及ぶ範囲」をいかに設定するかによって，利害関係者の配置を変化させるものである（佐藤仁 2002：54）。これらについては本事例でも，とくに1970年代以降バスの生息分布の拡大をどのように捉えるか，その被害範囲をどう捉えるかについて，関係主体間に解釈の幅がある。

次に「予測的（prognostic）フレーミング」とは，「問題の解決策を提示し，その戦略，戦術，ターゲットを特定する」（Snow & Benford 1988：201）ことを目的としたもので，構築主義では「結論（conclusions）」に相当する。本章ではこの中でも，本書の中心的な仮説である「解決策の担い手」の定義づけに着目する。これに関して本事例では，行政機関，漁業者団体，釣り産業側に求める「他者実施型」か，それとも市民セクター側のバスの駆除活動を解決策とする「NGO事業型」かについて，フレームのバリエーションが観察される。

最後にコア・フレーミング・タスクでは，「動機的（motivational）フレーミング」として「行動のための論拠」，「動機の語彙」（Snow & Benford 1988：202）となるものが提起されている。同様に構築主義のレトリック分析でも，「論拠（warrants）」，「価値の正当化・訴え――トラブル状態について何かしなければならない理由」（Best 2008：31；赤川 2012：76）が着眼点とされている。ただしベストによれば，こうした動機的フレーミング，論拠，価値なるものは「あいまいな諸原則として表明される傾向」にあり，「いつも明確であるとは限らない」（Best 2008：36-7）とされる。この点で本事例でも，たとえば「生物多様性」「国民全員の共有財産」といった形で表明されるが，必ずしも明確ではなく，上記の診断的，予測的フレーミングの中に暗示的に組み込まれていることも少なくない。また問題認識が一致し，解決策のあり方も一致すれば，そのような暗示的な価値が共有されずとも連携は形成されうると想定される。したがってこの動機的フレーミングについては，本章では特段の着眼点とはしない。

以降では，上記の「問題のはじまり」「影響の及ぶ範囲」「解決策の担い手」に着目しながら，バスの規制をめぐる論争過程を分析していく。

3　論争過程の概要

オオクチバスは釣り・食用を目的に，1925年日本で初めて神奈川県芦ノ湖に移入された（表3-1）。その後この魚が社会的な問題として取り沙汰される契機となったのは，1970年代である。この時期従来の生き餌を用いた釣りから，より手軽にスポーツ感覚で楽しめる釣りとしてルアー釣りブームが到来，バスはその対象としての人気を博すこととなった。それに伴い，釣り人による地方自治体や内水面漁業協同組合の許可を得ない自主的な放流，いわゆる「密放流」が横行し，バスの生息分布は急速に拡大した。オオクチバスの生息分布は1969年時点の11府県から，1979年には40都府県にまで達している[3)]。

こうした密放流を取り締まる「内水面漁業調整規則」上の措置は，当時一部の自治体にしか存在せず，また存在したとしてもほぼ機能しておらず，密放流への一般的な問題意識も希薄だったとされる[4)]。そのため行政機関の対応は遅れを取り，1992年になってようやく水産庁から各都道府県に上記の漁業調整規則の部分改正を求める通達が出され，それ以降罰則つきの放流禁止が全国的に整備されていった。しかしこの通達も規則改正を義務づけるものではなく，また依然として広報，取り

3）オオクチバス，コクチバスの生息分布に関するデータは，丸山［2002］，全内漁連［2003.3.31］を参照した。なお丸山［2002］も，そのデータの出典は全内漁連である。またこの分布拡大については，当時釣り雑誌で自主的な放流と繁殖の経過を記録した特集が組まれていたことなどから［則 1986.1.20］，論争過程では釣り産業の組織的な関与も疑われた。

4）そうした中でも最も先駆的にバスの密放流を問題化していたものとして，淡水魚保護協会編［1977-9］がある。これには魚類学者をはじめ漁業者，釣り産業関係者など，さまざまな立場の者が寄稿している。

表 3-1　オオクチバスの規制をめぐる論争過程の関連年表

年	時期	全国内水面漁業協同組合連合会	生物多様性研究会	その他
1925	前史	オオクチバス，日本で初めて神奈川県芦ノ湖に移入		
1970 年代	前史	バスの生息分布，全国的に拡大		
1989		山梨県河口湖漁協，オオクチバスの漁業権免許を取得		
1991		コクチバス，日本で初めて長野県野尻湖で確認		
1992		水産庁，都道府県に内水面漁業調整規則の部分改正，移殖制限を求める通達		
1990 年代		バス釣りブーム到来		
1995			A 氏，コクチバス特集記事に抗議	
1997	第1期	対策事業開始，検討会設置		
1998	第1期		結　成	
1999	第1期			日釣振，検討会設置
2000	第1期	**水産庁，棲み分け案を自民党水産基本政策小委員会に提出**		
2000	中間期			秋田淡水魚研究会， 琵琶湖を戻す会結成
2001	中間期			日本魚類学会， 自然保護委員会設置
2002	中間期	2001 ～ 2002 年：環境庁・省，移入種検討会開催 ～ 2003 年：水産庁，外来魚問題に関する懇談会開催		
2002	中間期			シナイモツゴ郷の会結成
2003		環境省，移入種対策小委員会開催		
2004	第2期	6 月：**外来生物法成立** 11 月～ 2005 年 1 月：環境省，オオクチバス小グループ会合開催		
2005	第2期	3 月：全内漁連・生多研，合同シンポジウムを共催，共同宣言を採択		
2005	第2期	4 月：**オオクチバスの特定外来生物指定を閣議決定** 6 月：外来生物法施行		
2005			11 月：全国ブラックバス防除市民ネットワーク結成	

図 3-1　オオクチバス（国立環境研究所『侵入生物データベース』Web ページ〈https://www.nies.go.jp/biodiversity/invasive/DB/detail/50330.html〉）

締まりも不十分であり，その後もバスの分布拡大は続いた。また1991年には，同族近縁種で流れの速い河川の上・中流，水温の低い湖沼でも生息可能なコクチバスが，日本で初めて長野県野尻湖で確認され新たな脅威となった。オオクチバスの生息分布は2001年時点で47都道府県に達し，またコクチバスの分布も2002年に35都府県となっている。

一方でこうした行政的対応の遅れの中で，結果的に繁殖したバスをなし崩し的に利用する体制が構築されていった。とくに1990年代に到来した青少年を中心とする大ブームでは，釣具店・メーカーといった関連産業がバスを積極的に利用した。2002時点の調査結果からは，関連市場規模1000億円，愛好者数300万人とも推定されている［日釣振 2005.1.7］。またそうした利用には，一部の内水面漁協もかかわっていた。

内水面漁協とは，淡水の河川湖沼を対象とする漁協である（ただし，漁業法上「海面」扱いとなる琵琶湖，霞ヶ浦などは除く）。海面の漁協とは違い，専業の漁業者はほとんどおらず，兼業さらに地域住民の篤志や釣りの愛好家によって運営されている。この漁協の主な役割は，河川湖沼の資源管理である。各漁協は都道府県の内水面漁場管理委員会から第5種共同漁業権の免許を受け，その代わりに漁業権魚種の増殖義務が課せられる。この増殖はほとんどが稚魚の放流事業によって実施され，そのための費用は組合員からの賦課金，漁業権行使料，それ以外の釣り人（遊漁者）からの遊漁料として徴収されている。

多くの場合上記の漁業権魚種には，アユやワカサギといった在来種が免許されている。そこにバスが放流され，その魚種が捕食されれば漁協にとって経営上の被害となる。加えてバスを駆除する事業を実施することになれば，さらなる資金と人員が必要となる。一方で逆に漁業権魚種としてバスの免許を取得すれば，漁協はそれ目当てに来る釣り人から遊漁料を徴収することができる。事実日本で最初に移入された芦ノ湖の漁協は，1951年にオオクチバスの漁業権免許を取得しており，また1989年には山梨県河口湖漁協も同様の免許を取得している。とくに後者はバスの繁殖と時を同じくしてワカサギの不漁に悩まされ，前年には遊漁料収入が3万円を切るまでに落ち込む中で免許されたものであった。これによって同漁協の遊漁料収入は，1996年に3億円超を記録するまでに達している[5)]。それに続き同県山中湖，西湖の漁協も1994年に同じ免許を受け，さらに免許こそ受けていないがバス釣りを受け入れ地域活性化につなげる漁協も，当時少なからず存在した。

また上述のバスの漁業権免許という選択とも関連して，内水面漁協は全国的に担

表 3-2　全国の内水面漁協の運営状況（『漁業センサス』［農林水産省 1973-2013，第 5-13 次］から作成）

年　次	組合数	正組合員数（人）	遊漁者数（千人）	遊漁承認証発行枚数（枚）	放流事業	
					遊漁料・賦課金総額（収入・千円）	放流費・管理費総額（支出・千円）
1973	1,067	487,556	8,3067	1,965,805	2,043,598	3,039,518
1978	1,112	546,595	8,815	2,288,767	4,125,349	6,461,194
1983	1,104	567,113	9,650	2,312,337	6,215,620	10,492,260
1988	1,120	563,926	10,942	2,059,017	7,035,018	8,976,345
1993	1,108	558,797	13,433	2,263,890	8,408,553	11,399,623
1998	1,111	539,089	13,146	2,873,717	9,556,126	10,825,507
2008	986	380,401	-	3,189,649	-	-
2013	949	329,239	-	2,689,762	-	-

注：『漁業センサス』は 1948 年から 5 年ごとに実施されているが，1973 年次以前全国の漁協を対象とした調査はなく，また 2003 年次は内水面漁協に関する調査が行われていない。さらに 1998 年次の調査票では，放流事業の項目が若干変更されているが，「放流事業費計」と「その他」を足し合わせた値を，従来の「放流費・管理費総額」とみなした。

い手不足，経営難の状態にあるといえる。表 3-2 は農林水産省の『漁業センサス』から作成した，全国の内水面漁協の経営状況に関するデータである。まず正組合員数について，1983 年の 56 万人をピークに減少傾向にあることが確認できる。とくに 2000 年代以降は，その数を急激に減らし，最新の 2013 年次には約 33 万人にまで落ち込んでいる。一方で釣りの需要は拡大傾向にあり，遊漁者数は 1990 年代に 1300 万人を超えるまでに増え，遊漁承認証の発行枚数も 2008 年をピークに 300 万枚を上回っている。このように漁場を管理する漁協側は慢性的な担い手不足に陥りながら，それでも高まる遊漁者側の需要に対応しきれない状況が続いていた。

また内水面漁協の主な役割となる放流事業についても，1970 年代から 1990 年代を通じて，支出となる放流費・管理費総額が，収入となる遊漁料・賦課金総額を上回る傾向が続いている。ここで表 3-2 中の 10 億円から時に 30 億円を超える収支の差額は，地方自治体からの補助金や漁業権の一部消滅にかかわる補償金などの運用，ないし他の事業収入といったもので補っているとされる［野村 1998.1］。以上のよう

5）なお河口湖のワカサギの不漁は，原因究明の調査で「オオクチバスの直接的な食害によるものではないことが判明した」［大浜 2002：89］とされている。河口湖漁協の遊漁料収入の変化のデータについては，大浜［2002］を参照。また免許を受けずに地域活性化につなげる事例は，青柳［2003］を参照。

な慢性的な担い手不足，経営悪化の状況は，環境経済学者が1999年に全国の内水面漁協を対象とし実施した，調査票調査でも確認されており，その活動が「ボランティア化」（大森 2001：176）しつつある傾向が報告されている。

さて，バス問題については当初漁業者から対策が始まり，その後環境NGOがこの問題を取り上げたことを契機に，社会的な論争につながっていった。以降ではこの論争過程について，1990年代後半から2000年前後までを第1期，その後2005年前後を第2期に区分する。第1期はバスの問題化がなされ始める中で，釣り団体と水産庁がいわゆる「棲み分け案」を提起し，それをめぐって論争が繰り広げられた期間である。この棲み分け案とは，バスの一定の水域への封じ込めとそれ以外の水域での駆除を総合的対策とし，封じ込めた水域での利用を公認する案である。一方で第2期は，生物多様性条約を背景とした国際的な流れから2004年に外来生物法が成立し，バスの特定外来生物指定をめぐって争われた時期である。このとき最終的にはバスは特定外来生物に指定され，飼養，運搬などの取り扱いの規制，また防除の対象となることになった。

第1，2期を通じて本分析で注目するのは，次の2者を中心とした動きである。第1に内水面漁協の全国組織，「全国内水面漁業協同組合連合会」（以下「全内漁連」）である。全内漁連は，早くは1980年代にも全国各地の漁協におけるバスの食害を訴え，水産庁の委託事業によって実態調査を実施，先の1992年の通達の根拠を作った。その後コクチバスも含めた新たな脅威が登場する中で再度バス問題に取り組み，1997年度からは水産庁の補助事業を得て内部に検討会を設置し，本格的な対策事業に乗り出していた。なお第1，2期における全内漁連会長は，新潟県に地盤をもつ自民党の国会議員，桜井新氏である。

第2に出版関係者によって結成された環境NGO，「生物多様性研究会」（以下「生多研」）である。とくにその代表であった人物は，1999年に出版した書籍によってバス問題が社会的にクローズアップされるきっかけを作った。生多研はそれを支援する形で，釣り団体との公開討論会を含むシンポジウムの開催，要望書の提出といった活動を続けた。生多研はバス問題にかかわったNGOの中でも，最も先駆的かつ積極的な団体だったといえる。

それ以外の主体，水産庁や環境省，釣り団体，ローカルなNGOなどの動きについては，上記の2者の動きに合わせて分析中で述べることにする。以降では第1期の状況から分析していく。

4 第1期におけるフレームのすれ違い

4-1 漁業者団体のフレーム

第1期において全内漁連は，1997年度から水産庁の補助を得て「内水面外来魚密放流防止体制推進事業」を開始している。同事業ではバスの密放流について，それをしないよう啓発運動を行い，またすでに放流されてしまった水域については，可能な限り駆除を行うという方針のもと対策が進められることとなった［全内漁連1997.10］。

こうした対策事業に取り組む中で，当時漁業者側から提起されていたフレームとは，次のようなものである。まずブームに伴う無差別な放流によって全国の河川湖沼にバスが繁殖している現状，また近年ではその第二波ともいえるコクチバスの拡大が生じている状況が問題視される［全内漁連1996.10, 1997.4, 2000.4］。加えて上記の事業開始の前年度に開催されたパネルディスカッションでは，各地のバスによる被害が次のように報告されている［全内漁連1997.1］。すなわちアユやワカサギといった在来の有用魚種の食害，バスの駆除費用が漁協の負担となり経営を圧迫すること，さらにバスが漁業権魚種ではないため釣り人から遊漁料を徴収できないことや，ボート釣りによるトラブル，漁具に絡んだルアーの放置といった釣り人のマナーの問題である。これらは密放流という主に1970年代以降の釣り人の行為を「問題のはじまり」として同定し，「影響の及ぶ範囲」について漁業者への被害を問題化するものと整理することができる。

次に問題の解決策について，先のように密放流防止の啓発運動や可能な限り駆除するという方針が対策事業の中では示されている[6)]。一方でこうしたバス駆除の実施体制が模索されながらも，漁業者自身がその担い手となっている現状については，しばしば違和感が表明される。たとえば1998年に開催されたパネルディスカッションでは，石川県の漁協から「湖沼・河川の水産資源は，一漁協の財産ではなく国民全体の財産であるという考えに立てば，その〔バスの駆除の〕費用は当然国が負担すべきものと思考される」［全内漁連1999.1：5］と述べられている。

また同様に当時水産庁では，近年の漁獲量の減少，漁業経営の悪化，漁業者の減少・高齢化の進行，漁業地域の活力の低下といった状況に対応するため，新たな水産基本政策の確立に向けた抜本的な改革が準備されていた。その中で1999年12月に水産庁がまとめた『水産基本政策大綱』では，とくに内水面について「外来魚や疾病の対策を考慮した増殖事業の見直し」［水産庁編1999：6］が提起されている。これに対して内水面漁協の全国大会である全国内水面漁業振興大会（2001年度，第43回）では，上記の議論の過程で示された「外来魚等の有害生物駆除を，増殖事業の一環として位置付け，有害外来魚等を漁業権者による管理対象魚種として扱う」こと，すなわちバスの駆除事業を漁業者に課すという改革案に反発し，次の議案が採択されている[7]。

> 国において増殖事業の見直しが検討されている中で，外来魚対策に関して漁協に駆除義務を課すような改正は，加害者責任を問わず被害者に責任を転嫁するものであり到底容認することはできない。
> 行政は，加害者の責任で駆除させるよう指導させることは勿論であるが密放流者が特定出来ない状況下では，駆除責任は行政が行うよう要望する。［全内漁連 2000.10：7］

ここで表3-3は，先の全内漁連の補助事業もかかわる水産庁のバス問題対策関連予算である。それらは2005年度までは都道府県などと全内漁連及びその傘下の都道府県漁連に対する交付を合わせた額で，また2003年度からは一見増加しているようにみえるが，アユの増殖手法開発，イワナ等の渓流域管理マニュアルの作成，

6）ここでバスが漁業者によっても一部利用されている現状について，1990年代後半の段階では全内漁連側から明確な方針は必ずしも出されていない。1998年のパネルディスカッションでは，島根県の漁業からの「外来魚を地域の村おこしの対象にしている実態についてだが，一部容認しながら，強制的に排除するのか。それとも皆無にするのか」という質問に対して，全内漁連の専務は「当面は調整規則で禁止している各県がそれぞれの立場で取り組むべき問題と考えている」［全内漁連 1999.1：7］と判断を留保している。
　ただし聞き取りで全内漁連の職員は，「河口湖で漁業権魚種として認められたことは，我々としては決してよかったことではないと思っています」［2012年8月12日A氏への聞き取り］と，当初から否定的であったとの見解を述べている。これに関連して1989年の河口湖漁協のバス免許取得を追ったルポルタージュにおいて，当時の全内漁連の総務（第1，2期には専務）は，「河口湖の決断は，一種の敗北宣言ですね」［『ウィークス』1989.5：156］と指摘している。これらの認識が本文中の対策事業の方針，また後の棲み分け案への反対につながっていったと考えられる。

7）こうした放流事業以上の義務が課されることへの漁業者側の違和感は，バス問題に限らず，環境経済学者による全内漁連の広報誌を対象とした文献研究でもたびたび確認されている。すなわち「漁協は漁業者および遊漁者の乱獲を抑制し増殖事業によって漁業資源を補填する義務を引き受けるが，流域環境の劣悪化に対する調査活動や生物多様性の保護は国の本来的な義務であると見なす見解」（大森 2000：198）があるとされる。これらには前節で述べた漁協の慢性的な担い手不足，「ボランティア化」といった状況が背景にあると想定される。

表 3-3　水産庁のバス問題対策関連予算
（水産庁増殖推進部栽培養殖課の提供を受けた，『補助事業等資料』［水産庁 1997-2003］から作成）

年　度	名　称	交付先	予算（千円）
1997-99	内水面外来魚密放流防止体制推進事業費	都道府県，全内漁連	14,000
2000	内水面外来魚管理等対策費	都道府県，全内漁連	14,387
2001	外来魚被害緊急対策事業	都道府県，全内漁連	90,000
2002	外来魚緊急総合対策事業	都道府県，全内漁連	101,897
2003-05	健全な内水面生態系復元推進事業	水産総合研究センター，都道府県，全内漁連	296,388

注：予算額は，いずれも初年度のもの。

カワウの食害対策といった他の対策事業も合わせた額となっている。さらにその補助率はいずれも1/2で，全体の事業費の半額が支給されるに過ぎない。これは行政の責任による駆除の要望に比べれば，必ずしも十分とはいえないだろう。

以上のように漁業者側からは，解決策として駆除を求めながらも，それが漁業者に任されている現状，行政機関からもそれが求められる状況については，たびたび不満が表明されていた。すなわち裏を返せば，解決策の担い手の定義づけについて，潜在的に漁業者以外の新たな主体が要請されていたといえる。

■ 4-2　環境 NGO のフレーム

生多研は出版関係者を中心とした環境 NGO であるが，その代表であった写真家のＢ氏は，以前は新潟県奥只見でイワナ，ヤマメの禁漁をめぐる自然保護運動に取り組んできた人物である［2016 年 1 月 25 日Ｂ氏，2013 年 10 月 18 日Ｃ氏への聞き取り］。Ｂ氏は青年期から巨大イワナに魅せられ，その聖地ともいわれる奥只見に通い続けていたが，釣り雑誌でも広く取り上げられるようになったことをきっかけに釣り人が増加し，イワナが減少，小型化するという事態に直面した。これに対してＢ氏ら地域外部からの釣り客は，イワナの回復のための運動を始めることとなった。また地元でも，イワナの減少は釣り客の減少を招くという危機感から，釣り宿，自治体とも協力関係が結ばれるようになり，1975 年に「奥只見の魚を育てる会」が結成された。初代会長にはＢ氏らの働きかけによって，作家の開高健氏が就任している。

同会はその後，奥只見湖の漁業権をもつ新潟県魚沼漁協と交渉し，一部の組合員から反対を受けながらも，最終的には組合長の決断によって 1976 年から奥只見湖の支流の一つである北ノ又川をイワナ，ヤマメの種川として，年間禁漁河川にすることに成功した。当初この禁漁は3年間の期限つきであったが，その3年目に大量のイワナの俎上を記録したことで期間が延長され，北ノ又川は現在でも農水省指定の保護水面区域になっている。なお禁漁決定のとき魚沼漁協の組合長だったのが，後のバス問題の論争期間に全内漁連の会長であった，桜井新氏である。

B氏自身は当時釣り関連の出版社でも仕事をしていたが，上記のように釣り人の需要を喚起し，自然環境の破壊にもつながる釣り産業のあり方に疑問をもち，その出版社の仕事を辞めている。その後バス問題に取り組むことになったきっかけは，1995年に同出版社が掲載したコクチバスの特集記事であった。B氏はコクチバスについて，カナダでの取材から脅威を認識し，また以前からバスの密放流に違和感をもっていたことに加えて，釣り産業の環境破壊的なあり方という意味でもB氏の問題関心に連なるものであったことから，その特集に対して抗議を行った。しかし同出版社からは経営面を理由に消極的な反応しか得られず，それを受けてB氏は周囲に集まっていた出版関係者に声をかけ，1998年末に生多研を結成，バス問題をめぐる運動にかかわることになっていった。

上記のようにしてスタートした生多研の運動は，バス問題にかかわる市民セクターの動きの中でも，とりわけ先駆的なものであった。また出版関係者がその主なメンバーであったことから，雑誌記事や書籍の発行を通じてバス問題を世に問い，さらに彼・彼女らのネットワークを活かした運動が展開された。中でも全内漁連とは会長と以前から面識があり，専務の知遇も得て，全内漁連の検討会にオブザーバー参加することもあったという。また後述のローカルなNGOとのつながりも，取材などを通じ活発に構築されていった他，社会的に影響力をもつ人物との面識があり，国会議員らに対しても質問状の送付など積極的な働きかけがなされた。

こうした中で，とくに第1期に生多研が訴えていたフレームとは次のものである。まず「問題のはじまり」に関して，全内漁連と同様1970年代以降のブームに伴う釣り人の密放流が問題視されるが，それのみならずとくに生物多様性という観点から，日本にバスが存在すること自体が問題化される。「日本の自然に，北米の生態系の一員であるブラックバスは不要なのである，不要であるどころか有害であり，生息してはいけないのだ」[秋月 1999：26]。また「影響が及ぶ範囲」について，漁業者や有用魚種への影響に限らない被害，小型の魚，エビ類，昆虫，両生類なども含む日本の生態系を包括的に捉える観点から被害が訴えられている。とくにこうした生態系は，将来世代も含めた「この国に住む私たち全員の共有財産」[秋月 1999：4-5] と位置づけられ，バスの存在によってその共有財産が破壊されていることが主張される。

一方で解決策について，生多研側から繰り返されるのは「バス絶対駆除，バス釣り禁止」［秋月 1999：210］の原則である。これは釣り産業や一部の漁協でバスが積極的に利用されている現状に向けたもので，その原則を確立することが問題解決の出発点とされる。ここで後述のいわゆる棲み分け案，バスを駆除すべき水域と利用を認める水域を区別するという案は，生息してはいけない魚の「利用保証」につながること，またその案自体が現実的ではないことをもって，「バス絶対駆除，バス釣り禁止」の原則が確立しない限りは，強く反対されている［生多研 2000.4.22, 2001.2.9, 2001.2.24；秋月・半沢 2003］[8]。後に生多研，河口湖などのバスの漁業権についても，2003年度の更新に際して山梨県にその免許をしないよう要望する意見書を提出している［生多研 2003.5.12］。

他方で上記の原則の確立に向けて，どのような実施体制を構築すべきかについては，第1期の生多研の言説では必ずしも明確に述べられておらず，要望書，シンポジウムの議事録などでもあまり言及されていない。これは当時まだ問題を認識させること自体が，第一義的な課題であったことによると考えられる。ただし断片的ながら，次のような長期的構想は提言されている。すなわち，まず従来の水産庁，環境庁，建設省といった枠を越えたより大きな管理組織，とくに生態系・生物多様性を軸とした上位組織を構築し，その下位に実働組織として「レンジャー（自然保護官）」を配置するという構想である。そして解決策の主体に関して，このレンジャーの最も現実的な担い手と目されていたのが内水面漁協である。「漁協の組合員にレンジャーの勉強をして資格を取得してもらい，ある程度の給料を払って湖沼の監視をしてもらう」［秋月 1999：210］。

■ 4-3　フレームのすれ違いと対抗運動の登場

第1期における漁業者団体とNGOのフレームを整理すれば，次のようになる。まず「問題のはじまり」と「影響が及ぶ範囲」について，全内漁連は密放流という

8）これは従来も公的には芦ノ湖などの限られた水域のみで利用が認められてきたにもかかわらず，それが守られてこなかったという経緯を踏まえたものである。なお釣り団体の棲み分け案で主張される釣り人を担い手としたバスの駆除体制は，現実的な解決策として位置づけられていない。また繁殖を維持するために当時一種のルールともなっていた釣ったバスの再放流，いわゆるキャッチ&リリースに反対することはもとより，釣ったバスを食べるといった有効利用のあり方も，最終的には利用保証につながるおそれがあることから違和感が表明されている［生多研 2000.4.22］。

主に1970年代以降の釣り人の行為を原因と同定し，それによる漁業者への被害を問題化してきた。それに対して生多研では，生物多様性，生態系を包括に捉える観点から，日本にバスが存在すること自体が問題の根源とされ，それによる国民全員の共有財産の破壊が主張されていた。両者を見比べれば，後者の視点は密放流，漁業者への被害という視点を含み込む形で，前者とも一致しており，また生多研の方がより幅広い問題提起を行っている。

一方で上記の生物多様性という観点に立てば，それへの影響が懸念されるのは何もバスだけに限られない。事実生多研は，同じく外来種だが漁協でも放流されているニジマス，また国内地域間の移殖を伴うアユなどの放流事業についても反対の意を示し，とくに在来種については，放流ではなく「禁漁で」［秋月 1999：213］増殖させるべきであると主張している。これには，先述のB氏自身による奥只見の魚を育てる会の経験も関連しているだろう。他方で全内漁連からは，生物多様性への影響が懸念される行為であっても，漁協の管理下にあるものは必ずしも問題化されていない。中でもニジマスの放流については，「法的に管理された放流」［全内漁連 2001.4：17］と位置づけられ，無秩序に放流されるバスとの違いが強調されている。したがって第1期における両者のフレームは，ほぼ一致しているが，わずかなすれ違いを確認することができる。

次に解決策の担い手について，漁業者団体側ではとくに駆除に向けた方針が打ち出されながらも，それが漁業者に任されている現状，また行政機関からもそれが求められる状況については，たびたび不満が表明されていた。すなわちその実施体制について，漁業者以外の新たな担い手が潜在的に要請されていた。一方で生多研が対策の実施主体として想定しているのは，あくまで漁業者であり内水面漁協であった。このことから，解決策の担い手について両者は大きくすれ違っていたといえる。

こうした中で，主に釣具店・メーカーによって構成される釣り団体「日本釣振興会」（以下「日釣振」）が，強力な対抗運動を組織するようになる。日釣振は1999年に内部に検討会を設置し，翌年にはバスの一部利用の公認，いわゆる棲み分け案を求める要望書を水産庁に提出，また100万人を目標とした署名運動を展開した。なお当時の日釣振会長は，自民党国会議員の麻生太郎氏で，またそうした議員によって構成される「釣魚議員連盟」に対しても積極的な働きかけが行われた。

ここで日釣振の提起していたフレームとは，次のようなものである。まず「問題のはじまり」に関して，全内漁連，生多研が問題提起していた1970年代以降の密放流は，漁業調整規則によって制限がない限り「不法放流」と定義づけられず，また「本種の魚食性などの生態が一般国民に全く普及広報されていない段階にあっては，それはむしろ善意な一市民や釣り人でしかない」［日釣振 2000.8：3］と脱問題化が試みられている。さらに「影響が及ぶ範囲」についても，「本種の食害の影響のみでは説明できない」，「限定された極めて狭小な湖沼を想定し，恰（あたか）も全部の湖沼に適合するような推論は，極論であり」［日釣振 2000.8：3］と，その被害を限定的に捉える見方が示されている。

それに対して日釣振が重視するのは，「青少年の健全な育成」やコンビニや旅館，民宿，ボート業者といった「地域の振興活性化に果たす経済的波及効果」［日釣振 2000.6.20］である。こうしたバスがもたらす幅広い社会的効用が強調され，先の棲み分け案が適切な解決策として主張される。なお日釣振が求めるのはあくまで水域ごとの区別であって，「排除（駆除）することが漁協・行政機関等により決定された場合はこれを尊重し，協力する」［日釣振 2000.6.20］という姿勢，「漁業と遊漁の調和した発展」［日釣振 2000.2：10］を目指す姿勢が，要望書などでは示されている。これは漁業者側から提起されていた，駆除の実施が任されていることの不満に配慮したものだろう。そしてこうした方針自体は，当時水産政策の抜本的改革に取り組んでいた水産庁にも採用される。2000 年 11 月水産庁は，自民党水産基本政策小委員会に棲み分け案を提出し，法定化による外来魚放流の規制強化とともに，それを総合的対策とする方針が示された［水産庁 2000.11.1］。

こうした動きに対して全内漁連，生多研は反対の姿勢を示す。ここで全内漁連側の反対の主な論拠となっているのは，「問題のはじまり」に関する部分であり，とくに密放流の責任をめぐる部分である。すなわち「拙速に「棲み分け論」を言う前に，こうなってしまった原因から分析」［全内漁連 2001.1：13］すること，また「今日のような事態を招いた原因はどこにあり，誰が責任を取るのでしょうか？」と問題提起され，そうした検証なしに棲み分け案に入ることは，「将来に対して無責任であり，社会正義にももとる」［全内漁連 2001.4：16］と断ざれている。一方で全内漁連側の検討会には，上記の対抗運動が始まった 2000 年度から日釣振側の委員が参加している。日釣振側の委員がこれを離れるのは，第 2 期の 2004 年度になってからであり［2014 年 9 月 10 日 A 氏への聞き取り］，この意味で第 1 期には全内漁連と日釣振の間に明確な分断線は引かれていない。

また生多研も，全内漁連とともに棲み分け案に反対しているが，この第 1 期おける両者の関係性は取材などを通じて意見交換がされたり，生多研のシンポジウムに全内漁連の専務が登壇する（2000 年に 1 回）といった程度である［2016 年 1 月 25 日

B氏，2013年10月18日C氏への聞き取り]。第2期にみられるようなシンポジウムの共催，共同宣言の採択といったレベルでのセクター横断的連携は，この時期には確認することができない。

5　第2期におけるフレームの一致

5-1　ローカルな環境NGOの登場

棲み分け案はさまざまな反対意見が出たことにより一時ペンディング扱いとなり，その後2002年5月水産庁に漁業者，釣り団体，研究者，地方自治体関係者が参加する「外来魚問題に関する懇談会」が設置され，再度その案のもとでの合意形成が試みられた。同懇談会は2003年6月に，中間報告書が作成されている[水産庁 2003.6][9]。

第1期における論争を通じて，生多研側から問題意識としてたびたび表明されてきたのは，駆除できないことを論拠にバスの有効利用が適切な解決策のように主張されている，ということであった[生多研 2000.4.22, 2002.2.23；秋月・半沢 2003]。バスの駆除は，捕獲や継続的なモニタリングなどに多大な労力を要する。またその実施体制も，当時は主に漁協が対策事業の中で実施するものに限られていた。

こうした中で，第2期に向かうまでの期間で市民セクター側に大きな変化として生じたのは，バス問題の社会的な注目を受けて地域現場でバスの駆除活動に取り組む，ローカルな環境NGOが登場したことである。それらのうち代表的なものが，秋田県八郎湖他，宮城県旧鹿島台町と伊豆沼，滋賀県琵琶湖をフィールドに活動する団体である[10]。それぞれの活動の展開については次章で検討するが，これらは駆除できないことを論拠とした有効利用への反論という文脈では，大きな意義をもつ存在であり，またこれまで漁協が対策事業の中で実施する限りであったバスの駆除についても，新たな担い手の存在を示唆するものであった。中でも宮城県のメンバーが開発した孵化する前にバスの卵を駆除する人工産卵床（第4章）は，誰でも簡単に安価に作成可能であり，一般市民によるバスの駆除活動を推進するための重要なツールとなった。また生多研内部にも，千葉県野田市でこの人工産卵床を用いて

9）この棲み分け案をめぐっては魚類学者らも反対し，2001年日本魚類学会に自然保護委員会が設置され継続的に要望書の提出などを行った。その主張は本章の組織フレームという観点からは，第1期の生多研のものとほぼ同型であり，それを科学的にオーソライズする役割を果たしたといえる。

10）この他B氏のかかわった奥只見の魚を育てる会の流れからも，2000年に新潟県でバスの駆除活動に取り組む団体（生物多様性保全ネットワーク新潟）が結成されている。

表 3-4　生多研シンポジウムの登壇者の推移
（生多研のシンポジウムの『資料集』［生多研 2000–2006］から作成）

登壇者	1995-99 年	2000年	2001年	2002年	2003年	2004年	2005年	2006年
全内漁連	-	1	-	-	-	1	1	-
秋田・宮城・滋賀	-	-	-	1	-	2	3	-
他のローカル NGO	-	-	-	1	-	-	1	-
研究者	-	3	3	3	-	1	1	1
その他	-	-	3	1	-	3	9	5

注：生多研のシンポジウムは 2006 年までに計 6 回開催されている。

表 3-5　全内漁連広報誌のバス関連寄稿記事の推移
（全内漁連の広報誌『広報ないすいめん』［全内漁連 1995–2006，第 1–44 号］から作成）

寄稿者	1995-99 年	2000年	2001年	2002年	2003年	2004年	2005年	2006年
生多研	1	-	-	-	1	1	2	2
秋田・宮城・滋賀	-	-	-	1	3	6	1	1
他のローカル NGO	-	-	-	-	-	-	1	-
研究者	1	-	2	2	-	-	5	3
その他	3	-	1	-	1	-	3	2

注：全内漁連の広報誌は年 4 回発行。ここで寄稿記事とは，その著者が全内漁連の職員ではない者の記事のことをいう。

積極的に駆除活動に取り組むメンバーがあらわれている［生多研 2004.9.25］。

この時期それらのローカルな NGO と生多研，全内漁連の間では，活発にネットワークが構築されていった様子が確認できる。表 3-4, 3-5 は全内漁連の広報誌におけるバス関連の寄稿記事，生多研のシンポジウムにおける登壇者の推移である。とくに第 2 期となる 2005 年前後に向けて，それらローカルな主体によるシンポジウムへの登壇[11]，また寄稿記事があらわれていることが確認できる。なお生多研のメンバーによる全内漁連広報誌への寄稿記事も，当期間には増加しており，後述のセクター横断的連携に向けて両者のネットワークが深化していった過程が確認できる。

■ 5-2　特定外来生物指定過程におけるフレームの一致

こうした中間期を経ながら，別の文脈から「政治的機会」として登場したのが，外来生物法制定に向けた動きである。これは国際的な生物多様性条約の流れと，そ

11）また生多研のメンバーが 2003 年に出版した 1999 年の書籍の続編［秋月・半沢 2003］においても，上記のローカルな NGO の取材がされている。さらにローカルな NGO が主催するシンポジウムにも，生多研のメンバーはしばしば呼ばれたという［2016 年 1 月 25 日 B 氏への聞き取り］。

れを受けた国内の生態学者らを中心とする流れの中から生じたものである（上河原 2015）。本章冒頭で述べたように，1992 年の生物多様性条約では第 8 条（h）に外来種対策が規定されたが，その国内体制については，1990 年代後半から生態学者らが国際自然保護連合のガイドラインなどを参照し，先駆的に法整備の準備を進めていた。これらの研究者の働きかけによって，2000 年環境庁に私的諮問機関となる「移入種検討会」が設置され，対策が必要な種のリストアップなどが行われた。

その後同様の研究者らの提言により，2001 年内閣府の総合規制改革会議から法制化に向けた勧告を得，また翌年の生物多様性条約第 6 回締約国会議で外来種対策のガイドラインが採択されたことを受け，環境省の法制化に向けた動きが加速することとなった[12)]。2003 年 2 月には，中央環境審議会のもとに「移入種対策小委員会」が設置された。この委員会の設置は，水産庁の「外来魚問題に関する懇談会」が事実上の立ち消えになるのとほぼ同時であり，この頃からバス問題対策の主導権は環境省側に移行していったと考えられる。この法制化に向けた議論は，「異例なほど政治的対立が低い状態で進んだ」（上河原 2015：348）とも述べられ，2004 年 6 月には外来生物法が成立している。

上記の外来生物法制定の流れは，先のバス問題の流れとはほぼ独立に進行したものであった[13)]。両者の流れが合流するのは，成立後翌年 6 月の施行に向けて規制対象となる特定外来生物を選定する段階においてである。その選定にあたっては，専門家会合の下位に「オオクチバス小グループ会合」が設置され，2004 年 11 月から翌年 1 月にかけて検討が行われた。これには魚類学者ばかりでなく，全内漁連，日釣振などの関係者が，利用関係者として委員となっている。同会合では魚類学者や全内漁連からは指定賛成の意が表明されたが，一部の研究者，また日釣振などの委員からは強く反対され，その結果半年間の指定先送り，すなわち指定後の駆除（防除）のあり方をあらかじめ検討した上での指定，という結論が下された。

これに対して当時環境大臣であった小池百合子氏が，「オオクチバスは法律の目玉で，まず指定することが望ましい」と発言し事態は一転，上位の専門家会合で指

12）当初環境庁・省内でも外来種の規制をめぐる法制化はかなり困難なものと目され，少なくとも 2002 年前半までは，法制化の意思決定はなされていなかったという［2016 年 2 月 25 日 D 氏への聞き取り］。

13）生多研のメンバーはバス問題が当時利害関係の錯綜する様相を呈していたこと，また生多研の主張が非常に急進的なものと周囲には捉えられていたことから，本文中の外来種対策法制化の動きにはほとんどアクセスできなかったという［2013 年 10 月 18 日，2016 年 2 月 25 日 C 氏への聞き取り］。

定に向けた方針が示されることになった。その後もパブリック・コメントの募集を前にして，予断を許さない状況が続き，バスの指定反対については，釣り団体などの呼びかけによって，計11万件超のうち9万件を超える意見が寄せられたが，上記の方針は変更されず，同年4月の閣議決定によってバスは特定外来生物に指定されることとなった。以上の指定に至る過程に生多研は間接的にしか関与できなかったが，上記の会合の指定賛成の魚類学者や全内漁連とは緊密に連絡を取り合っていたという［2013年10月18日C氏への聞き取り］。

こうした第2期の過程を通じて，生多研並びにローカルなNGOは，バス問題の解決策のフレームにおける解決策の担い手として，前節で述べた市民セクター側の駆除活動を積極的に位置づけていったといえる。この変化は中間期における言説から確認でき，生多研の2003年の書籍でも「市民が参加できる，保全と復元の湖沼河川管理を」［秋月・半沢 2003：250］と市民参加の必要性が述べられている。また2004年には生多研から全内漁連側に，先の宮城県のメンバーが開発した人工産卵床を取り上げ，「漁協と自治体，自然保護団体＝市民が一丸となってバス駆除に取り組む」［生多研 2004.3.22］ことを申し入れている。

さらに上記の特定外来生物指定の方針が示される中では，生多研側からそうしたローカルに駆除活動を行うNGOが集まって，「連合体」を結成するという構想が提案された。これは，せっかく指定されるのであればそれを形骸化させないようにしよう，またとくに依然としてバスの利用が声高に叫ばれる中では，個々の活動が孤立してしまう恐れがあり，その活動を維持，推進していくためには，相互に支え合うことが必要だという問題意識から，構想されたものである［2013年10月18日，2016年2月25日C氏への聞き取り］[14)]。

この構想は2005年3月に全内漁連との共催で開催された合同シンポジウムでも，中心的なテーマ（「子孫に残そう日本の自然を！～つくろう，ブラックバス駆除ネットワーク～」）とされた。NGOと漁業者団体のセクター横断的連携が形成されたのは，

14）また連合体が設立された理由について，後に全内漁連が委託し連合体が市民セクター側の駆除活動の実態調査を行った報告書では，次のことが述べられている。ここからもNGO側が外来生物法の実施体制を担う存在として，自らを積極的に位置づけていったことが見て取れる。

「外来生物法が成立・施行され，「特定外来生物」に指定されたブラックバスの防除対策は国の方針になったが，実効が上がらなければ，対策が見直しになってしまう可能性がある。そこに危機感をもった市民団体が，実効を上げ，バス防除を広げていく必要を痛感。そのサポートを担う組織が必要とされたこと」［ノーバスネット 2007.3：6］。

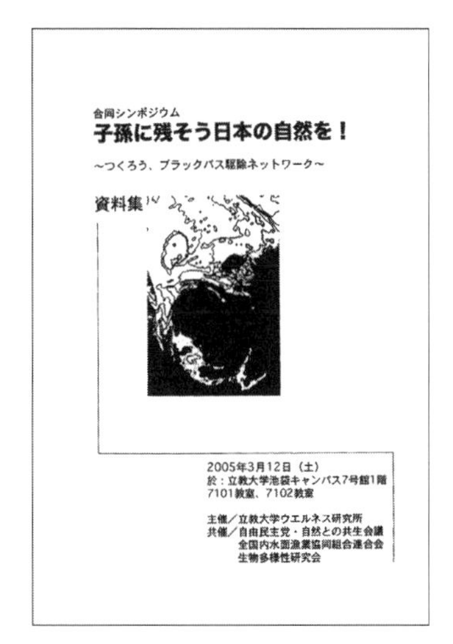

図 3-2　生多研合同シンポジウム（2005 年 3 月開催）の資料集

このフレームのもとでである。この合同シンポジウムでは上記の構想の実現と，パブリック・コメントに大量の反対意見が寄せられる中でも特定外来生物への指定を後押しするという目的と合わせ，次の共同宣言が採択されている。

> 日本の在来生態系と生物多様性をできるだけ保全し，子どもたちに引き継いでいくために……，
>
> 1. 私たちは「特定外来生物による生態系等に係る被害の防止に関する法律」という日本初の外来生物規制法に，オオクチバスの第一次（法律施行時）指定を決めた，小池百合子環境大臣の決断を強く支持します。
> 2. **私たちは私たちにできる方法で，ブラックバスの駆除対策に取り組みます。**
>
> [生多研 2005.3.12a：86，強調は筆者による]

この共同宣言の賛同団体は，計 81 団体（連合体の下位団体も合わせれば，計 261 団体）を数えるものであった [生多研 2005.3.12b]。さらに合同シンポジウム自体も，小池百合子環境大臣や桜井新氏をはじめ，計 5 人もの自民党国会議員が出席するほどに大規模なものであった。

こうした NGO 側による自らを解決策の担い手として位置づけるフレームは，漁業者側にとっても好意的に受け止められるものであった[15]。全内漁連の専務が

2003年6月移入種対策小委員会に参考人として出席した際，提出された政策実施体制案に関する資料では，密放流防止のキャンペーン，駆除の主体として，自治体，漁協などともに，自然保護団体，NPOがあらかじめ位置づけられていた［全内漁連 2003.6.9］。また特定外来生物指定に至る過程を振り返った広報誌記事では，「自然保護団体や地域のボランティアが外来魚の駆除に積極的姿勢を示している」ことが挙げられ，「多くの個人や団体のみなさんと一緒になって，ブラックバスなどを駆除する」［全内漁連 2005.7：27］という方向性が述べられている。なお先述の連合体の構想は，環境省OBのD氏がとりまとめ役に加わり，同年11月に「全国ブラックバス防除市民ネットワーク」として設立された。そして連合体設立後には，そのメンバーが全内漁連検討会の委員に就いている。

加えて外来生物法施行に先立ち，2005年5月に環境省によって開催された「オオクチバス等防除推進検討会」でも，先述のローカルなNGOや生多研のメンバーも参加し，施行後の実施体制，駆除のあり方について意見交換がされている。このように環境省側も，実施主体としてNGO側に期待を寄せていった様子がみてとれる。

6　連携はいかにして可能になったか？

本章では外来種オオクチバス等の規制をめぐる政策提言活動について，NGOと漁業者団体のセクター横断的連携の形成，中でも両者の組織フレームのすれ違いと一致に焦点を合わせ，分析を進めてきた。そこから得られた知見を整理すれば，次のようになる。バス問題をめぐる論争過程の第1期において，漁業者側では駆除を方針としながらも，それが自らに任されている現状についてはたびたび不満が表明されていた。それに対してNGO側は，解決策の担い手として漁協をあくまでも想定しており，この点において両者のフレームは大きくすれ違っていた。一方で第2期においてNGO側は，中間期に登場したローカルなNGOとネットワークを構築しながら，自らの推進する駆除活動を解決策のフレームの中に位置づけていった。そしてそれは，潜在的には駆除実施の新たな担い手を要請する漁業者側のフレームとも一致するものであった。両者のセクター横断的連携は，このもとで形成されたといえる。

15）全内漁連職員は，そうしたローカルなNGOの活動を歓迎していた旨を語っている［2012年8月12日A氏への聞き取り］。

表 3-6　第 1，2 期における組織フレームの一致とすれ違い

フレーム	第 1 期		フレームの一致／すれ違い	第 2 期		フレームの一致／すれ違い
	漁業者団体	環境 NGO		漁業者団体	環境 NGO	
問題のはじまり	70 年代以降の密放流	日本に存在すること自体	一　致	70 年代以降の密放流	日本に存在すること自体	一　致
影響が及ぶ範囲	漁業者への被害	生態系，国民の共有財産	一　致	漁業者への被害	生態系，国民の共有財産	一　致
ニジマス・国内移植	法的に管理	反対・禁漁で	すれ違い	法的に管理	反対・禁漁で	すれ違い
解決策の担い手	漁協に任される現状に不満	内水面漁協のレンジャー化	すれ違い	漁協に任される現状に不満	市民による駆除連合体	一　致
4 湖の漁業権	言及なし	反対・バス釣り禁止	すれ違い	「大失政，過ち」ただし特例化	反　対	すれ違い

ここで本分析中に検討したフレームの一致とすれ違いをめぐる論点を整理したものが，表 3-6 である。まず「問題のはじまり」と「影響が及ぶ範囲」に関しては，第 1 期においてほぼ漁業者団体側と NGO 側でフレームが一致していた。一方で「影響が及ぶ範囲」について第 1 期に生多研からは，ニジマスや国内地域間の移殖を伴う漁協の放流事業自体についても反対の意が表明されていた。他方で当時生多研側では，バスが最優先の課題であったことから，矛盾を感じながらもそれらの争点は抑えられ，その結果全内漁連との連携ということになったという［2016 年 1 月 25 日 B 氏への聞き取り］。

次に「解決策の担い手」について第 1 期に生多研からは，内水面漁協のレンジャー化が提案されていたが，第 2 期には市民セクター側の駆除活動，その連合体の構想へと移行していった。すなわち本書の分析枠組からは，「他者実施型」から，後の政策体制における NGO を担い手とした事業の見込んだ「NGO 事業型」のフレームへの移行を確認できる。そして他の条件に変化がないことから，NGO と漁業者団体のセクター横断的連携の形成には，この NGO 事業型への移行が決定的な条件となっていたと想定される [16]。

16）なお内水面漁協のレンジャー化，より特定的には「外来魚や疾病の対策を考慮した増殖事業の見直し」といった当時『水産基本政策大綱』に示されていた改革案は，その後も実現されないままとなっている。ちなみにこの改革の方向性自体は，漁協の流域環境保全機能という観点から環境経済学者によっても，より論点を具体化した上で支持されていたものである（大森 2001）。

また生多研から解決策として繰り返されてきた「バス絶対駆除，バス釣り禁止」の原則，とりわけ河口湖など4湖のバスの漁協権免許については，全内漁連会長から先の合同シンポジウムの中で「歴史に残る大失政」「取り返しのつかない大きな過ち」［全内漁連 2005.4:27］という発言を得た。しかしその限りであって，実質的には指定と同時の閣議決定により，特例条件付で除外されている（第4章3節も参照）。このように問題の解決策について，NGO以外をその担い手とする論点は連携形成の中でも潜在的にすれ違ったままであったといえる[17)]。

本章ではバス問題の政策決定過程を対象とした事例研究から，セクター横断的連携の形成に関して，NGO側の他者実施型からNGO事業型のフレームへの移行という条件を考察した。この展開は，後の政策実施体制におけるNGOの役割とも関連するものである。次章ではそれについて，とくにバスの駆除をめぐる実施体制を検討し，その中でNGOが実質的になっている役割について分析，考察する。

17）一方で「バス釣り禁止」については，第2期以降NGO側で岐路に立たされることとなった。この原則は論争期間当時，釣り産業や一部の漁協でバスが積極的に利用されている現状に向けたものであったが，駆除を目的とした釣りであっても次第にそのおもしろさに目覚め，利用に傾く恐れがあることが懸念されていた一方（秋月・半沢 2003），地域現場の駆除活動では釣り以外の方法がない場合もあり，NGOの間でも非常に議論を呼ぶ内容となっていた。第2期以降には現場での駆除の実践の方に重心が移り，上記の原則を重視したメンバーは，連合体の中でも少し距離を置いているという［2013年10月18日C氏，2016年1月25日B氏への聞き取り］。

第4章 ローカルなNGOの展開と政策実施体制

1 規制・駆除の政策的成果

前章ではバスの規制をめぐる政策提言活動に関して，環境NGOと漁業者団体によるセクター横断的連携の形成に焦点を合わせながら，分析を進めてきた。その中では「NGO事業型」のフレームへの移行，すなわちNGO側が自らを解決策の担い手と位置づけるフレームが，連携形成の重要な条件となっていたことを明らかにした。

本章では前章から引き続きバス問題を事例に，地域現場におけるNGOの駆除活動と，外来生物法の政策実施体制について検討する。今日バスは日本においてかなりの程度定着し，生態系などにかかわる被害を引き起こしている。そのため外来生物法では保管，運搬などの規制ばかりでなく，「防除」が必要な対策となる。ここで防除とは，外来生物法上の用語で「被害を低減するために行う行動のことで，個体を取り除く「駆除」の他にも分布拡大・侵入防止，密放流の監視，モニタリング，一般への普及啓発等のさまざまな取組み」［環境省 2014.3：2］と定義される。

この外来生物法上の防除について結論を先取りすれば，現在のところ十分な政策的成果は上がっているとはいえない。まず日本におけるバスの生息分布について，前章でも示したようにオオクチバスは2001年までに47都道府県で確認されていた。また外来生物法の制定以前，2002年に全内漁連が実施した漁業権の免許されている水域を対象とするアンケート調査では，オオクチバスは45都府県の362水域，コクチバスは35都府県の106水域で生息が確認されている［全内漁連 2003.3.31］。一方で外来生物法制定後の状況について表4-1は，同じく全内漁連が2007～2011年に実施したバスの捕獲状況に関するアンケート調査の結果である。このデータからは，制定後もバスの生息分布がほぼ変わっていない状況がうかがえる。

表4-1　オオクチバス・コクチバスの捕獲状況
（『平成24年度　カワウ及び外来魚に関するアンケート集計結果』［全内漁連 2013.6.3］から作成）

	回　答	2007	2008	2009	2010	2011
オオクチバス	「捕獲あり」の箇所数	349	413	411	385	384
	回答箇所数	711	833	839	797	843
コクチバス	「捕獲あり」の箇所数	157	176	182	172	161
	回答箇所数	617	730	718	735	753

また漁業権漁場以外の水域も含むデータとして，2014年に環境省が作成した『オオクチバス等の防除の手引き』では，環境省の指定する「日本の重要湿地500」のうち約80ヶ所でバスの侵入が確認されている［環境省 2014.3］。ただしこのデータは文献調査や少数の研究者へのヒアリングにもとづくもので，すべてを把握しきれているとは考えがたい。このように漁業権漁場以外の水域におけるバスの侵入状況については，断片的なデータしか存在せず，その全体像すら明らかにされていない。

さらに全国各地におけるバスの防除について，同じ『防除の手引き』では参考資料として計302件に上る防除事例の一覧がまとめられている。こうしたデータも断片的なものでしかないが，そのうちバスの根絶，あるいは被害の低減状態といえる「低密度管理」に成功したのは約10%の水域に過ぎず，残りの約90%の水域ではバスによる被害の低減がしていないか，防除後のモニタリングがなされていないとされる［環境省 2014.3：2］。以上のように今日もバスの生息分布は少なくとも変わらず，またその防除も現時点ではほとんど成功していない状況にある。

本章の目的は外来生物法の政策実施体制の検討を通じて，上記のような状況が続いている要因の一端を明らかにすることである。ここではとくに実施体制において，NGOによるバスの駆除活動が実質的に担っている役割に着目する。また本書全体の文脈に位置づければ，本章の作業はセクター横断的連携のもたらす帰結について，NGO自身を取り巻く状況を明らかにしようとするものである。第2章でも指摘したように，こうした連携の帰結に関する知見は先行研究において従来検討が乏しかった論点である。

ここでバスの防除をめぐる事業は，本質的に次のような困難を伴うものである。まず生きものを殺すということ自体に，負のイメージがつきまとう［2013年8月22日D氏への聞き取り］。この点でそもそも他の環境保全活動よりも，一般的な理解の得にくいといえる。またバスはルアー釣りの対象として非常に高い人気を誇ったため，駆除するとなればそのファンから反発を受けることも少なくない。たとえば後

図 4-1　駆除活動の様子（筆者撮影）

述のローカルなNGOのメンバーらも，設置した人工産卵床が破壊されたり，頻繁に脅迫メールを受け取ったりといった，釣り人からの妨害を経験したことがあるという［2015年12月18日F氏，2016年2月19日G氏への聞き取り］。

次にバスの駆除は，侵入・定着の状況，水域の特性によって，根絶が可能か否かに分かれる。このうち現時点で根絶に成功しているのは，侵入初期に発見して駆除した場合，また水を抜く，いわゆる「池干し」によって全個体を捕獲した場合，あるいは閉鎖水域で電気ショッカー（電流によって魚を麻痺させ，外来魚を駆除する装置）などで集中的に捕獲した場合に限られる［環境省 2014.3：11］。逆にいえば，それ以外の多くの河川湖沼では根絶が困難であり，代わって低密度管理が目指されることとなる。バスの生息密度を低いまま維持する低密度管理では，定期的な駆除ばかりではなく効果の検証のための継続的なモニタリングなどが必要で，その事業もほぼ際限のないものとならざるをえない。またこうした駆除，モニタリングの実働に加えて，再び密放流されないための監視，一般の理解を得るための普及啓発，地方自治体や漁業者，農業用ため池を管理する土地改良区，地権者といった関係者との合意形成も必要となる。

本章前半の第2節では，まず上記のような多大かつ継続的な労力が必要とされる地域現場での駆除活動について，いかにその担い手が登場し，またその活動が維持されているのかを検討する。ここではそうした担い手の中でも，論争過程の中間期に登場したローカルなNGO，とくに代表的な秋田県八郎湖他，宮城県旧鹿島台町，滋賀県琵琶湖をフィールドに活動する団体について取り上げる。その後，それらによって構成される連合体の支援活動について検討する。次に第3節では，外来生物法の政策実施体制について考察する。そこでは国などの政府セクター，NGOをはじめとする市民セクターの主体が，実施体制において担っている実質的な役割に着目する。最後に第4節ではそれらの小括を述べる。

ここで上記のローカルなNGOの活動の発生，維持には，主要メンバーのライフヒストリーとネットワーク，及びその資金源が重要な要素となっている。以降ではそれらに着目しながら，中間期に登場したローカルなNGOの展開について記述していく。

2 ローカルな環境NGOの展開

■2-1　秋田県八郎湖他をフィールドに活動する団体

「秋田淡水魚研究会」（通称「ザッコの会」）は，秋田県内で主に淡水魚の保全に取り組む市民団体で，後述のE氏らの呼びかけによって2000年に結成された［2015年12月17日E氏への聞き取り；杉山［2005］；ノーバスネット 2009.3.27］。その活動内容は次の4つ，県内に生息する淡水魚の分布・生態の調査，淡水魚保護のための啓発活動，河川環境保全のための提言，そしてバスの駆除及び駆除への協力である。バス駆除に関しては，県内各地の河川湖沼，たとえば2001年から取り組んでいる雄物川のワンド（川岸などにある入り江状の部分）や農業用のため池などで実施してきた他，県内最大規模の面積を誇る八郎湖でも漁協と協働でバスを駆除し，フライなどにして食べるイベントを継続的に開催している。主要メンバーは10人ほど，年間予算規模は100万円前後で，その収入は県，企業からの補助金・助成金が主である［環境再生保全機構 2016b；ザッコの会 2006.3.10, 2009.4.18］。なお次第に淡水魚ばかりでなく，海の魚に関する活動にも携わるようになってきたため，2012年に「秋田水生生物保全協会」と改称し，NPO法人化している。

その会長であるE氏は，元秋田県の水産振興センターに勤務していた職員である。上記の淡水魚の保護，中でもバスの駆除活動にかかわることになった背景には，一つの後悔があると語る。秋田県では，1982年に初めてオオクチバスの生息が確認された。これは秋田市内の沼で釣り人によって捕獲された個体が，内水面水産指導所に持ち込まれたものであったが，このとき同個体をバスと同定したのがE氏であった。当時E氏は，「秋田でも見つかったか」という程度で，たいして危機感を抱かなかったという。また自身も，その翌年には海面関連の部署に異動している。ただし同センターには県内の水産に関するさまざまな情報が入ってくるため，八郎湖などに次第に拡大していくバスの分布についても逐一情報を得ていたという。

その後E氏は，当初ゼニタナゴなど県内の絶滅危惧種の淡水魚を保護しようという意図から，2000年に同僚の県職員らとともにザッコの会を結成した。折しも当時はバス問題が社会的な論争に展開し始めた頃であり，同会でもバスの繁殖に伴う県内の絶滅危惧種の減少について危機感が高まっていった。こうした状況に対して，秋田県内におけるバスの最初の確認者であったＥ氏は，侵入初期から予防的に駆除しておくべきだったと強く後悔し，その結果ザッコの会でもバスの駆除が活動内容の一つとなっていったという。なおＥ氏は，2001年に水産振興センターで再び内水面関連の部署に異動し，仕事としても秋田県の外来魚被害緊急対策事業（水産庁の補助事業，2000年度から）に携わるようになっている。

上記からもわかるようにＥ氏自身の活動は，水産振興センターの県職員という立場とも両立させながら，形作られていったものである。ザッコの会の活動を展開，維持していくにあたっては，そうした県職員として得たネットワークが深くかかわっている。Ｅ氏自身，八郎湖などの漁業者とはもともと仕事を通じてつながりがあり，また副会長を務めた人物も元秋田県の自然保護関連の部署の職員で，河川を管理する国土交通省や，その他啓発活動にかかわる動物園などとも幅広い面識を有していた。こうしたネットワークは，各種の助成金や時に委託業務を獲得する上でも有効に機能したとされる。

一方で上記のように活動を維持する中でも，助成金による収入だけではその費用のすべてをまかなうことはできないという。バスの駆除活動にはさし網などの漁具や胴長，ボートなどの必要な装備が多い。またそれらの経費は助成金によって支出可能であるにしても，実働を担っているのはボランティアであって，交通費もなく手弁当で参加する場合もある。さらに助成事業の終了後には報告書も作成しなければならない。

こうした状況でも活動を維持できているのは，活動自体が「面白い」からであるという。Ｅ氏自身は先の後悔の念やある種の意地の他に，淡水魚の分布・生態に関する調査を続けることに面白さを感じるという。またザッコの会では，参加者に対しても活動内容が面白くなるよう工夫をしており，駆除したバスの試食するイベントばかりでなく，ワカサギなどの在来魚の試食も通じて在来の生態系の豊かさ，それを保全することの意義を体感できるようなイベントを企画している。

■ 2-2　宮城県旧鹿島台町をフィールドに活動する団体

宮城県旧鹿島台町をフィールドに活動する「シナイモツゴ郷の会」（以下「郷の会」）は，2002年に結成された団体である［2015年12月18日Ｆ氏への聞き取り；高橋

[2006a], [2006b]; ノーバスネット 2009.3.27]。その目的は, 同地域内に生息する希少種シナイモツゴの保全・復元であり, それに向けた活動内容の一環として, 農業用ため池の池干しによるバスの駆除を実施している。またその活動は地域一体となって展開されており, 結成翌年からは学校教育とも連動させ, シナイモツゴの卵からの飼育を地元地域の小学校に依頼し, 育てた稚魚をため池に放流する里親制度を開始, さらに2008年からは池干しの際に協力を得る農家に対して, 環境保全と両立した農業を支援するしくみとして, コメの認証制度「シナイモツゴ郷の米」の生産・販売をスタートさせている。またその中心メンバーであるF氏は, 同県のラムサール条約登録湿地である伊豆沼・内沼での駆除事業にも深くかかわり, バスの駆除のための新技術の開発に携わった。郷の会に関して立ち上げ当初からの主要メンバーは20人前後, また近年の年間予算規模は300万円から500万円ほどで, 主な収入は民間の財団からの助成金である [環境再生保全機構 2016c; 内閣府 2016]。

郷の会の活動の柱になっているシナイモツゴとは, 1916年に発見, 後に新種として登録された魚で, その名前は発見地である品井沼に由来している。品井沼とは, かつて旧鹿島台町と隣接の松島町, 大郷町にまたがり存在した沼で, 江戸時代からの干拓によって昭和中期には完全に消滅し, 現在では大部分が水田となっている。この旧品井沼を模式産地とするシナイモツゴも, 1935年以降公式の採捕記録はなく, 宮城県内ではすでに絶滅したと考えられてきた。1991年環境庁の初のレッドデータブックでも, シナイモツゴは希少種に指定されている。その後1993年, 実に約60年ぶりに県内でシナイモツゴが再発見された。このときその発見者となったのが, 後に郷の会の発起人代表, また現在まで副理事長を務めるF氏である。

旧鹿島台町の出身で当時宮城県内水面水産試験場の職員であったF氏は, 1992年から担当した河川とため池の魚類調査を通じて, 旧品井沼周辺の3つのため池でシナイモツゴの生息を確認した。鹿島台町では早速再発見されたシナイモツゴを町の天然記念物に指定, また環境省も2001年にそのシナイモツゴの生息地を「旧品井沼周辺ため池群」として,「日本の重要湿地500」に登録している。

発見後同地域でも, 1990年代半ばからのブームに乗じたバスの密放流が横行した。2001年に再度実施した調査では旧品井沼周辺のため池の約7割がバスの生息地となり, シナイモツゴの生息が確認されたため池でも, うち1つでバスの生息が確認された。こうした事態に危機感を覚えたF氏は, 早急にバスを駆除しシナイモツゴを救出するため鹿島台町役場にかけあい, 2002年2月に郷の会の結成を呼びかけた。結成当初会の事務局は同町の教育委員会に置かれ, 初代会長にもその教育長が就任している。

上記からも示唆されるように，郷の会の活動は地域一体となって展開されていったものである。こうした展開には，Ｆ氏をはじめ主要メンバーが有する自治体職員のとしての仕事を介したネットワークが有効に機能し，さらにそこから拡大していったといえる。Ｆ氏自身，以前から鹿島台町の関係者と協力しシナイモツゴ再発見の調査を進めてきた経緯があり，そうしたつながりが会の立ち上げの際にも活かされた。また郷の会の最初の活動となったため池の池干しによるバス駆除も，20年以上池干しをしてなかったこともあって当初農家からは農業用水の不足が懸念されたが，最終的に不足の場合には他のため池から提供することを水利組合の組合長が決断し，実施にこぎつけることができた。この組合長は，その後郷の会の理事としても活躍しているという。さらにシナイモツゴの飼育を小学校に依頼する里親制度も，上記の教育委員会の委員や小学校の先生が会員となっていたこともあって実現したものである。

こうした地域一体となったネットワークは，上記の他にも「シナイモツゴ郷の米」の認証制度などを通じて拡大していき，さらに学校教育や農業生産の制度の中に組み込まれることによって，フィードバック的に郷の会自体の維持にもつながっている。現在では農家側が自発的に池干しによるバスの駆除を継続し，会はその支援に回るということもあるという。

またＦ氏は2000年から水産試験場の事業として，県北部登米市と栗原市にまたがる伊豆沼・内沼でバスの生態に関する調査研究に従事した。伊豆沼・内沼は渡り鳥の越冬地としても有名で，1985年日本で２番目のラムサール条約湿地として登録されている。この調査では，はじめにバスの食害の実態把握がなされたが，伊豆沼・内沼は保護区であるため開発の影響を考慮する必要がなく，またバスの増加に伴いタナゴ類，モツゴなどの減少が顕著にあらわれたため，減少をバスの食害と断定できた。このようにバスによる被害を明確に特定できた事例は，全国的にも数少ない。またこの事業では，当初漁業者に補助金を出しバスの成魚の駆除を行ったが，翌年には再び大量の稚魚が確認されたため，繁殖自体を阻止することが課題となった。

この繁殖阻止のための技術として開発されたのが，「人工産卵床」である。人工産卵床とは，５～６月の産卵期に設置・回収することによって，孵化する前からバスの卵を駆除するもので，とくにＦ氏らによって開発された産卵床は，野菜苗ポットトレーや砕石といった通常廃棄されるものを用い，誰でも安価に作成可能なよう

図 4-2　伊豆沼（筆者撮影）

に工夫されていた。また後には，ピンポン玉を用いたセンサーを取り付けるなどの改良が加えられ，卵の回収作業にかかる手間の省力化も図られている。この人工産卵床を中心に，F 氏らの研究を通じて考案された駆除のノウハウは「伊豆沼方式」と呼ばれ，一般市民にも応用可能な方法として，広く普及されていくこととなった。伊豆沼・内沼でも，2004 年に地元の宮城県伊豆沼・内沼環境保全財団によって「バス・バスターズ」が結成され，小学生たちも参加しながらこの方式によるバスの駆除が継続的に行われている。バス・バスターズの活動には郷の会のメンバーも，中核的にかかわっているという。

郷の会は前述のような活動が評価され，第 4 回田園自然再生活動コンクール農林水産大臣賞（農水省主催，2007 年），第 8 回明日への環境賞（朝日新聞社主催，2007 年）をはじめ，現在までに計 4 つもの賞を受賞している。ただしこうした中でも実働を担っているのはやはりボランティアであって，活動を維持していくのは難しいという。とくに平日に必要な活動，たとえば里親制度の特別授業やため池の管理などは，すでに仕事を引退したメンバーが中心を担っている。また結成当初からの主要メンバーはすでに 70 歳以上の者が多く，現在ではいかに世代交代していくかが大きな課題であるという。

■ 2-3　滋賀県琵琶湖をフィールドに活動する団体

最後に「琵琶湖を戻す会」（以下「戻す会」）は，滋賀県琵琶湖をフィールドに外来魚駆除釣り大会（毎年約 5 回），全国各地からの参加者のある外来魚情報交換会，琵琶湖外来魚駆除の日（毎年 5 月最終日曜日）のイベント，地元漁協に協力を得てエリ漁など伝統漁の体験イベントを開催する市民団体である［2015年2月19日G氏への聞き取り；ノーバスネット 2009.3.27］。とくに駆除釣り大会に関しては，一時は1,000人を超えたこともあるほどの規模で，近年企業からの参加者が増えているという。また2006年からは，琵琶湖のみならず大阪府の淀川下流域にもフィールドを広げ，国の天然記念物であるイタセンパラの保全のためワンドでの駆除釣りを行っている。戻す会の結成は2000年，主要メンバーは15名ほどで，そのほとんどは滋賀県外からである。また年間予算規模は50万円前後，収入は自費と助成金である［戻す会 2006；環境再生保全機構 2016d］。

戻す会の成り立ちは，前2者と多少趣が異なる。結成時からの代表であるG氏は，魚類学や水産学の研究者ではなく，自営業の傍ら上記の活動を続けている。また戻す会のメンバーにも，そうした専門家はいない。会のメンバーは淡水魚釣りの愛好家であり，元々はパソコン通信の会議室で淡水魚について語り合う間柄であった。それらの愛好家にとって，数多くの固有種が生息する琵琶湖は淡水魚の聖地であり，大阪府在住のG氏は全国各地の仲間から頼まれ，以前から琵琶湖の案内をしていたという。しかし1990年代後半には，すでに琵琶湖でもバスをはじめ外来魚が大量に繁殖する状況となっていた。こうした状況はパソコン通信の会議室でも危機感をもって語られ，趣味の釣りの前に外来魚を何とかしようと，当初は仲間内だけでバスの駆除を試みたという。ただし日本最大の面積を誇る琵琶湖での駆除はとても手に負えるものではなく，G氏らは自分たちだけで活動するより，まずは広く社会に外来魚問題の存在を訴え，理解者，協力者を増やすことが重要であると思い至るようになった。

こうした経緯から，2000年一般からの参加者を募る「外来魚駆除釣り大会」をスタートし，その主催団体として同年戻す会が結成された。また2002年からは，普及啓発，駆除活動の情報交換のためのシンポジウムを毎年開催している。なお当時はバス問題が社会的に論争化していった時期であり，G氏自身戻す会立ち上げの直接的なきっかけは，前章の生多研B氏が出版した書籍であったと語る。戻す会は，琵琶湖で駆除活動を行う市民団体の中でも最も先駆的なものであった。

上記のように会の発端はオンライン上でのつながりで，また主なメンバーも滋賀県外に生活基盤をもつため，戻す会の地域的なネットワークは前2者と比べても元来弱いものとならざるを得ない。一方でそうした中でも戻す会では，個々のメンバーが有するさまざまなつながりを活かして活動が展開されていった。まず最初の活動となった駆除釣り大会の開催に際して，その会場の確保にあたっては，あらかじめ地元漁協の了解を得ておく必要があった。このときＧ氏自身は漁協と直接面識はなかったが，会の副代表を務めた人物が仕事柄地元の守山漁協の組合員と面識があり，一方で守山漁協も当時外来魚の被害について自ら積極的に発言するほどバス問題について熱心であったため，戻す会の要望に対して非常に協力的に対応してくれたという。たとえば駆除したバスの処分は守山漁協が引き受け，当日にはテントなども借り受けた。

またＧ氏は，かつて淡水魚の愛好家や研究者らのハブ的な役割を果たした大阪府の財団法人「淡水魚保護協会」の後身で，事務局を担当していた。戻す会の立ち上げに際しても，この旧淡水魚保護協会のメンバーからさまざまなアドバイスを受けたという。その他にもＧ氏は独自に，滋賀県立琵琶湖博物館の研究員らによる地域交流事業の一環で在来魚の生息実態を記録として残す「うおの会」の活動に設立当初からかかわっており，現在まで副会長を務めている。このうおの会とも，イベントの開催などを通じて協力関係にあるという。

その後戻す会のフィールドは琵琶湖にとどまらず，大阪府の淀川下流域にも展開していった。淀川では1974年に魚類初の国の天然記念物に指定され，環境省のレッドリストでも絶滅危惧種に分類されるイタセンパラが，2005年を最後に確認されなくなっていた。それに対して戻す会は，翌年から淀川下流域のワンドでも駆除釣り大会をはじめ，また毎年の開催を通じて次第に参加者が拡大していったことから，2011年には関係団体の連合体「淀川水系イタセンパラ保全市民ネットワーク」（通称「イタセンネット」）を設立した。Ｇ氏もその副会長に就任している。イタセンネットでは定期的なバスの駆除活動を継続するとともに，イタセンパラの放流，生息環境復元のモニタリングが行われている。このイタセンネットは，戻す会などの市民団体ばかりでなく，近隣の大学や周辺に事業所のある企業，さらには環境省近畿地方環境事務所や国交省近畿地方整備局もかかわる，セクター横断的な連合体となっている。

前述の活動を通じて戻す会は，2016年に滋賀県から「しが生物多様性大賞・特別賞」を贈られるなど，現在までに計３つもの賞を受賞している。その他にも毎年開催する外来魚情報交換会には，滋賀県職員の参加を呼びかけ，同県の電気ショッカー導入のきっかけになるといった成果を得ている。ただし元来の目的であるバスの駆除について，日本最大の琵琶湖では市民団体が駆除できる量はごく限られており，面積の小さな淀川下流域のワンドと比べても，駆除による効果は実感しにくいという。その意味でＧ氏は，琵琶湖での駆除はあくまでも理解者を増やすための啓発活動と位置づける。G氏自身はこうした中でも活動を維持できている理由について，「自己満足」と語る。また人件費などを得て駆除を行うという選択肢も，採算が取れなければやめることにつながりかねないことから否定的である。ただし上記のように効果がみえにくい中では，とくにメンバーのモチベーションの維持について辛さを感じることもあるという。

■ 2-4　まとめと連合体による支援活動

ここまで中間期に登場した3つのローカルな環境NGOを対象に，それらの活動がいかに生じ，またいかに維持されているのかを記述してきた。とくにライフヒストリー，ネットワーク，活動の資金源という観点から整理すれば，次のようになる。

まず中心メンバーのライフヒストリーについて，そもそも淡水魚の保全にかかわるような背景を有し，かつ独特な経験を有しているということが，活動を開始するにあたっての重要な要素となっている。E，F氏の場合は元内水面水産試験場の研究員で，県内のバスを初確認したり，希少種の再発見に携わったりといったことがこれに相当する。またG氏も元々淡水魚釣りの愛好家で，パソコン通信の会議室で外来魚問題について議論する，仲間内で琵琶湖の案内をするといった経験があった。

次にネットワークについて，あらかじめ独自の幅広いつながりを有していることが活動の立ち上げに際して重要で，さらにそれが拡大していったことが，活動の維持にもつながっていったといえる。ザッコの会，郷の会の中心メンバーは上記の仕事を介しつつ，その業種内だけにとどまらない幅広いつながりがあった。とくに郷の会の事例では，そうしたネットワークが地域一体となり広がっていくことによって，フィードバック的に会の活動をサポートする役割を果たしていた。一方で戻す会も，元来「よそ者」的な主体であるため，その地域に根ざしたネットワークは相対的に弱くならざるを得ないが，仕事を介した漁協とのつながりやG氏独自の幅広いつながりが，会の立ち上げ，活動の維持・展開にかかわっている。

一方で活動の資金源に関しては，ほぼボランティアによって，それらの活動が担われている。ここで駆除のための装備費や報告書の印刷費，シンポジウムの会場費といった経費は，獲得した助成金や賞の賞金などによってある程度はまかなうことはできるが，3つの団体の中心メンバーいずれも，そうした資金だけでは活動を維持していくのにまったく十分ではないという。一方でそうした中でも活動を続けられていられるのは，個人的な面白さや，楽しさ，満足感によるところが大きい。E氏は，面白さといった動機がなければやっていけないとさえ語る［2015年12月17日

E 氏への聞き取り]。

また動機の持続という面では，外来生物法においてバスが特定外来生物に指定されたこと自体も，それらのメンバーにとって一定の成果と意識されている。3つの団体の中心メンバーいずれも，その政策決定に直接かかわっていたわけではないが，一般的な理解が得にくい中で，駆除を実施していく上では特定外来生物への指定の必要性を感じ，シンポジウムなどで積極的に発言していた。またたとえば郷の会の理事長（当時）は，「全国の市民団体が強く主張した」[安住 2006：i] ことを指定実現の要因の一つと挙げており，F 氏自身も指定によって会の気運や士気が高まったと語る [2015 年 12 月 18 日 F 氏への聞き取り]。さらに G 氏は，自身はあまり認識してないが周囲からはしばしば上記のような決定にも間接的に影響を与えたと声をかけられることがあり，そのことは非常に励みになるという [2016 年 2 月 19 日 G 氏への聞き取り]。

なお前章でも述べたように，これらの NGO は特定外来生物指定に際して 2005 年 3 月に開催された合同シンポジウムをきっかけとして，同年 11 月に連合体「全国ブラックバス防除市民ネットワーク」（通称「ノーバスネット」）を設立している [2015 年 2 月 25 日 D 氏への聞き取り；ノーバスネット 2007.3, 2008.3.10, 2009.3.27, 2011.3, 2012.3] [1)]。このノーバスネットは，バスの駆除について一般的な理解が乏しく，また依然としてその利用すら叫ばれていたという危機感の中で，個々の活動が孤立してしまわないように支え合うことが必要だという問題意識から構想されたものである。設立時の発起人は 15 団体であったが，2017 年 10 月現在は計 45 団体が会員団体となっている。

ノーバスネットがこれまで実施してきた事業は，主に次のものである。まずバス問題について，一般の認知度を高めるための普及啓発であり，駆除に適したバスの産卵期，5 月下旬～6 月下旬を「全国一斉ブラックバス防除ウィーク」と定め，防除に関するさまざまなイベントを開催，防除の実施を呼びかけてきた。次にそれぞ

1）設立時から現在までノーバスネットの事務局長を務める D 氏は，環境省の OB である。D 氏は在職中，宮内庁への出向時や緑の国勢調査の担当を通じて先述の淡水魚保護協会とかかわり，研究者らと面識をもつようになっていた。そして退職後は，2002 年に自ら「水生生物保全研究会」を立ち上げ，NGO 活動にもかかわるようになる。これは資金難を抱える日本の淡水魚研究について，助成金を得て支援するという目的から設立されたものである。その後バスの特定外来生物の指定過程について，環境省側が研究者の意見として小グループ会合の結論，「半年間の指定先送り」をとりまとめたことにある種の負い目を感じ，バスの駆除実施体制をめぐる市民活動の支援にもかかわるようになっていったという。ここにも E，F，G 氏と同様の独自のライフヒストリー，ネットワークが確認できる。

表 4-2　ノーバスネットが得た委託業務費・助成金の推移（百万円）
（ノーバスネットから提供を受けた，『収支決算の推移』［ノーバスネット 2016.2.21］から作成）

助成金／委託業務費	2006	2007	2008	2009	2010	2011	2012	2013	2014	2015
地球環境基金助成金	3.5	3.7	4.7	5.0	5.3	5.6	5.7	5.7	5.7	2.0
全内漁連からの委託業務費	3.6	-	-	-	-	-	-	-	-	-

れの会員団体が地域現場で行う防除活動について，その経費を部分的に支援している。2006年からは全内漁連とも連携し，漁具などの貸与事業を開始している。また現場での防除事例は，最終的にノーバスネットがとりまとめ，ガイドブックなどを作成している。さらに2009年からは，普及啓発や駆除ばかりでなく「外来魚のいない水辺づくり」をテーマに，在来水生生物の保全・回復についてのモデル事業の実施，ノウハウのとりまとめなどを行っている。なお上記のみならず，ノーバスネットは行政機関や漁協の政策実施のあり方をチェックする役割も果たしており，全国のバス管理釣り場のリストを作成してきた他，とりわけ河口湖などのバスの漁業権免許については，2013年度の更新時にはそれに反対する要望書の提出し，公聴会での意見公述も行っている。

こうしたノーバスネットによる支援活動も，経費にかかわる部分は助成金の収入を得ているが，実働は主にボランティアであるという。会の資金源について，2006年度は全内漁連から「市民団体によるバス防除活動の実態調査」に関する委託業務費を得たが，それ以降は地球環境基金からの助成金が主である（表4-2，年間平均469万円）。なおこの助成金は，申請された特定プロジェクトに対して交付されるもので，団体職員の人件費や事務所費などに支出することはできない。

以上，NGOによる地域現場でのバスの駆除活動とそれらへの連合体による支援活動について検討してきた。これらの活動は独自のライフヒストリー，ネットワーク，個人的な満足感に支えられながら，主にボランティアと助成金によって担われている。このことを念頭に置きながら，次節では外来生物法の政策実施体制について考察していく。

3　外来生物法の政策実施体制

さて外来生物法が制定されたことで，何が変わったのだろうか。またその政策実施体制において，国など政府セクターの主体はどのような役割を有し，NGOはじめ市民セクターの主体は実質的にどのような役割を担っているのだろうか。以降では，

表 4-3　外来生物法制定以前・以後の比較表

枠　組	外来生物法制定「以前」	外来生物法制定「以後」
行為規制	都道府県の内水面漁業調整規則による罰則つき放流の禁止（2001 年までに，沖縄県を除く 46 都道府県）	野外への放出のみならず，保管，運搬，譲渡等についても許可制，違反した場合，個人は最大 3 年以下の懲役，もしくは 300 万円以下の罰金，法人は最大 1 億円の罰金
	4 湖の漁業権（神奈川県芦ノ湖，山梨県河口湖，山中湖，西湖）	4 湖の漁業権は，特例条件つきで除外（逸失防止措置を講じることなど，2013 年度の免許更新でもすべて継続決定）
	都道府県の内水面漁場管理委員会指示，条例によるキャッチ＆リリースの禁止（山梨県，新潟県，秋田県，滋賀県など）	キャッチ＆リリースを禁止せず，内水面漁場管理委員会指示，条例に任せる
	釣り堀のような管理釣り場	新規に扱う場合を除き，「生業の維持」等を理由に許可を申請することが可能
防除実施	水産庁による都道府県，全内漁連への補助金	水産庁による全内漁連，傘下県漁連への補助金
		環境省による「オオクチバス等防除モデル事業」（2016 年現在までに 8 ヵ所）
		地方公共団体による防除は，努力義務規定なし

外来生物法以前と以後の状況の比較から，政策実施体制の特徴を考察する（表 4-3）。

まず外来生物法の基本的な枠組は，指定された特定外来生物に関する行為規制と防除の実施に分けられる。このうち前者のバスに関する行為規制については，制定以前の状況と比較し，実質的な変化は乏しいといえる。というのも，以前から都道府県の内水面漁業調整規則があり，沖縄県を除くすべての都道府県で罰則つきのバスの放流禁止が整備されていた。対して外来生物法では，そうした野外への放出の禁止のみならず，保管，運搬，譲渡などについても許可制となり，より厳しい罰則が課せられるようにはなった。ただしその取り締まりは，現状でも容易ではない。

また外来生物法の規制は，バス釣り自体に対しても効力をもたない。たとえば芦ノ湖，河口湖といった 4 湖のバスの漁業権についても，指定と同時の閣議決定によって特例条件つき（逸出防止措置を講じることなど）で除外された［環境省・農林水産省 2005a］。これらは 2013 年度の免許更新でも，すべて継続が決定されている。また釣り上げたバスを再びその場に放すこと，いわゆるキャッチ＆リリースは規制対象とならない。山梨県（バスの漁業権漁場は除く），新潟県，秋田県，滋賀県などでは条例によって規制しているが，それ以外の都道府県ではリリースによってバスの繁殖を維持することが実質的に可能となっている。さらに釣り堀のような管理釣り場についても，新規に扱う場合を除き「生業の維持」などを理由として許可を申請することが可能である［環境省・農林水産省 2005.6.1, 2005.6.9］。この許可は 3 年ごとの更新が必要であるが，現在のところその更新自体に制限はかけられていない［環境省・農林水産省 2005b］。

このように行為規制に関する変更点が乏しい一方，防除の実施については一定の象徴的な意義があったといえる。これについて外来生物法の制定以前も，水産庁からは都道府県や全内漁連にバスの駆除にかかわる補助金が交付されていた。しかし同時に水産庁の外来魚に関する懇談会では，2003年まで棲み分け案によるバスの一部利用の方向性も模索されていた。こうしたどっちつかずの状況に対して，外来生物法はバスが防除すべき魚であると公式に位置づける効力をもった。

ただし上記の象徴的意義を除き，防除の実施体制については，不十分な点を残すものとなっている。まずその主体と役割について，国以外の役割が明確に定められていない。ここで外来生物法の成立に伴い策定された『特定外来生物被害防止基本方針』において，国は「全国的な観点から防除を進める優先度の高い地域から，防除を進める」とされている。なおここでの国，オオクチバス等に関して主務大臣となるのは，環境大臣と農林水産大臣である。一方で国以外の主体については，「地方公共団体や民間団体等が行う防除も重要であり，これらの者により防除の公示内容に沿って防除が積極的に進められることが期待される」［環境省 2004.10.15：8］というのみである。このうち，本来国に次ぐ役割をもつはずの地方公共団体については，外来生物法上努力義務規定さえ明記されていない[2)]。また2005年6月の施行に際して，オオクチバス等に絞って個別に作成された『防除の指針』でも，実施体制の整備については，「地域全体として効果的な防除を推進するため，関係する防除主体の役割を整理し，地域の関係者が一体となった実施体制を整備することが重要」［環境省・水産庁 2005.6.3：8］と述べられるに過ぎない。

ここで国による防除について，水産庁からは外来生物法制定以前からと同様，全内漁連及びその傘下の都道府県漁連に補助金が交付されている。2006年度以降その補助は「健全な内水面生態系復元等推進事業」の中で行われており，表4-4はその事業費の推移である。ただしこの額は，カワウの食害対策，自然体験学習や河川清掃への支援，その他の委託事業なども組み合わせた事業費の合計で，バスの防除に当てられる事業費はそれより少ない。たとえば2011年度は，合計の4分の1程度である76,626,526円が，バスを含む外来魚対策に当てられている［全内漁連 2013.6.3］。

---

2)　この点に関しては，2016年2月25日D氏への聞き取りから示唆を得た。

表 4-4　水産庁「健全な内水面生態系復元等推進事業」関連事業費（百万円）
（『補助事業等資料』［水産庁 2006-15］から作成）

年　度	2006	2007	2009	2010	2011	2012	2013	2014	2015
概算決定額	214	214	337	368	304	210	197	234	273

注：なお，2008 年度は，事業自体は実施されていたと考えられるが，その資料を確認できない。また，2010-2012 年度に限っては，他の事業も合わせ「内水面漁業振興対策事業」という名称が与えられている。

また前章でも指摘したように，外来魚対策関連の補助率はいずれも 1/2 である。これについて全内漁連では，2008 年度から 2012 年度の間に発生した外来魚対策にかかわる人件費の支出されない労働が，年間 3000 万円から 6000 万円に上ると推定されており［全内漁連 2014.10］，2015 年の第 58 回全国内水面漁業振興大会でも国の全額負担を求める議案が採択されている［全内漁連 2015］[3)]。

なおこうした状況は，外来生物法制定以前から続くものである。制定以降の新たな展開としては，次の環境省による対策が相当する。

環境省による防除では，2005 年度から現在までに全国 8 ヶ所で「オオクチバス等防除モデル事業」が実施された。このモデル事業の目的は，「事業の成果をマニュアルや事例集としてとりまとめ公表することで，地域の多様な主体（地元自治体，住民，民間等）による防除を推進すること」［環境省 2016］とされている。対象地には環境省所管の水域（ラムサール条約登録湿地など）が選定され，前節の F 氏のかかわった伊豆沼・内沼も，その対象地となっている（同地に限り，2004 年度からの別事業の継続）。

表 4-5 はこれらモデル事業の契約情報，成果と課題などをまとめたものである。「事業の成果・今後の課題」の列は 2012 年度までの結果にもとづくものであるが，これらのモデル事業においても，バスの防除は成功しているとはいいがたい。池干しによってバスを根絶できたり，伊豆沼・内沼のように低密度管理に成功したりといった例もあるが，他の対象地ではそうした成果すら乏しい。中でもほぼすべての対象地で課題とされているのが，継続的な体制の構築である。裏を返せば事業終了によって作業自体が中断していること，また予算上の制約などから継続的な取り組みとなっていないことが，しばしば今後の課題として述べられている。

なお上記のように環境省のモデル事業の目的は，成果をマニュアル化し，地域の多様な主体による防除を推進することであった。また現在では，成果の有無にかか

3）内水面漁協では現在カワウの食害対策の方が優先順位が高く，バスの対策にまで手が回らない状況もあるという［2016 年 9 月 23 日 A 氏への聞き取り］。

表 4-5　環境省によるオオクチバス等防除モデル事業の一覧（『環境省が行う防除』[環境省 2016] から作成。「契約情報」の列は，『契約締結情報の公表』[環境省 2005-15] から，確認できた限りで作成）

事業対象地	事業期間	契約情報			事業の成果・今後の課題
		年度	金額	相手	
片野鴨池（石川県）	2005-08年度	2007	3,675	（財）日本野鳥の会	継続的体制が構築されず，事業終了後，防除作業等が中断
		2008	4,494		
羽田沼（栃木県）	2005-09年度	2009	2,163	（株）一成	完全に駆除できるまで，防除活動を継続することが必要
犬山市内のため池群（愛知県）	2005-07年度	2007	4,347	（特活）犬山里山研究所	いくつかのため池では池干しにより根絶，継続的にモニタリングを実施，地域住民の監視体制を作ることが必要
伊豆沼・内沼（宮城県）	2004-11年度	2007	5,019	（財）伊豆沼・内沼環境保全財団，伊豆沼漁協，他株式会社4社	低密度管理段階に到達，次の目標は維持，できるかどうかは不明
		2008	9,282		
		2009	5,617		
		2010	3,415		
		2011	3,415		
琵琶湖内湖（滋賀県）	2005年度-	2007	11,550	（財）琵琶湖機構	在来種の回復を示す傾向，効果的，継続的に防除を実施している主体が存在しない
		2008	11,118		
		2009	9,975		
		2010	10,973	（株）いであ大阪支社	
		2011	5,765	（株）環境総合テクノス	
		2012	5,628	（株）一成	
		2013	5,460		
		2014	3,132	（株）自然産業研究所	
		2015	2,430		
吉井川（岡山県）	2009-12年度	2009	1,785	（株）ウエスコ岡山支社	予算上の制約等から，継続的な取組とはなっていない
		2010	1,995		
		2011	2,394		
藺牟田池（鹿児島県）	2005-11年度	2008	2,730	（株）新和技術コンサルタント	継続的な防除体制が構築できていない，交通アクセスが悪いためボランティアの活用で失敗，指定管理者を活用
		2009	2,940		
		2010	3,150		
		2011	1,890		
亀岡市域（京都府）	2013年度-	2013	3,045	（株）自然産業研究所	
		2014	3,763		
		2015	3,553		

わらず，2件を除きその事業の多くが終了している。すなわちこれ以上は環境省による防除も望めないというのが，実施体制の実状だろう。以上のようにバスの防除の実施体制は，その多くをただ政府セクター以外の主体に期待するというものになっている。

これに対して結果的にではあるが，上記の期待に応えている最たるものが，本章前半を通じて検討してきたNGOをはじめとする市民セクターの主体である。断片的なデータのため参考までの数値に過ぎないが，市民セクターの主体は本章冒頭で参照した『防除の手引き』の計302件の防除事例の中でも，事業主体が明示されている計145件のうち，40件にかかわるまでとなっている［環境省 2014.3］4)。

しかし，こうした実施体制は十分なものといえるだろうか。たとえばNGOの連合体であるノーバスネットに交付されている地球環境基金の助成金は，年間平均469万円であった。この額は，環境省のモデル事業における1対象地分の年間予算規模と同程度に過ぎない。またこれらNGOの駆除活動は，そうした助成金を得ながらも，主にボランティアによって担われていた。バス防除の政策実施体制は，こうした市民セクターへの期待のもとに成立しているのである。

4　不十分な体制の解消に向けて

本章ではまず前半部で，論争過程の中間期に登場したローカルな環境NGOによる現場でのバスの駆除活動について，いかにその担い手が登場し，またその活動が維持されているのかを検討した。そこでは独自のライフヒストリー，ネットワーク，個人的な満足感に支えられながら，それらの活動が主にボランティアと助成金によって担われていること，また連合体による支援活動についても同様であることを指摘した。後半では，外来生物法の政策実施体制について検討した。その枠組は行為規制，さらには国による防除の実施についても実質的な変更点が乏しく，また新たな展開である環境省のモデル事業が必ずしも成果の出ないまま終了していること，最終的に防除の実施体制は，政府セクター以外の主体，実質的には前半部で検討し

4）この他，145件中68件が内水面漁協によるもの，33件が国や都道府県，基礎自治体によるもの，4件がその他自治会や土地改良区によってなされたものである。全内漁連の補助事業以外で実施されている外来魚対策の費用負担については，2010年度に5府県から3,386,100円，10市町村から2,146,000円，2011年度に6府県から10,493,000円，7市町村から1,795,850円が支出されているとされる［全内漁連 2013.6.3］。

たNGOをはじめ市民セクターの主体に，ただ期待するというものになっていることを指摘した。

連携の帰結に関して，第2章では「他者変革性の発揮」と「行政の下請け化」という2つの可能性を提起した。このうちまず国による防除の実施体制について，市民セクターの主体が存在しなくとも事業が実施可能な状態にはないということから，外来生物法の政策実施体制は，他者変革性が発揮された状態にあるとはいえない。一方本章で検討したNGOは，上記の実施体制において自主事業がなされなくなる，行政の下請け化の状態にあるともいえない。NGOの事業には，上述のように外来生物法の実施体制の中に位置づけられるものばかりでなく，それ以外のものも含まれる。たとえばノーバスネットでは，実施体制において特例とされていた4湖のバスの漁業権免許に関して，その更新に反対するといった活動が継続されていた[5)]。このように本章の知見から示唆される連携の帰結は，「他者変革性の発揮」「行政の下請け化」のどちらからも捉えることができないものである。

最後に本章冒頭でも指摘したように，外来生物法上のバスの防除について，現時点では十分な政策的成果が上がっていない状況にある。すなわち今日もバスの生息分布は少なくとも変わらず，またその防除も約90%の水域では成功していない。こうした状況は，上記の政策実施体制の不十分さを示唆するものである[6)]。

では，この不十分さはいかにして解消できるであろうか。前述のようにバスの防除に関する実施体制は，最終的には市民セクターへの期待のもとに成立していた。こうした方向性のもとでは，市民セクターにさらなる努力を求めるということが，一つの打開策として想定される。事実環境省の『防除の手引き』でも，「行政機関等の事業費だけに依存しない持続可能な防除体制について検討することも必要です」［環境省 2014.3：7］と述べられている。

しかし本章の知見からすれば，さらなる市民セクターへの期待は，上記の不十分な政策実施体制を根本的に解消するものにはならないと想定される。もちろん本章前半でみたようなNGOによる事業は，それ自体意義深いものである。しかし，助

5）この他にも，環境省の公表していなかった全国のバス管理釣り場リストの作成・公表や，近年ではアユモドキ保護の観点から，京都府亀岡市のスタジアム建設に反対する活動も積極的に展開されている。

6）こうした状況に対して，聞き取りでは「日本中のバスの根絶なんてできっこない」といった声も聞かれた［2015年2月25日D氏への聞き取り］。またF氏は，伊豆沼・内沼での駆除事業（環境省の委託事業）に携わった経験から，「補助金や市民を使ってやるだけでは難しい」と語る［2015年12月18日F氏への聞き取り］。

成金を得ながらも主にボランティアによって駆除活動を維持することの難しさは，それらのNGOによってもすでに指摘されていた。また前章でもみたような第１期における漁業者側の違和感，さらに今日まで続く国による外来魚対策の全額負担を求める漁業者側の要請が，ボランティア化したバスの駆除への不満であったとすれば，今日の状況はすでにさらなるボランティアによって解消しようとしたことの結果とも捉えられる。必要なのは，市民セクターやボランティアに期待しなくても済むような実施体制を，政府セクター側がいかに構築していくかということであろう。

第3部
生物多様性条約第10回締約国会議
グローバルな政策提言活動

第5章
NGOのネットワーク組織における連携戦略と運動内的な帰結

1 締約国会議という政治的機会

「生物多様性条約」とは，1992年の地球サミットで調印され翌年に発効した国際条約である。環境系の国際条約としては最大規模のものの一つで，2016年9月現在アメリカとバチカン市国を除く196の国と地域が加盟している。同じく地球サミットで調印された気候変動枠組条約と合わせ，「双子の条約」と呼ばれることもある。

この条約は地球的規模の自然環境の破壊に対応するため，国際自然保護連合（IUCN）などの要請を受けて従来の国際条約，たとえば野生動植物の国際取引に関するワシントン条約，湿地保全に関するラムサール条約，渡り鳥などの移動性野生動物の保全に関するボン条約などを包括する観点から，国連環境計画（UNEP）の専門家会合で検討，政府間交渉を経て採択された。その目的は「生物多様性の保全」と「持続可能な利用」，及び「遺伝資源の利用から生ずる利益の公正かつ衡平な配分」の3つである。日本は1993年に同条約を批准，また発効以来世界最大の拠出国

図5-1　生物多様性条約COP10と生物多様性交流フェアの様子

（名古屋市ホームページ〈http://www.city.nagoya.jp/kankyo/page/0000076791.html（2018年1月15日確認）〉）

であり，多大な財政的支援を行ってきた。生物多様性条約ではほぼ2年ごとに締約国会議（以下「COP」：Conference of the Parties）が開催され，条約実施のための各種決議，議定書の採択などが行われている。

2010年10月愛知県名古屋市で179の国，国際機関，NGOなどから13,000人以上が参加し，「生物多様性条約第10回締約国会議」（以下「COP10」）が開催された。この国際会議に向けて日本国内の環境NGOは，ネットワーク組織を結成し，全国規模の団体のみならずローカルな環境NGO，異分野のNGO，さらには一部企業も含む多様な主体を巻き込みながら各種の政策提言活動を展開した。この環境NGOによるネットワーク組織は，過去に類例のない規模のもので，またその提言活動も関係行政機関と直接的な交渉の場をもつほどに盛んなものであった。

ここで前例のないほどに多様な主体がこの政策提言に参加し，積極的な運動が繰り広げられたのには，次のような背景がある。第1に上述のように生物多様性条約は，従来の国際条約を包括するという観点から策定された。そのため同条約がカバーする政策分野は，非常に幅広いものとなっている。それには森林，湿地，沿岸・海洋などの保全から，農地や里山を含む二次的な自然，種の保全，外来種対策といった自然保護一般の議題，遺伝子組み換え作物の規制や，遺伝資源の利益配分といった論争的なもの，さらにはそれらを横断する発展途上国への持続可能な開発援助，先住民の権利や伝統的知識の尊重などのテーマも含まれる。こうした政策分野の幅広さという特徴から，必然的に関係するNGOも多岐にわたり，生物多様性条約のCOPではそれぞれのNGOが同時並行的に提言活動を展開するというのが通例となっている。

第2にCOPのような国際会議は，NGO側にとって重要な政治的機会となる。とくに国内政策が一定の行き詰まりをみせている場合，NGO側は国際的な場を経由することで，それを打開するという戦略をとる。こうした戦略はNGOにおいてしばしばみられるもので，国際関係論では「ブーメラン・パターン」（Keck & Sikkink 1999：93-4）とも呼ばれている。加えて国連の主導する環境系の国際会議では，1992年の地球サミット前後から，行き詰まりをみせる政府間交渉の活路をNGOに見出してきた経緯があり，その参加を奨励する傾向にある（毛利 1999：86）。中でも生物多様性条約のCOPは，他の国際会議と比べても市民社会の声を重視しているとされる［道家 2008.3］[1]。このCOPにおいてNGOは，本会議や下位の会合にオブザーバー参加することができ，また議決権こそないものの公式の発言権も与えられている。さらに議場内には専用のミーティング・ルームが設けられ，サイドイベントや記者会見などを開催することも可能である。

第3に生物多様性条約COP10では，日本政府側も多様な主体の参加を奨励する方針をとっていた。これは日本政府が議長国・ホスト国として，その会議の成功のための重責を負うばかりでなく，2010年は国連の定める「国際生物多様性年」で，多様な主体を含む国内委員会の設置や式典の挙行が予定されていたことによる。政府側は「オール・ジャパン」といったかけ声のもとに，たとえば早期から円卓会議[2)]の設置などに取り組み，そこにNGOの積極的な参加を求めていた。そしてこうした中では，従来政府と疎遠であった，ましてや対立すらあったNGOに向けても，一定の交渉の機会を設けることにやぶさかではない状況が成立していた。

以上のように生物多様性条約COP10は，さまざまなNGOにとって千載一遇の政治的機会であった。また上記の特徴から，このCOP10に向けた政策提言活動は，本書の中心的対象であるセクター横断的連携を検討するにあたって最良の事例といえる。第5～7章では生物多様性条約COP10に向けた政策提言活動とその後の政策実施体制を対象に，事例研究を行う。

本章では次章で行うセクター横断的連携の検討に入る前の作業として，NGOによるネットワーク組織を対象とした運動組織間の連携形成，とくに多様な主体の参加を促す連携戦略とその帰結に関する分析を行う。次節では運動組織間の連携に関して，社会運動研究の戦略的連携論で指摘されてきた「包摂戦略」をめぐる論点についてあらかじめ検討する。続く第3節では，その論点をもとに生物多様性条約COP10に向けたネットワーク組織の形成過程，さらにその集合的帰結について分析する。最後に第4節では，分析から得られた知見を考察し小括を述べる。

2　運動組織間の連携

本章の対象である特定の現場・問題・事業を横断するような運動組織間の連携は，これまでも環境運動が政策過程に参入を試みるときにしばしば観察されてきた。た

---

1) その他，後述のCBD市民ネット設立総会でも，「Without NGO, Without CBD　NGOの活躍なくして，生物多様性条約はありえない」という，生物多様性条約事務局長（当時）の言葉が紹介されている［CBD市民ネット 2009.1.25a］。

2)「生物多様性条約第10回締約国会議及びカルタヘナ議定書第5回締約国会議に関する情報共有のための円卓会議」（2009年2月から2010年9月まで，計6回開催）．また国連生物多様性年に関しては，「国際生物多様性年国内委員会」が，2010年1月に設立され，2011年2月まで計3回の会合が開催されている。

とえば環境政策過程論でも，国有林野保護林制度での全国自然保護連合，あるいは沿岸域管理での日本湿地ネットワークの例（茅野 2014）などが触れられている。こうした連携は，相対的に資源の乏しい運動側が政治的影響力を発揮するための手段の一つとなる。また本事例の生物多様性をはじめ地球環境問題は，それ自体単一の環境問題というより，個別問題の複合体的な様相を呈する。そのためその多様な争点に対応するためにも，運動組織間の連携は重要なものとなる。

この運動組織の連携に着目した研究プログラムである戦略的連携論では，初期にほぼつながりのなかった，ましてや対立すらあった運動組織の間で，なぜ連携が形成されたのかということを主な問いとして，これまで研究が蓄積されてきた。たとえばアルゼンチンの女性運動に関する研究では，NGO，草の根，レズビアンといった下位区分に分断され，時に対立すらあった状況から，2001 年の経済危機に伴い女性問題一般の政策的な優先順位が下がるという脅威と，国際女性デーという機会の認知，分断の中間層による架橋，さらに個別運動の違いよりも協働性を重視した包摂的なフレーム戦略によって，上記の分断状況を横断するネットワーク組織の形成が可能になったという過程が考察されている（Borland 2010）。中でも包摂的なフレーム戦略は，他の戦略的連携論の先行研究でもしばしば指摘される論点である（Van Dyke & McCammon eds. 2010）。本章ではこうした組織フレームにかかわる戦略を，「包摂戦略」と呼ぶことにする。

一方で第 2 章でも指摘したように近年の戦略的連携論では，上記のような多様な主体の連携参加ばかりではなく連携の導く運動内外の帰結を分析することが，今後の課題の一つとして指摘されている（Staggenborg 2010）。これを受けて本章では，上記の包摂戦略がもたらす運動内的な帰結に着目する。ここで確かに先行研究が注目してきた多様な主体の連携参加は，たとえばメンバー数の増加によって運動の政治的な影響力の発揮につながり，連携のパフォーマンスを測る指標の一つになるだろう。しかし連携のパフォーマンスは，単に数的なものに還元できるものではない。とくにメンバーが多様化するということは，集合的な意思決定のあり方に影響し，運動内で何ができ何ができないのかを規定する働きをもつ。またこのことは，翻って運動外的なターゲットへの影響の与え方に関しても，何ができ何ができないかを規定すると想定される。

以上本章では戦略的連携論の分析視角に則り，多様な運動組織間の連携形成をめぐる条件を検討しつつも，「包摂戦略に伴うメンバーの多様化がいかなる集合的帰結をもたらすのか」という問いに重点を置き分析を行うこととする。これに関して生物多様性条約COP10に向けた政策提言活動の事例は，前例のない規模のメンバーの多様性を有し，上記の問題設定にとって適当と考えられる。また本章では政策提言という集合的局面において，最も争点となりうる組織フレームに着目して分析を行う。なお政治的機会・脅威については，前節の特徴をもつCOP10自体が重要な機会となっている。また先行する紐帯については，後述のCOP9の経験や「2008年G8サミットNGOフォーラム」「国際自然保護連合日本委員会」におけるつながりがそれに相当する。

3　NGOネットワーク組織の分析

3-1　事例の概要

本章の対象は，生物多様性条約COP10に向けたNGOのネットワーク組織「生物多様性条約市民ネットワーク」（以下CBD市民ネット：Convention on Biological Diversity）である。このうちCBD市民ネットのコア団体に関する初期メンバーと二次メンバー，並びに聞き取り調査を行った団体の構成を表5-1に示す。

COP10に向けたNGOの動きは，2008年5月ドイツのボンで開催されたCOP9前後から始まった。当時首都圏に事務局を置く全国規模の環境NGOと，COP10の開催地となる愛知県近郊のNGOが，それぞれCOP10に向けて準備を進めていた。その中で両者はCOP9を視察し，次の2つの印象を共有したという［2013年12月13日A氏，2014年2月17日D氏への聞き取り］。

第1に生物多様性条約の扱うテーマの広さである。従来日本において生物多様性とは，主に野生生物とその生息環境を守る自然保護の概念と捉えられてきた。それに対してCOP9では，遺伝子組み換え作物，途上国への援助，先住民の権利といった広範なテーマが扱われており，NGO側でもそれに対応することが課題の一つと認識された。第2にCOP9で活動したドイツNGOのネットワーク組織の高い組織力である。それは条約にかかわる広範なNGOを取りまとめ，各国政府や国際機関とも対等に交渉していたという。日本のNGOはこれらの印象を共有し，またドイツのNGOからバトンを受け取ったことで，COP10に向けたネットワーク組織を準備することとなった。

その後，同年7月に開催されたG8北海道洞爺湖サミットでのネットワーク組織「2008年G8サミットNGOフォーラム」といった助走段階を経て，2009年1月CBD市民ネットが設立された。その目的はCOP10に向けた①「市民参加の基盤づ

表 5-1　CBD 市民ネットのコア団体と聞き取り団体の構成

初期／二次	分野・規模		団体例	関連作業部会	コア団体数	聞き取り団体数（聞き取り回数）
初期メンバー（呼びかけ人）	環　境	全国規模 NGO	環境パートナーシップ会議，世界自然保護基金ジャパン，日本自然保護協会，ラムサール・ネットワーク日本 etc.	法制度，湿地，沿岸・海洋，水田，生物多様性 10 年	9	3（5 回）A，B，C 氏
		愛知近郊 NGO	伊勢・三河湾流域ネットワーク，生物多様性フォーラム，藤前干潟を守る会 etc.	流　域	4	1（2 回）D 氏
二次メンバー	環　境	全国規模 NGO	FoE Japan，地球生物会議 etc.		4	1（1 回）E 氏
		ローカル NGO	アースデイとやま，沖縄・生物多様性市民ネットワーク，虔十の会，CSO ピースシード，みたけ・500 万人の木曽川水トラスト etc.	ジェンダー，たねの未来，地域ネット，沖縄	11	3（4 回）F，G，H 氏
		ユース	A SEED JAPAN	ABS	1	1（1 回）I，J 氏
	異分野 NGO		遺伝子組み換え食品いらない！キャンペーン，動く→動かす GCAP JAPAN，国際協力 NGO センター etc.	MOP5，生物多様性と開発	6	3（3 回）K，L，M 氏
	企業関係者		アースデイ・エブリデイ，博報堂 DY メディアパートナーズ etc.	TEEB，普及啓発	3	2（3 回）N，O 氏

注：コア団体とは，CBD 市民ネットの運営委員と作業部会の役職を担当した関係者の団体。また初期メンバーとは，設立前の呼びかけ人と設立時の運営委員を担当した関係者の団体。さらに二次メンバーとは，それ以外のコア団体のことをあらわす。

くり（プラットフォーム）」，②「日本の市民社会からの政策提言（アドボカシー）」，及びそれらを通じた③「主体の拡大と交流（ネットワーク）」である［CBD 市民ネット 2009.1.25b］。

CBD 市民ネットの具体的な活動とは，まず COP10 以前に全国各地での国内対話集会，1 年前イベント，100 日前イベントの開催といった各種イベントの開催，また円卓会議や国際生物多様性年の国内委員会，及びその他の機会を通じた日本政府・開催地自治体・条約事務局との事前交渉，さらに市民ネット内部に計 15 の作業部会が設置され，それぞれの政策提言が，『ポジションペーパー』としてまとめられた。次に COP10 期間中には，議場内でのサイドイベント，議場外での各種イベント開催，日本以外も含む各国政府代表団へのロビイング，議場外で開催された生物多様性交流フェアにおける NGO ブースの運営などが行われた。なお CBD 市民ネットは，COP10 終了後の 2011 年 4 月に解散し，その活動は後継組織「国連生物多様性の 10 年市民ネットワーク」（第 7 章），並びに個々の NGO による事業に引き継がれた。

ここでCBD市民ネットの成果として，第1にメンバーの多様性に富む，運動組織間の連携が形成されたことが挙げられる。その初期メンバーは，呼びかけ人となった全国規模の団体とそれに合流した愛知県近郊の団体で，ともに環境（自然保護）系のNGOが中心であった。しかし設立以降次第に，その以外の地域のローカルな環境NGOやユース，また遺伝子組み換え作物の規制に取り組む消費者団体，途上国への援助や先住民の権利に関心をもつ国際協力系など異分野のNGO，さらには広告会社といった一部企業も参加することとなった（最終的な会員数は113団体）。こうした多様な主体の参加によって，CBD市民ネットは市民セクターの統一体として対外的に認知され，日本政府・条約事務局などとの交渉の場も比較的スムーズに設定されたという。

第2に上記のことは，次のような政策提言上の成果に結びついた。たとえば市民ネット内部から発案され，COP10での採択に至ったものとして「国連生物多様性の10年（2011-20）」がある。これは条約締約国のみならず，非締約国であるアメリカも含めた国連全体で，2020年に向けた新戦略目標「愛知ターゲット」達成に向けた貢献を求めるものであり，市民ネット最大の成果の一つともいえる。

一方で多様な主体の参加は，上記とは別の形で運動内に集合的な帰結をもたらした。以降では，まず政府との関係とともに初期メンバーのフレームを検討し，次に初期メンバーのとった連携参加を促す戦略，及びそれにもとづく二次メンバーの参加過程を分析する。そして最後に，本章の焦点となるメンバーの多様化に伴う集合的帰結を考察する。

■ 3-2　政府との関係と初期メンバーの組織フレーム

まずCBD市民ネットの呼びかけ人となった全国規模の環境NGOと，環境省との関係について，両者は条約にもとづく生物多様性国家戦略の策定などを通じ，2002年前後から意見交換があったという。ちなみに，それらのNGOの多くが所属する「国際自然保護連合日本委員会」が主催した2006年からの連続勉強会，翌年1月の生物多様性条約事務局長を招いたシンポジウムは，同月の日本政府によるCOP10開催地への立候補の閣議了解を後押しする役割も果たしたとされる［2013年12月13日A氏への聞き取り］。

こうした中で2010年は，日本政府を議長国とするCOP10の開催に加え，条約上の「2010年目標」の達成年，2020年に向けた新戦略目標である愛知ターゲットの採択があり[3]，さらに国連の定める国際生物多様性年でもあった。一方で国際的に2010年目標は失敗に終わったとされ，国内的にも生物多様性への国民一般の関心は，もう一つの地球環境問題である地球温暖化と比べても軒並み低く，2009年時点でもその「言葉の意味を知っている」ものの割合は12.8%に過ぎないという状況があった［内閣府 2009］。このため環境省は生物多様性について，2010年を「単に一過性ではなく，市民生活に根付くきっかけに」［環境省 2010：95］し，国民運動的な展開を企図していた。

一方でこうしたフレームは，NGO側でも共有されていたといえる。この点で先述のCBD市民ネットの目的でも，③「主体の拡大と参加」が挙げられている。また呼びかけ人となった全国規模の環境NGOのA氏は，2010年目標の失敗と関連させながら，生物多様性条約の目標達成にかかわる政府，自治体担当者，企業，NGOの主体を拡大することが，今日まで続く活動のテーマの一つであるという［2013年12月13日A氏への聞き取り］。

こうした経緯から環境省，並びに開催地自治体は，NGO側の動きをおおむね好意的に捉え，CBD市民ネットに対して業務委託や所管の基金を通じた助成，さらに市民ネット側からの政策提言の際にも窓口となるなどの支援を行った。CBD市民ネットの設立総会でも，来賓として環境省の自然環境局と中部地方環境事務所，並びに愛知県と名古屋市が作るCOP10支援実行委員会から担当官が出席し，歓迎の意を述べている［CBD市民ネット 2009.1.25c］。中でも先の市民ネットの目的のうち，①「市民参加の基盤づくり」と，③「主体の拡大と交流」に関しては，こうした環境省・自治体による業務委託を通じても実施された。たとえば環境省は，四国など4か所での国内対話を主催し，その業務を市民ネットが請負った（120万円，表5-2）。また開催地自治体も，COP10期間中の交流フェアNGOブースの運営を市民ネットに委託している（1939万円）。

ただしこうした環境省・自治体からの業務委託は，CBD市民ネットが単にその下請けと化していたということを意味するわけではない。というのも目的の②「政策提言に関する活動」に関しては，委託業務の枠内ではなく，自ら事業主体となり申請・獲得する地球環境基金助成金（09-10年度，計1136万円）の枠内から配分さ

3）2010年5月に条約事務局が公表した「地球規模生物多様性概況第3版（GBO3）」では「2010年目標は達成されず，生物多様性は引き続き減少している」と評価された［環境省 2010：92］。

表 5-2　CBD 市民ネットの事業収支（千円）
（『終結総会配布資料』［CBD 市民ネット 2011.4.29］から作成）

科　目	2009 年度	2010 年度
A　収入（合計）	11,888	29,858
1 会費	1,890	595
2 寄付金	1,630	726
3 事業（イベント参加費）	670	-
4 補助金等（合計）	7,698	28,520
あいち森と緑づくり事業［助成］	900	-
生物多様性国内対話［委託］	1,200	-
生物多様性交流フェア［委託］	-	19,385
地球環境基金［助成］	5,598	5,763
100 日前イベント［助成］	-	3,372
5 その他	-	17
B　支出（合計）	9,822	31,236
収支差額（A-B）	2,066	-1,378
正味財産額	2,066	688

れ，政府・自治体からの管理を受けないように戦略的に意識されていたためである［2015 年 9 月 1 日 A 氏への聞き取り］。つまり市民ネットの活動のうち，多様な主体の参加の基盤づくり，その拡大と交流という点は，政府・自治体と呼びかけ人のフレームが一致しながら進められていたものであるが，とくに政策提言という点ではNGO 側の自律性が担保されていたといえる。

3-3　初期メンバーの連携戦略

呼びかけ人となった全国規模の環境 NGO は，条約にかかわる主体の拡大というフレームを有していた。またこのフレームは，COP9 における生物多様性条約の広範なテーマの認識とも呼応して，設立準備会合から合流した愛知県近郊の環境NGO も共有していたという［2014 年 2 月 17 日 D 氏への聞き取り］。そのためこれらの初期メンバーは，CBD 市民ネットの設立にあたって，多様な潜在的メンバーの自発的な連携参加を促すように，組織フレーム，組織形態をデザインした。

まず CBD 市民ネットの『趣意書』において，参加要件に当たるものは「生物多様性条約の目的（第 1 条）に賛同し，その目的の実現に向けて地球市民の立場から活動を行う」［CBD 市民ネット 2009.1.25b］ことのみとされている。ここで条約の目的とは，生物多様性の保全，持続可能な利用，遺伝資源の公正・衡平な利益配分で

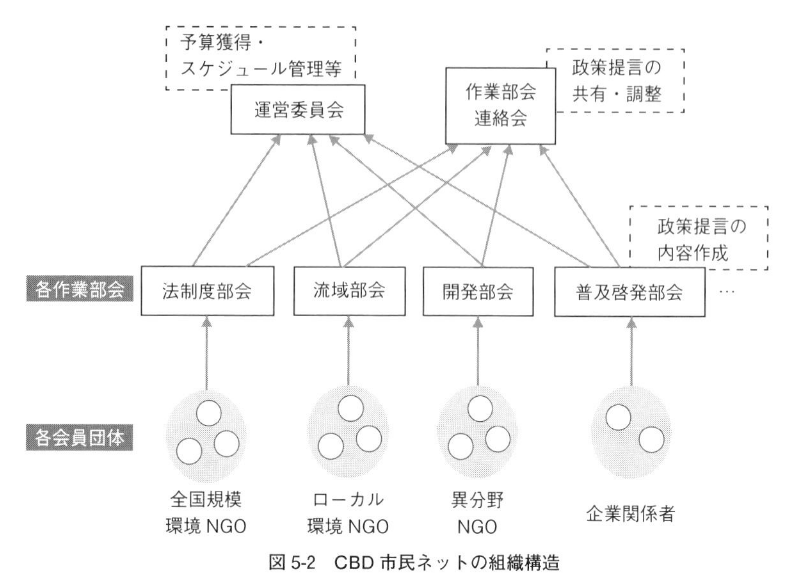

図 5-2　CBD 市民ネットの組織構造

ある。すなわちこれらの包括的な目的にかかわりさえすれば，いかなるフレームを有する NGO も，さらには企業も参加が奨励された。

また組織形態も，集権的な意思決定構造は極力排され，多様な主体の自発的参加を促すように設計された。それが図 5-1 の 3 層構造である。この中でそれぞれの会員団体は，各々の問題関心に応じて自発的に作業部会を組織し，その代表者が運営委員会に出席することになる。ここで形式上は最上位に置かれる運営委員会は，「会の運営に関する重要な事項を決定する」［CBD 市民ネット 2009.1.25d］とされるが，そこでの決定は予算獲得やスケジュール管理といった必要最小限のものである。それに対して作業部会は，運営委員会とは独立に自由に政策提言の内容を作成することができた。こうした運営委員会と作業部会の分離は，多様な主体の自発的参加を促すとともに，それに伴う事務的負担を緩和するためのものだったという［2015 年 9 月 1 日 A 氏への聞き取り］。なお上記に加えて後には，各作業部会の提言内容を共有・調整するセミフォーマルな場として，後述の「作業部会連絡会」が設置されている。

以上初期メンバーたちは，条約，COP10 にかかわる主体の拡大を念頭に「包摂戦略」を採用し，またそれに適った組織形態を戦略的に設計したといえる。

■ 3-4　二次メンバーの参加過程

上記の包摂戦略にもとづき，二次メンバーは従来から有するフレームを維持したまま，それを実践するための機会としてCOP10を認識し，CBD市民ネットに参加してきた。以降では二次メンバーの参加過程を，ローカルな環境NGO，ユース，異分野のNGO，企業関係者という順に記述していく。なお下記は，CBD市民ネットのコア団体のうち代表的なものであるが，それ以外の団体もフレームの維持，実践機会の認識の点では同様と考えられる。

1）ローカルな環境NGO

二次メンバーのうち最も数が多いのは，特定の地域現場に根差した活動を行うローカルな環境NGOである。

このうちＦ氏は，岐阜県の木曽川上流域で森林の間伐など保全活動を行う，名古屋市のNPO法人「みたけ・500万人の木曽川水トラスト」で監事を務めている[2015年9月3日Ｆ氏への聞き取り]。Ｆ氏自身は分子生物学を専攻した元愛知県の研究員であるが，学生運動の中で公害被害者の支援活動に携わった経験から，自ら人民のための科学者を志し，県職員になってからも，日本国内のみならず台湾や韓国など東アジア各地の公害問題に専門的な支援活動を行ってきた。そうした中で，1991年岐阜県の木曽川上流域に位置する御嵩町で産業廃棄物処理施設建設計画が浮上し，下流域の市民としてＦ氏は，それに反対する住民運動の支援活動に入った。現在のNPOは，その支援活動の中で建設予定地周辺の森林を購入し，保全活動を始めたことに端を発する。

このNPOでの活動を通じてＦ氏は，上下流域の問題を，過疎化から迷惑施設の受入を迫られる上流域と，それがもたらす諸資源にただ乗りし都市化を謳歌する下流域の格差問題として捉えるフレームを有していた。Ｆ氏はこれを「国内の南北問題」と表現する。このフレームにもとづきＦ氏は，COP10を契機に名古屋市から上流域に援助を行う水源基金の設立を構想，愛知県近郊のNGOによって組織される「流域部会」に参加し，部会長が病床に伏せた後は，会長代行としてその活動を牽引した。そこでは木曽川上流域長野県王滝村での名古屋市長を招いた100日前イベントの開催など，開催地自治体に焦点を絞った提言活動がなされた。この他流域部会は，名古屋市に自然史博物館の設置を求める運動なども行っている。ちなみにＦ氏自身は前述の運動経験から，当初CBD市民ネットのような政府・自治体・企業とも協調する運動のあり方に懐疑的だったとも語る。Ｆ氏からは，あくまで自らの現場の問題解決を図る手段として，COP10 や条約自体を捉えるしたたかさが見受けられる。

上記のように COP10 や条約自体を地域現場の問題解決を図るための手段とするという点は，次の G 氏も同様である［2013 年 10 月 31 日，2015 年 8 月 13 日 G 氏への聞き取り］。G 氏は東京都の高尾山をフィールドに，ネイチャーガイドやその他のイベントを企画する環境 NGO「虔十（けんじゅう）の会」で代表を務めている。こうした活動を始めたきっかけは，圏央道高尾山トンネル建設に反対する住民運動であった。また G 氏はこの反対運動に携わる傍ら，日本各地における同様の地域開発反対運動の支援活動も行ってきた。COP10 でもそれらの関係者をつなげるホットスポッターズミーティングを企画するなど，「地域ネット部会」の活動にかかわった。国際的な場でアピールすることによって地域現場の問題に光を当てる，またさまざまな地域現場の人たちをつなげ条約や国際会議を現場でも使えるものにするというのが，こうした活動を携わる G 氏のフレームである。

2）ユース

ユース（青年）とは，おおむね 30 代までの学生や若手社会人のことを指す。彼・彼女らは次世代を担う存在として，他の NGO とも独立に国際会議で発言権が与えられるなど，国連システムにおいて独特の地位を有している。

I 氏はこのユースによって構成される NGO「国際青年環境 NGO A SEED JAPAN」（以下「A SEED」，第 6 章 3 節 4 項も参照）で，COP10 当時共同代表の一人を務めていた［2016 年 8 月 7 日 I 氏への聞き取り］。A SEED は日本のユースによる NGO の中では比較的歴史のある団体で，地球サミット（1992 年）にユースの声を届けるため世界的に展開された A SEED 国際キャンペーンの一環から 1991 年に設立された。こうした経緯から国際会議への参加は，A SEED でも活動の柱の一つとなっており，たとえば 1997 年の気候変動枠組条約京都会議や，2002 年のヨハネスブルグ・サミットなどに団体としてかかわってきた経験を有する。

上記の国際会議への参加に際して，I 氏は A SEED の主要メンバーに共有されるフレームについて次のように語る。すなわち，「国際会議で決定権をもつ各国代表団は概して中高年であるのに対して，その影響を受けるのは自分たちユースで，次世代を生きるものとして国際会議に声を届けていく必要がある」，と。こうしたフレームから COP10 に向けてもユースの声を届けるため，I 氏は「生物多様性の損失をゼロに！プロジェクト」を立ち上げ，他のユースの NGO と共同で「がけっぷちの生物多様性キャンペーン」を展開した。これは第6章3節4項の遺伝資源をめぐる政策提言と合わせて，A SEEDによるCOP10に向けた活動の2つの柱であったという。その中では環境省の担当者を招聘したシンポジウム，また2010年7月の参議院議員選挙に合わせ模擬選挙などが実施された。またCOP10期間中にも70人近いユースが参加登録し，とくに愛知ターゲットの森林，過剰漁獲，保護地域といった個別目標により厳格な数値設定を求める政策班による提言活動，広報班による記者会見，またアクション班による各種のアピールなどが企画された。

3）異分野のNGO

環境系以外の異分野の二次メンバーには，途上国への援助に関心をもつ国際協力NGO，遺伝子組み換え作物の規制を求める消費者団体や生協を基盤とした団体（第6章3節2項参照）などが含まれる。

このうち国際協力系のネットワーク型NGOである「国際協力NGOセンター」（以下「JANIC」：Japan NGO Center for International Cooperation）の職員K氏は，COP10以前に国内・国際的な環境政策をめぐる提言活動にかかわった経験はなかったという［2015年2月12日K氏への聞き取り］。従来JANICが主にかかわってきたのは，日本のODA（Official Development Assistance：政府開発援助）政策であり，ODA政策は外務省の管轄なのに対して，生物多様性関連の環境政策は環境省をはじめそれ以外の省庁の管轄であるという提言先の違いがあった。ただし地球サミット以降国連レベルの政策においては，両者が同じ枠内に設定されることが少なくなく，とくに2006年ごろからJANICでも理事会などを通じて環境NGOとの連携の方向性が模索されてきたという。そうした中で環境NGOと国際協力NGOのつながりの契機となったのは，2008年G8北海道洞爺湖サミットに向けて結成されたネットワーク組織「2008年G8サミットNGOフォーラム」であった。JANICはその事務局を務め，また環境NGO側もCOP10前の助走段階だったため，後にCBD市民ネットの初期メンバーとなる多くの団体がその環境ユニットとしてかかわった。

JANICはネットワーキングを役割の一つとするNGOであったため，翌2009年度から環境NGOと国際協力NGOの連携促進事業を開始した。とくに両NGOの間ではNGOフォーラムで環境ユニットの事務局を務めた「環境パートナーシップ会議」職員のB氏が，CBD市民ネットでも呼びかけ人・運営委員として参加していたことから，両者をつなぐハブ的役割を果たしたという。また生物多様性の国民運動的な展開を目論む環境省からも，両NGOの連携推進に関する委託業務が告示され，JANIC は一般競争入札を経てそれを請負うこととなった（2009-10 年度，計約 800 万円）[4]。JANIC はその事業の中で CBD 市民ネット関係者を招き勉強会を開催，また市民ネット自体にも参加し，その内部に「生物多様性と開発部会」を立ち上げた。COP10 を機会とした両 NGO のネットワーキング，並びに環境と国際協力が重なる国際政策での途上国援助に関する提言というのが，JANIC の有したフレームである。

4）企業関係者

企業関係者の二次メンバーには，下記の N 氏の広告会社や，企業人の傍ら市場に自然資本の価値を内部化するための調査研究に携わる O 氏の NPO 法人などが含まれる。

このうち広告会社で当時環境コミュニケーション部部長を務めた N 氏も，従来同社の人間として NGO のネットワーク組織に参加するといった経験はなかったという［2015 年 6 月 17 日，8 月 3 日 N 氏への聞き取り］。ただし 2005 年気候変動枠組条約の京都議定書発効後，環境省が実施した「地球温暖化防止大規模「国民運動」推進事業」において，同社は業務委託を受託し（2006-08 年度，計約 56 億円），それ以降本業と一体となった環境ビジネスの開拓が模索されていた。N 氏自身が 2008 年社内に環境コミュニケーション部を創設したのも，この文脈である。一方で生物多様性に関しては，日本政府が COP10 開催地への立候補の動きをみせた 2006 年から，同社のライバル会社が有識者を動員した市場開拓を先駆的に試みていた［電通編 2008］。N 氏はそれとは違ったアプローチとして「生活者発想」という同社の理念に則り，「NGO の中に身を置いて，NGO の立場で考えていく」ことを試みた。これには生活者視点に立ったクール・ビズの考案など，温暖化防止事業で得た経験も下敷きになっていたという。

こうした経緯の中で N 氏は，社として CBD 市民ネットに参加し，社内のクリエイティブボランティア制度を活用した市民ネットのロゴの作成，一般市民向けの普及啓発ツールの作成，各種のメディア戦略などを担当し，また自身も「普及啓発部会」の部会長も務めた。N 氏は，これらを将来的なビジネス化を見越した「投資」「実践型研修」であったと語る。一方でこうした本業と一体となった参加に対して，

4）以降も含め，本文中環境省からの委託業務額は，『契約締結情報の公表』［環境省 2006-11］にもとづく。

当初はNGO参加者から厳しい風当たりを受けることもあったが，次第にNGOの一員としても受け入れられるようになっていったという。とくにN氏は，上記の一般市民向けの活動にとどまらずCOP10の普及啓発関連の決議案にも問題意識をもち，NGOの立場から議場内で発言するなど自ら政策提言も行った。これによって「実施団体」や「COP11での評価・共有」といった文言が盛り込まれ，最終決議文をより実行的なものにすることに貢献した。

■ 3-5　政策提言における集合的帰結

以上初期メンバーが採用した包摂戦略は，多様なメンバーの自発的参加を効果的に促したと評価できる。一方でこうした多様な主体の参加は，ネットワーク組織内の集合的な意思決定に，以下のような帰結をもたらした。

まずそれぞれの作業部会からさまざまな政策提言がなされたことによって，全体としてはそれらの体系化が不十分に終わったことが挙げられる。CBD市民ネット全体の『活動報告』でも，「ネットワーク全体の提言としての議論が不足し，[…]全体的には不統一との印象を持たれた」[CBD市民ネット 2011：2]と述べられている。同様にA氏もテーマごとの提言はある反面で，それを取りまとめる愛知ターゲットに関する作業部会は自らの運営における事務的負担から立ち上げることができず，一種の「後悔」があると語る［2013年12月13日A氏への聞き取り］。またこうした会全体での取りまとめという点にかかわりながらも，別の集合的帰結として次のものが挙げられる。

表5-3は，CBD市民ネットが会全体として発表した声明の一覧である。このうち①②⑦は国連生物多様性の10年に関するもの，③④は各国政府に意欲的な新戦略目標（愛知ターゲット）策定を求め，かつ達成のための行動を促すもの（第6章），⑤はアメリカ政府に条約締結を求めるもの，⑥は普及啓発関連決議にNGOの提言が反映されたことを評価するものである。これらは生物多様性への関心の低さに伴う2010年目標の失敗に対して，それにかかわる主体の拡大を目指すものとまとめられる。一方で⑧は日本政府が関係する国内の環境破壊に見直しを求めるもので，他のものより個別問題解決に焦点化した内容になっている。こうした個別問題に関する声明は，COP10期間前・中に発表されることはなく，終了後に1件提出されたに過ぎない。つまりCBD市民ネット会全体からの提言として，主体の拡大を目指す提言はなされやすかった反面，個別問題に関する提言はなされにくかったという傾向が見出せる[5)]。

表 5-3　CBD 市民ネット会全体からの声明の一覧
(『活動報告』の「巻末資料」[CBD 市民ネット 2011] から作成)

年	日付	声明
2010	5月7日	① 日本政府の国連生物多様性の 10 年決議案を歓迎する
	[日付不明]	②「国連生物多様性の 10 年 NGO イニシアティブ」の呼びかけ
	[日付不明]	③「CBD-COP10/MOP5 CSO 宣言」にあなたの署名を！
	10月16日	④ 国連生物多様性会議における市民社会の役割 ～地球上のすべての生命のために生物多様性の正義を求めて～
	10月28日	⑤ オバマ大統領へのアピール
	10月29日	⑥ CEPA 決議に関する共同声明
	12月21日	⑦ 70 億人のために，生物多様性の主流化へ向けた第一歩 ―国連総会で採決「国連生物多様性の 10 年」―
2011 年	3月7日	⑧「愛知ターゲット」の実現を阻む上関・原子力発電所，高江・米軍ヘリパッド，工事中止と計画見直しを求める！

ただしこの傾向は環境破壊の個別問題が当時存在しなかった，あるいは CBD 市民ネットのコア団体がそうした問題に元来無関心だったということを意味するのでは決してない。たとえば COP10 期間中の 2010 年 10 月 15 日，山口県上関町で原子力発電所建設のための埋立工事が再開されるという事態が発生した。これに対して市民ネットでは，あくまで各会員団体，作業部会として対応がなされた。これは先述の G 氏がかかわった各種のアピールの他にも，日本政府に工事一時中断を求める要請書や共同宣言の提出といったものである。これには CBD 市民ネットコア団体の中からも，初期メンバーを中心に 10 団体がかかわっている[6]。ちなみにこうした問題には海外の NGO によるネットワーク組織の方が積極的で，国内に環境破壊を抱えながら条約への貢献の謳う日本政府の姿勢を，“Biggest contradiction” [CBD Alliance 2010.10.29] と評している。

このように個別問題への対応に積極的な団体が一定数いる反面で，会全体としてはそうした提言がなされにくかったという傾向は，包摂戦略にもとづきながらも集合的に意思決定していく過程で不可避に生じたものといえる。先述のように多様な主体の自発的参加を促す包括戦略のもとでは，会全体にかかわる運営委員会が政策

5) ⑧は愛知ターゲットに反するのみならず，CBD 市民ネットの解散直前だったため，例外的に厳格な合意形成を要しなかったという [2015 年 8 月 13 日 G 氏への聞き取り]。

6) 長島の自然を守る会 [2010.10] の呼びかけ団体と JUCO [2010.10.22] の賛同団体。それ以外にも，CBD 市民ネットでは，沖縄部会から米軍基地の辺野古沖移設問題など，また会員団体から，長崎県諫早湾干拓問題などが，個別問題として取り上げられていた。

提言のテーマをあらかじめ設定するのではなく，各会員団体が自ら作業部会を組織し自発的に提言内容を作成するという組織形態が採用されていた。この組織形態のデザインにあたって初期メンバーは，各作業部会で作成された内容を会全体としても提言するといったことは，「あまり想定してなかった」[2015年9月1日A氏への聞き取り] と語る。ただし，CBD市民ネットにそのための場が存在しなかったわけではない。2009年11月市民ネット内部には「作業部会連絡会」が設置され，各提言内容の共有が図られていた。そしてこの連絡会は，会全体として提言する場合の意見調整の役割も担わされていた[7]。

しかしこうした場は，各会員団体，作業部会が抱える個別問題に会全体としても対応するという方向性を有さなかった。これには次の理由が想定される。まずある個別問題を会全体として対応するとした場合，別の問題も同様に対応せざるを得なくなり，結果として会全体の運営に過大な労力を強いることになる。またCBD市民ネットは多様な主体の自発的な参加を促す組織であるために，会全体として特定の個別問題解決に焦点化することは他の主体の自発性を損じることにつながりかねない。さらに個別問題への意見をめぐって会が混乱，ひいては分裂することは，多様な主体の参加を促すという目的上決して望ましいことではない [2015年9月1日A氏，2014年3月24日D氏への聞き取り]。なお市民ネットにおいて，当時これらの理由が明言され公式の方向性となっていたというわけではない。この方向性はコア団体の間で共有されていた，一種の「暗黙のルール」[CBD市民ネット 2011：72] であったという。

もっとも，こうした暗黙のルールに物足りなさを感じるコア団体がいたということもまた事実である。たとえばCOP10後の論考では，上関原発問題などにも積極的に反応する海外のNGOに比べて「自主規制気配が強かった」[大沼 2010] と述懐されている。またG氏は上記の運営上の理由に理解を示しながらも，「現場で取組んでいる人たちはすごい期待があった」「本来であれば，個別問題についても扱うべきだったと思う」と語っている [2015年8月13日G氏への聞き取り]。さらにCOP10後のCBD市民ネットの後継組織をめぐる構想の中でも，ある運営委員から「今後は個別の問題にかかわるべきと思う」という意見が上がっている [CBD市民ネット 2010.12.11]。

---

7) 「諸問題に対するスタンス」について，「作業部会間の調整は，作業部会連絡調整会議で行」い，この「プロセスを踏めば，作業部会の意見を市民ネット全体の意見として出すこともできる」[CBD市民ネット 2010.1.23]。

4 包摂戦略の帰結

本章では，生物多様性条約COP10に向けたNGOのネットワーク組織であるCBD市民ネットを対象に，運動組織間の連携形成について，とくに多様な主体の参加を促す連携戦略と集合的帰結に焦点を合わせながら分析を進めてきた。本分析から得られた知見は，以下のようになる。

まずCBD市民ネットにおいて初期メンバーの採用した包摂戦略は，異なるフレームの実践機会としてCOP10を位置づけることに成功し，多様な二次メンバーの連携参加を促していた。これは先行研究の指摘，とくに協働性を重視した連携戦略とそれにもとづく多様な主体の参加という知見とも合致する（Borland 2010）。またこうした多様な主体による連携は，対外的には市民ネットを市民セクターの統一体と認知させ，国連生物多様性の10年の採択など一定の政治的な影響力の発揮にも結びついたといえる。

一方本章で注目したいのは，その裏面として生じていたメンバーの多様化に伴う集合的帰結である。これについて本分析からは次の2つを指摘できる。1つは活動の「体系化」の限界である。これはさまざまな政策提言がなされたことで，「全体的には不統一の印象を持たれた」といった反省に相当する。

もう1つは「焦点化」の限界である。これは会全体からの政策提言において，主体の拡大といった生物多様性条約全般にかかわるものはなされやすかった反面で，個別問題に焦点化したものはなされにくいという傾向が生じていたことにあらわされる。ここで確かに上記の主体の拡大という点は，政府・自治体の問題意識とも合致していたもので，また初期メンバー自身のフレームの一つではあったが，本分析からはそれらの権力の行使によってその傾向が導かれたということは確認できない。というのもCBD市民ネットにおいて政策提言は，政府・自治体からの業務委託とは別に自律性が担保される助成金の枠内で配分され，また初期メンバー自身も会員団体，作業部会としては個別問題に関する提言を行っていたためである。本分析からこうした帰結は，包摂戦略にもとづきながらも集合的に意思決定していく過程で不可避に生じたものと考えられる。

上記の知見は，第2節で挙げた連携の帰結に関する区分にもとづけば，運動内的な帰結に位置づけられる（Staggenborg 2010）。中でも会全体からの政策提言をめぐる焦点化の限界は，個々のNGOとしてはそのポテンシャルをもつ反面，連携という集合的局面ではそれがなされにくいという制約が生じたていたことを意味する。

こうした知見は，多様な主体の連携参加によって政治的影響力の発揮が可能になるという単線的な先行研究の理解を越えて，多様な主体が連携に参加するからこそその影響力の発揮のし方に制約が生じてしまうという，連携の運動動態に対する影響を示唆するものである。

以上を整理すれば次のようになる。すなわち環境運動が政策過程に参入し，また地球環境問題のような複合的問題に対応するためには，特定の現場・問題・事業を横断する多様な主体の連携がしばしば求められる。このとき包括戦略のような多様な主体の参加を促す連携戦略は，メンバー数の増加によって政策過程での影響力の発揮につながりうるが，その連携が翻って集合的意思決定にもたらす帰結として，活動の体系化や焦点化の限界というトレードオフが生じうる。なお本分析の知見は，地球環境問題をめぐるもののようなメンバーの多様性が大きい連携により適合的と想定される。もちろん多様性が小さい連携でも焦点化されえない個別問題は生じうるが，それは本分析の経路より権力行使といった別の経路の可能性がある。

もっとも本章の知見は，NGO が連携を形成し政策提言活動を試みること自体に一定の限界があるということを意味するものではない。上記の個別問題の焦点化をめぐる限界に関しても，その裏を返せば連携内の集合的意思決定の仕組み，あるいはメンバーの多様性自体を一定に留める連携戦略次第では，集合的局面でも有効に焦点化を行う経路はありうる。今後の課題としては，そうした多様なメンバー間での意思決定の仕組みや多様性の範囲づけの戦略を検討することが挙げられる。

最後に前述の運動動態への影響は，先行研究で示唆されるもう一つの連携の帰結，運動外的なターゲットに対する影響（Staggenborg 2010）についても，その影響の与え方という点で関連している。すなわち本事例では集合的に提言内容が焦点化されにくく，とくに環境破壊の個別問題について政府に批判的な立場がとられにくくなっていた。このことは結果的に環境省の路線を補強するという提言内容が，運動外的なターゲットに対する影響の与え方の傾向となるという帰結を導いていたといえる。

このように会全体として政府への批判的な提言が潜在化していたということは，次章で検討するような CBD 市民ネットを構成する NGO と行政機関のセクター横断的連携の形成局面においても，一定の正の効果をもたらしたと考えられる。次章ではこのことを一つの背景とした上で，上記のセクター横断的連携の形成条件，及びその選択性について政策分野ごとの比較分析を試みる。

第6章
行政-NGO 間の連携形成をめぐる比較分析

1 日本政府に向けた政策提言

前章では生物多様性条約 COP10 に向けた NGO の政策提言活動について，組織的な基盤となった CBD 市民ネットの連携戦略と，その戦略がもたらした運動内的な帰結に注目しながら分析を進めてきた。中でも包摂戦略に伴う帰結として，集合的な政策提言では個別問題への焦点化がなされにくく，それによって環境省の路線を補強するという提言内容が会全体的な影響の与え方の傾向となっていたことを明らかにした。

本章では同じく COP10 に向けた政策提言活動を事例に，NGO と行政機関とのセクター横断的な連携に焦点を合わせながら分析を行う。序章と第 2 章で検討したように，先行研究ではセクター横断的連携について，複雑化・多様化した環境問題への対応，新たな運動のあり方といった観点から，その理念的意義が強調されてきた反面で，連携形成条件の特定，及び選択性の考察は従来看過される傾向にあった。それに対して本章では，政策分野ごとの比較分析を通じて上記の連携形成条件，選択性を明らかにすることを試みる。なお COP10 に向けては，多岐にわたる NGO が同時並行的に政策提言活動を繰り広げていた。こうした特徴から本事例は，時の政治情勢といった外部環境をある程度統制した上で，政策分野ごとにセクター横断的連携の形成条件を比較分析することに適している。

CBD 市民ネットでは，その内部に 15 の作業部会が政策分野ごとに設置されていた。ただしこれらすべての部会が，日本政府に対する働きかけを活発に行っていたわけではない。その中には「勉強会」程度に終始するところもあり，部会ごとの温度差もあったという［2013 年 12 月 13 日 A 氏への聞き取り］。そのため本章では上記のうち，CBD 市民ネットの『活動報告』「CBD 市民ネットロビーイングの記録」から，COP10 開催（2010 年 10 月）以前の準備段階において，複数回にわたる日本政府関係者との交渉が確認できる作業部会を分析対象とする［CBD 市民ネット 2011：10］。ここでそれに該当するのは，「水田」「国連生物多様性の 10 年」「遺伝子組み換え作物の規制」「遺伝資源へのアクセスと利益配分」について政策提言を行った次の 4 つの部会である。

第 1 に水田部会は，日本国内の湿地をめぐる問題にかかわってきた NGO のメンバーによって結成されたものである。この部会は 2008 年 10 月に韓国で開催されたラムサール条約 COP10 の成果である「水田決議」を引き継ぎ，その実施強化を求める決議の採択のため，生物多様性条約 COP10 に向けた提言活動を展開した。

第 2 に国連生物多様性の 10 年（以下「UNDB」：United Nations Decade on Biodiversity）部会も水田部会と関連が深く，発案者並びにその作業部会部会長は同 NGO のメンバーである。この議題は CBD 市民ネット全体にかかわるため，市民ネットの運営委員が部会を構成し，COP10 及びその後の国連総会での採択に向けた働きかけが行われた。

第 3 に遺伝子組み換え作物（以下「GM 作物」：Genetically Modified Organism）の規制に関して生物多様性条約では，2003 年にカルタヘナ議定書が発効しており，その締約国会議である MOP（Meeting of Parties）は条約本体の COP の前週に別途開催されている。COP10 前週に開催されたカルタヘナ議定書 MOP5 については，いわゆる「石けん派生協」をはじめとする消費者団体が基盤となって MOP5 部会を結成し，その中心的な議題であった「名古屋・クアラルンプール補足議定書」の採択に向けて政策提言が行われた。

第 4 に ABS 部会である。COP10 において最も重要かつ論争的な議題の一つだったのが，この遺伝資源へのアクセスと利益配分（以下「ABS」：Access and Benefit Sharing）をめぐる「名古屋議定書」の採択であった。名古屋議定書の採択に向けて立ち上げられた ABS 部会には，ユースによって構成される NGO のメンバーがかかわり，政策提言のためのプロジェクトが展開された[1)]。

一方日本政府側で上記の各政策分野にかかわったのは，次の中央行政機関である。まず水田については環境省と農林水産省，UNDB については外務省，GM 作物の規制については農水省である。また ABS については，経済産業省が従来大きな権限を有してきたが，名古屋議定書の採択をめぐる国際交渉の過程では，外務省がその中心的な役割を担った。なおそれぞれの政策分野にはその他の省庁もかかわり，日本政府内の立場は必ずしも一枚岩ではない。しかし COP10 に向けては上記の行政機関に一定の権限が集約されており，NGO側の政策提言活動もこれらの行政機関を主な提言先として展開されていた。したがって本分析では，これらの行政機関とNGOとのセクター横断的連携の可否を分析対象とする。ここでその他の行政機関や政党といった政府セクターの主体，また企業の利益団体といった産業セクターの主体の動向については，分析にかかわる限りで触れることとする。

またCOP10に向けて日本政府側からは，最終的にNGOとのセクター横断的連携が形成された政策分野はもとより，形成されなかった分野についても，NGOが政策提言を行う議題自体に関して，あらかじめ採択の意思が示されていた。すなわち本事例においてNGOと行政機関は，それぞれの議題の扱いについて真っ向から対立していたわけではない。もちろん議題内容の中身について意見の違いがあるが，その議題の採択の意思という基本方針のレベルに限っては，両者は一致していたといえる。そのためCOP10に向けてNGO側で課題となっていたのは，「そうした基本方針の一致のもとで，行政機関といかに連携を形成しながら政策提言の内容を反映させるか」ということであった。

さらに前章冒頭で指摘したように，COP10及びそれに向けた日本政府の多様な主体の参加の奨励という方針は，NGO側にとって千載一遇の政治的機会となっていた。加えて2009年8月に起こった第45回衆議院議員総選挙に伴う自民党から民主党への政権交代（2012年12月まで）も，この機会の効果をさらに高めるものであった。政権交代の影響は4つの作業部会すべての関係者によってある程度語られ，たとえば院内学習会における国会議員の熱心な対応，関係副大臣級との交渉の場の設定といった形で，NGOの政策提言にとって追い風になったとされる［2016年7月13日C氏，2016年7月21日M氏，2016年8月7日I・J氏への聞き取り］。

次節では上記の政治的機会をあらかじめ共通する外部環境とした上で，NGOと行政機関のセクター横断的連携を念頭に置いた分析枠組を設定する。そして第3節以降では，4つの政策分野ごとに上記のセクター横断的連携の形成過程を分析する。

1）上記のようにそれぞれの政策提言のターゲットは，法的拘束力をもつ「議定書」か，それをもたない「決議」かという違いがある。こうした違いは議題自体の重要性を左右するもので，そのことがセクター横断的連携自体の形成のされやすさにも関連していると想定される。一方COP10で採択された名古屋・クアラルンプール補足議定書と名古屋議定書は，その批准に伴い制定される国内法によって具体的な措置が決定される性格の強いものである。逆にいえば議定書それ自体がもつ法的拘束力は，たとえば気候変動枠組条約における京都議定書と比べて限定的なものでしかない。そのため本章の分析では，議定書と決議の違いをあらかじめ割り引いて考察したものである。この点については，とくに留意されたい。

その後の第4節では比較分析のアプローチから連携形成条件，及びその選択性を考察し，最後に第5節で小括を述べることとする。

2 比較分析のための分析枠組

戦略的連携論の視角をベースとして，本章では次のものを比較分析のための分析枠組とする。ここで注目するのは，共通する外部環境である「政治的機会・脅威」を除き，「先行する紐帯」「組織フレーム」に関するものである。

第1に「先行する紐帯」について先行研究では，社会運動組織の有する紐帯が「強弱」によって区別されている（Diani 2011）。ここで「弱い紐帯」とは，情報交換などアドホックなもの，一方で「強い紐帯」とは，メンバーシップの重複や資源の交換関係などより持続的なもので，後者の方が集合行動の発生に影響を与えるとされる。本章ではこの区別に示唆を得ながら，先行する紐帯について次の点に着目する。すなわちNGOと行政機関の間で，断続的にでも「意見交換」をするようなつながりをあらかじめ有しているか，あるいは特定のプロジェクトを通じた「協働経験」がこれまでにあったかということである。前者の方が弱く，後者の方が強い紐帯である。そして先行する紐帯がまったく「存在しない」場合，セクター横断的な連携は形成されにくく，「意見交換」の場合は中程度，「協働経験」がある場合は連携が形成されやすいと想定される。

第2に「組織フレーム」について，NGO側の政策提言に関する次の2つの側面に注目する。まず提言内容に含まれる「専門知」のあり方である。こうした専門知に関して帯谷博明は，「領域（分野）横断的で地域性を有したローカルな知のまとまり」（帯谷 2004：292）に着目しながら，それによってNPOをはじめ市民セクター側と行政側との協働が可能になると提起している。なぜなら市民セクター側はそうしたローカルな知を有するが，行政側は人事制度上の問題からそれを有し得ず，そのため結果的に市民セクター側に比較優位性が生じるためである[2]。このことを敷衍すれば，NGO側がローカルな知に代表される「希少な専門知」を有する場合，行政側もそれを重視しセクター横断的連携の形成が促されると想定される。

2）ローカルな知自体の重要性については，序章で検討した環境社会学の協働研究の先行研究でもたびたび指摘されてきた。また科学社会学では，ローカルな知にもとづきながら科学者とは別の合理的態度が形成される過程を丹念に分析したものとして，イギリス・ウィーンズケール原子力施設近隣の牧羊農家に関する研究（Wynne 1996=2011）がある。

次にNGO側の提言内容における解決策の担い手のあり方が，重要なポイントとなるだろう。この点提言内容において，後の実施体制におけるNGOを主体とした事業があらかじめ見込まれている場合，すなわち「NGO事業型」である場合，それは第1章で検討したような行政側の近年の期待と合致するばかりでなく，政策実施にかかわるコストが相対的に低くなるため，セクター横断的連携は形成されやすいと考えられる[3)]。

一方で提言内容が「他者実施型」である場合，すなわち政府セクター側に何らかの制度的措置を要請するものや産業セクター側にその遵守を求めるといったものである場合，行政側は自ら制度的措置の策定・実施や，関連業界との調整に高いコストを負うため，NGOとの連携を形成しにくいと想定される。またそのコストは，当該の行政機関の従来の方針と食い違う場合やそれを取り巻く関連業界から対抗的な政策提言がなされている場合には，いっそう高くなるだろう。そしてこうした場合，行政側はなおさらNGOとの連携を避けると考えられる。

最後に被説明項となる「セクター横断的連携」について，第2章では連携を「複数の組織が，相互の自律性を有しつつ，特定のプロジェクトにおいて一緒に活動すること」と定義した。これをもとに本章の分析では，NGO側の提言内容が政府側にも採用されるような「協働立案」の関係性が成立することをもって，「セクター横断的連携が形成された」とする。それに対して単にNGOと行政機関との間に「意見交換」の場が設定されることは，本章では連携に含めない。

以上の分析枠組に着目しながら次節では，生物多様性条約COP10に向けた政策提言活動の過程について，政策分野ごとに検討していく。

3　政策分野ごとの政策提言過程

3-1　水田をめぐる政策提言

水田は農地という二次的な自然であるが，イネの生産以外にも水生生物の生息地，また渡り鳥の飛来地になるなど生物多様性にとって重要な場所である。一方これまで国際条約において水田は，産業の場としてのみ捉えられ，その環境負荷的な側面ばかりが強調されてきた。それに対して水田を国際条約上の「湿地」と定義し，保

3) これに関連してたとえば宮永健太郎は，滋賀県野洲市の環境基本計画策定における市民参加が「実施段階でのそれらの参画とパートナーシップを明確に見すえて」（宮永 2011：118）デザインされたものであったことを報告している．

全と持続可能な利用の対象とするという新たな考え方を示したのが，ラムサール条約の水田決議（X.31「湿地システムとしての水田の生物多様性向上」，以下「ラムサール水田決議」）であり，さらにその実施強化を謳ったのが，生物多様性条約の水田決議（「農業生物多様性決議」第18，19項，以下「CBD水田決議」）である。本節の主な対象は生物多様性条約COP10で採択された後者であるが，上記の性質から前者も深くかかわるため，以降ではラムサール水田決議も含めた政策提言活動の過程を記述していく。

両条約の水田決議を発案し採択に向けた提言活動を展開した「ラムサール・ネットワーク日本」（略称「ラムネットJ」）は，2008年10月韓国でのラムサール条約COP10に向けて同年3月に結成され，その後生物多様性条約COP10に移行する段階の翌年4月に現名称で設立された団体である。このラムネットJは主に国内の湿地をめぐる地域開発問題，とりわけ長崎県諫早（いさはや）湾干拓や愛知県藤前干潟の埋め立てなどに長らく取り組んできた「日本湿地ネットワーク」から派生，独立したものである。

後に水田決議につながることになる動きが最初に起こったのは，2000年代前半であった［2016年7月13日C氏への聞き取り；柏木2015.5.27, 2015.6.21；呉地2008.7, 2010.7］。この時期日本湿地ネットワーク内部には，宮城県大崎市でガン類の越冬地を分散させる事業に取り組んできたメンバーの流れと，日韓のNGOの橋渡しをする中で共通課題を模索してきたメンバーの流れがあり，その双方で水田が着目されるようになっていた。また2002年に開催されたラムサール条約COP8では，「農業に関する湿地及び水資源管理」に関する決議が採択され，環境負荷を減らす農法の積極的支援といった農地における持続可能な利用に向けた対策が，一つの議題として立ち現われ始めていた。このもとで上記の双方の流れが組み合わさり，持続可能な利用を具体化したものとして水田を位置づける試みが構想されるようになった。2004年には韓国で水田に関する国際シンポジウムを開催し，また翌年には後のラムサール水田決議につながる最初の決議文NGO案が作成されている。

上記のように国際条約の議題も水田決議に向けた動きのきっかけとなっているが，日本湿地ネットワーク，またラムネットJにも引き継がれている活動目的の核とは，「地域現場の問題解決を支援すること」であるという。国際条約はあくまでそのサポートの手段として活用されるもので，逆に自己目的化し国際条約の議題のみを追いかけることは否定される[4]。

上記の宮城県大崎市での取り組みからは，同市の「蕪栗（かぶくり）沼・周辺水田」が広く水田を含んだものとして初めて，2005年にラムサール条約湿地に登録された。この周辺水田は，1990年代後半からラムネットＪのメンバーが，湿地の減少によって一部の越冬地にガン類が集中することに伴う農作物被害や伝染病のリスクといった問題に対応するため，冬場田んぼに水を張る「ふゆみずたんぼ」の取り組みを提唱，普及させてきた地域である。このふゆみずたんぼは，スペインの農法や日本の江戸時代の農書に着想を得たもので，ガン類の分散を促すばかりではなく鳥の糞が肥料となり，また雑草を食べることによって除草剤が不要になるといった効果にもつながる。そしてそれは化学肥料や農薬に強く依存した近代的農法を見直す視点を示すもので，水田における持続可能な利用に貢献する試みであった［呉地 2007, 2013, 2013.12.17］。

こうした地域現場の取り組みは，上記のラムネットＪの活動目的からも重要視されるもので，また同時に従来とは別の運動のあり方をも示唆していた。というのも諫早湾干拓に象徴されるような対立的な運動では，NGO側が圧力をかけることで，かえって政府側もかたくなになるという袋小路に陥ってしまうためである。一方で水田をめぐる運動は，そのオルタナティブとして政府と協力関係を取りながら変革を目指すというアプローチを，象徴的にあらわしていた。

以上の問題意識から，ふゆみずたんぼのような地域の取り組みを支援しさらに普及させていくため，ラムサール条約COP10での水田決議の採択に向けた運動が展開された。このとき日韓のNGOは定期的に日韓湿地フォーラムを開催するなど，相互に連携して提言活動を進めた。ここで日本政府側の主な提言先となったのは，環境省自然環境局野生生物課と農水省大臣官房政策課である。

このうち環境省側とは，これまでもラムサール条約湿地の登録数増加を働きかけてきた経緯から，すでに一定の意見交換を行う関係性があった。一方で農水省側とは，従来諫早湾干拓問題を通じて，とくに農村振興局と対立してきた経緯があり，また同省がラムサール条約のCOPにかかわること自体も，このときが初めてであった。さらにNGO側の水田決議の提案に対して環境省側は，蕪栗沼・周辺水田が条約湿地として登録されたこともあって，そのアイディア自体は尊重していた。この点で環境省は，2001年度からは農水省と連携し里地里山対策の一環として「田んぼの生きもの調査」を実施してきた経緯があり，水田決議の提案はそれとも軌を一

4）この観点からは水田＝農地を持続可能な利用の場として位置づける試みも，たとえば諫早湾干拓による農地の造成を正当化することにつながるといった懸念から，当初ジレンマを感じることもあったという［2016年7月13日C氏への聞き取り］。

にしたものであった[5]。一方でその提案を政府案として受け入れるということについては，環境省側も当初積極的ではなかった。というのも水田は私有地にかかわるため，行政的介入が難しいことによる。これに関連して，農水省側はさらに消極的であったという。

こうした中で採択に向けた動きが加速したのは，2008 年 1 月のアジア地域準備会合以降である。このとき日韓の NGO は連携して両政府に働きかけ，その結果先に韓国政府が政府案として，水田決議の提案を受け入れることを表明した。それに日本政府も歩調を合わせ，同年 10 月のラムサール条約 COP10 では日韓両政府から水田決議が共同提案される運びとなった。ラムサール条約 COP10 の審議では多くの意見が出たものの，非公式小委員会で調整がなされ最終的に採択されるに至った。

こうして実現したラムサール水田決議という成果を受けラムネット J 側では，それを生物多様性条約 COP10 につなぐ架け橋として活用していくことが構想された。これはラムサール条約の締約国ばかりではなく，生物多様性条約の締約国にも取り組みを広げていく必要があること，また生物多様性条約 COP10 での決議も実現すれば後に日本政府の生物多様性国家戦略でも実施が担保されることにつながり，それによってラムサール水田決議の機能強化が図れることによる。

生物多様性条約 COP10 に向けては，以上のラムサール水田決議の過程で得た環境省，農水省との紐帯がセクター横断的連携に深化していったといえる。2009 年 7 月からはラムネット J の働きかけを通じて，両省との間に「水田決議円卓会議準備会」という交渉の場が定期的に設定されるようになり，その中で CBD 水田決議が発案され決議文案の調整がなされた[6]。このとき両省は，ともに CBD 水田決議の採択に向けて積極的であった。とくに農水省側はラムネット J 側が作成した原案に対して戦術的なアドバイスをし，また COP10 における議題の実質的なインプット

5）2001 年度の田んぼの生きもの調査に際して環境省側は，「今後とも，農林水産省との連携調査を生物多様性の保全に資するよう積極的に推進」していく方針を示し，また調査を通じて「農業農村整備上の改善が図られ，多様な生きものの生息環境が確保されること」[『かんきょう』2002.4：27］を期待していた。

6）水田決議円卓会議準備会は COP10 準備段階に計 10 回，またそれ以降も続き 2016 年 7 月までには計 52 回開催されている。なおこの準備会には，渡良瀬遊水地（茨城県・栃木県・群馬県・埼玉県）と円山（まるやま）川下流域・周辺水田（兵庫県）についてラムサール条約湿地登録に向けた動きが進められていた関係から，毎回ではないが国土交通省総合政策局環境政策課の担当者も出席していた。ただしこれは CBD 水田決議に向けた過程からは少し離れるため，ここでは注記するに留める。

表 6-1　水田・UNDB をめぐる提言活動関連年表

年	水　田	国連生物多様性の 10 年（UNDB）
2007	1 月：日本政府，生物多様性条約 COP10 開催地への立候補を閣議決定	
	7 月：第 1 回日韓 NGO 湿地フォーラム開催	
2008	1 月：ラムサール条約 COP10 アジア地域準備会合 2 月：ラムネット J（旧名称）結成	
	5 月：生物多様性条約 COP9・カルタヘナ議定書 MOP4 @ドイツ・ボン	
	10 月：ラムサール条約 COP10 @韓国・チャンウォン	
2009	**1 月：CBD 市民ネット設立**	
	4 月：ラムネット J（現名称）設立	
	7 月：第 1 回水田決議円卓会議準備会開催	
	9 月：民主党への政権交代	
		9 月：「1 年前プレシンポジウム」，UNDB の発案
		11 月：CBD 市民ネット内に，UNDB 作業部会設立
2010	5 月：生物多様性条約 SBSTTA14 @ケニア・ナイロビ	5 月：日本政府，UNDB の提言受け入れ
	10 月：生物多様性条約 COP10・カルタヘナ議定書 MOP5 @日本・名古屋	
	11 月：「田んぼの生物多様性向上 10 年プロジェクト」立ち上げ	
		12 月：国連総会，UNDB 正式採択

の場となった 2010 年 5 月の第 14 回科学技術助言補助機関会合（ケニア・ナイロビ）では，ベルギー政府から修正意見が出る中で，政府代表団レベルの調整の場にも NGO として参加の機会が与えられたという。

ここでこの CBD 水田決議をめぐる提言活動では，後の政策実施における NGO を主体とした事業があらかじめ見込まれていたといえる。水田部会の提言をまとめた『ポジションペーパー』では，COP10 後の展開を踏まえた優先的課題として次のことが述べられている。

> 3）COP10 で採択予定の，「国連生物多様性の 10 年決議」の具体事例を意識した，「水田の生物多様性の保全・回復 10 年計画」（仮）を，農業従事者，消費者，先住民・地域住民，行政，FAO 等と協働して策定し，それに基づく行動を開

始する。［水田部会・ラムネットJ 2010.9：44-7］

これは後述の国連生物多様性の10年をめぐる提言ともかかわるが，ラムネットJ自身の文脈では先の宮城県大崎市における事例を発展的に展開させたもので，関連する地域現場の取り組みを全国的に支援し普及させていくための事業と位置づけられる。またそれ以外の優先的課題でも，水田における生物多様性の持続可能な利用，農法，それを通じた環境教育などにかかわる，さまざまな普及啓発活動が挙がっている。これらについてラムネットJ側では，COP10直後の2010年11月から「田んぼの生物多様性向上10年プロジェクト」（第7章3節）が立ち上げられている。

以上の経過をもってCBD水田決議は日本政府案として提出され，COP10において採択された。なおラムネットJ側は，宮城県大崎市での取り組みから水田の生物多様性と収穫量の関連，ふゆみずたんぼでのマガンなどの飛来量と収穫量の関連などについて，地域現場に根ざしたオリジナルなデータも有していた。ただしこれはCBD水田決議の立案過程では，データに限界があるということを論拠として，必ずしも行政側にも注目されたわけではなかったという。

■ 3-2　国連生物多様性の10年をめぐる政策提言

国連生物多様性の10年（UNDB）は，上述のCBD水田決議をめぐる提言活動と関連が深いものである［2016年7月13日C氏への聞き取り；柏木2011.5.22；UNDB部会2010.9］。2009年9月に開催された生物多様性条約1年前プレシンポジウムにおいて，先の宮城県大崎市での取り組みに携わるメンバーがこのUNDBを発案した。これに他のCBD市民ネットのメンバーも賛同し，同年12月には作業部会が設立，別のラムネットJのメンバーが部会長に就任し，市民ネットの運営委員，主に首都圏に事務所を置く全国規模のNGOのメンバーがUNDB部会の構成員となっている。

ここでUNDBが発案された背景には，次のことがある。まずCOP10では，2020年までの新戦略目標である愛知ターゲットの採択が予定されていた。これに対してUNDBの目的は，愛知ターゲットの達成に向けた行動を生物多様性条約の締約国ばかりではなく，世界全体に広げていこうというものである。それによって生物多様性条約を批准していないアメリカ，また国連下位の国際機関，たとえば国連開発計画や世界保健機関，世界銀行でも，その行動が奨励されることとなる。

またより国内的には，2010年の国際生物多様性年に向けた体制を愛知ターゲットの達成に向けたものに継続，発展させるという意味合いがあった。この国際生物多様性年に向けては，関係省庁，自治体，経済界，NGOも含む国内委員会が設置されるなど，多様な主体による交渉の機会が開かれていた。またことNGOにとっても，国内体制の継続は，たとえばそれと結びつけた助成金の獲得がしやすくなるといった自らの事業展開にもつながる。これらのことが念頭に置かれUNDBの採択に向けた提言活動は，CBD市民ネット全体の課題として推進されることとなった。

日本政府への働きかけは2009年末から始まった。同年11月に開催された政府主催の円卓会議では，CBD市民ネット側から自らUNDBの実現に向けて取り組むことが発表されている。ここで主要な提言先となったのは，環境省自然環境局自然環境計画課と外務省国際協力局地球環境課で，主に後者が実質的な権限をもった。

また先行紐帯に関して，環境省側とはすでに意見交換をする関係性があったが，外務省側とはこれまでほぼそうした紐帯がなかったとされる。また環境省側は，当初からUNDBのアイディアを好意的に受け取っていた。一方で外務省側は消極的ではなかったものの，初期段階の交渉は決してスムーズにいかなかったという。これは日本政府が実施に向けた資金も含め，重い責任を負うことになるためである。外務省側への働きかけは半年以上続き，2010年5月にようやく採択に向けてまとまった。

このUNDBをめぐる交渉の中で日本政府から提示されたのが，「NGO側は単に提案だけをし，その実施に関与しないということがないように」ということである。すなわち愛知ターゲット，並びにUNDBの最終年である2020年までNGO自ら活動を継続することが，交渉における争点の一つとなっていた。これに対してCBD市民ネットでは，上記の活動継続の意思をあらかじめ提言段階においても明確化するため，「国連生物多様性の10年NGOイニシアティブ」が企画された。これは次の宣言に賛同する国内外の団体を呼びかけ，登録するというものである。

1. 私たちはCBD-COP10および国連総会において「国連生物多様性の10年」決議が採択されることを支持します。
2. **COP10で採択される生物多様性戦略目標の2020年までの達成に向けて行動します。**［CBD市民ネット 2010.5.18，強調は筆者による］

これは，後に愛知ターゲットの意欲的な目標設定も内容に含めた「CBD-COP10/MOP5 CSO宣言」と合わせて会期中にわたって呼びかけられ，最終的に計789の署名を集めた［CBD市民ネット 2011：22］。こうしたNGO側が自らの活動についてあらかじめ意思表明することは，日本政府がUNDBの提案を決断するにあたっても「決め手の一つ」[柏木 2011.5.22] になったと述懐される。UNDBは事前の2010年9月の国連総会でも多くの国から支持を得て，COP10で日本政府案として提案・採択，その後の2010年12月の国連総会で正式に採択された。

■3-3　遺伝子組み換え作物の規制をめぐる政策提言

生物多様性条約におけるカルタヘナ議定書は，遺伝子組み換え作物（GM作物）[7] の国境を越える移動について一定の手続きを定めるもので2003年に発効した。このカルタヘナ議定書の採択時に意見の隔たりが解消できず結果的に積み残しとなったのが，「責任と修復」（第27条）の条項である。これは上記の移動によって生物多様性の保全とその持続可能な利用，そしてヒトの健康に被害が出た場合，誰が責任を取り，またどのように生物多様性を修復し賠償するのかを定めるものである。責任と修復条項は，カルタヘナ議定書の発効後「作業を4年以内に完了するように努める」とされていたが，長らく合意に至らず，2010年のCOP10に伴う同議定書MOP5で，ようやく「名古屋・クアラルンプール補足議定書」（以下「N-KL補足議定書」）として採択された。

なお責任と修復条項をめぐる国際交渉の構図は，アメリカ，カナダ，アルゼンチンを中心とする食料輸出国と，アフリカグループ，マレーシアといった途上国・食料輸入国の対立として整理できる。その中で輸出国側は，議定書の文言に柔軟性をもたせ，関連企業などにあまり責任が及ばないように発言してきたのに対して，途上国・輸入国側は，厳格な責任を課し，賠償や修復の方法についても明確化するように要求してきた。ただし上記の食料輸出国は，カルタヘナ議定書自体を批准しておらず，オブザーバー参加は可能であるものの，議決権を有していない。そのため輸出国側の意見を代弁する存在として，従来中心的な役割を果たしてきたのが日本である。日本は食料輸入国であるにもかかわらず輸出国側に立ち，とりわけ2008年のMOP4では責任と修復条項の合意に抵抗する最大の勢力であった。ただし後述のようにカルタヘナ議定書MOP5に向けては議長国としての立場もあって，日本政府側もN-KL補足議定書の採択に向けた方針を示していた。ちなみに責任と修

7）カルタヘナ議定書における対象の正式名称は，「遺伝子組換え生物」（LMO：Living Modified Organism)」であるが，一般には「GM作物」「GMO」といった表記の方が普及しているため，本書でもその表記を用いることとする。両者には，LMOが生きているもののことを指すのに対して，GM作物，GMOは加工・精製された製品なども含むという違いがある。

表 6-2　GM 作物規制・ABS をめぐる提言活動関連年表

年	遺伝子組み換え（GM）作物規制	遺伝資源へのアクセスと利益配分（ABS）
2007 年	1 月：日本政府，生物多様性条約 COP10 開催地への立候補を閣議決定	
2008 年	5 月：生物多様性条約 COP9・カルタヘナ議定書 MOP4 @ドイツ・ボン	
		7 月：G8 北海道洞爺湖サミット
2009 年	1 月：CBD 市民ネット設立	
	2 月：第 1 回共同議長フレンズ会合@メキシコシティ（MOP5 の事前会合）	2 月：A SEED JAPAN，プロジェクト開始
		4 月：第 7 回 ABS 作業部会@パリ（COP10 の事前会合）
	5 月：MOP5 市民ネット設立	
	9 月：民主党への政権交代	
	10 月：最初の院内学習会開催@衆議院議員会館	11 月：第 8 回 ABS 作業部会@モントリオール
2010 年	2 月：第 2 回共同議長フレンズ会合@クアラルンプール	
		3 月：第 9 回 ABS 作業部会@コロンビア・カリ
	6 月：第 3 回共同議長フレンズ会合@クアラルンプール	
		7 月：第 9 回 ABS 作業部会・再会合@モントリオール
		9 月：第 9 回 ABS 作業部会・再々会合@モントリオール
	10 月：生物多様性条約 COP10・カルタヘナ議定書 MOP5 @日本・名古屋	

復条項に関して EU は，とくに 2010 年 2 月の準備会合まで日本と同様に輸出国寄りの立場から発言をしていた[8]。

N-KL 補足議定書に向けた政策提言は，全国各地の「石けん派生協」の活動や消費者運動から派生，展開していった［2016 年 7 月 20 日 M 氏への聞き取り；天笠 2009, 2009.8.15, 2010.11.19, 2012.12；真下 2009.5.19, 2010.5.13, 2010.5.27, 2010.8.7, 2010.11.10］。石けん派とは，自然環境や健康面でのリスクを伴う合成洗剤の使用に問題を提起し，石けんの使用を推進してきた生協の総称で，生活クラブ生協，グリーンコープ，コ

8）EU 加盟国には GM 作物に関して厳しい規制を主張する国も，それを推進する国も存在する。ここで 2010 年 2 月の第 2 回共同議長フレンズ会合まで，EU が食料輸出国寄りの発言をしてきた背景には，EU の意見を代表する EC（欧州委員会）が，加盟国の意見調整する上で十分機能していなかったことがあるとされる［MOP5 市民ネット 2010.9：31–2］。

ープ自然派などが代表的なものである。GM 作物についても，これらの石けん派生協を母体に日本消費者連盟が事務局となって，1996 年に「遺伝子組み換え食品いらない！キャンペーン」（以下「キャンペーン」）が結成され，とりわけ MOP5 に向けては，2009 年 5 月に「食と農から生物多様性を考える市民ネットワーク」（略称「MOP5 市民ネット」）が設立された。

GM 作物についてキャンペーンが当初から一貫して主張してきたのは，「情報公開と市民参加」である。日本では社会的コンセンサスがないにもかかわらず，バイオテクノロジーが推進されてきた歴史があり，本来前提であるべき情報公開と市民参加を求めていくことが，その運動の柱であるとされる。こうした中でキャンペーンが MOP5 に向けて展開することになったのには，大きく 2 つの流れがある。一つは 2000 年代前半からヨーロッパの GMO フリーゾーン運動と連携してきたことである。GM 作物をめぐる運動は，世界的にはヨーロッパで先行されてきた経緯があり，キャンペーンも毎年その大会に参加しそれらと親交を深めてきたという。

もう一つは，カルタヘナ議定書の批准に伴い制定された「遺伝子組換え生物等の使用等の規制による生物の多様性の確保に関する法律」（略称「カルタヘナ国内法」）について，改正を求めてきた流れである。カルタヘナ国内法は議定書実施のため，GM 作物を野外で栽培する場合（第 1 種使用），事前に生物多様性への影響を評価し承認を得ること，また施設内で使用する場合（第 2 種使用），拡大防止措置を講じることなどを定めているが，その内実に対してはさまざまな問題点が指摘されている。たとえば予防原則に立っていないこと，農作物への影響や実質的には動物への影響も対象外としていること，輸送時の種子のこぼれ落ちについて規制力をもたないことなどである［天笠 2015.7］。

中でも上記のこぼれ落ちについては，種子が自生し近縁野生種と交雑すれば，生態系の汚染が生じ，また農作物と交雑すれば，現在日本国内では GM 作物が栽培されていないにもかかわらず，知らず知らずのうちに同じ状況が成立し，最終的には食品に混入してしまう恐れもある。事実 2004 年に農水省が発表した調査では，茨城県鹿島港周辺で GM ナタネの自生が確認された。この調査結果を受けて，キャンペーンは全国的な調査を呼びかけ，主に生協の組合員による GM ナタネ自生調査が 2005 年春から始まっている［キャンペーン編 2009］。これは調査地点の限られる行政側の調査を補完し，ゆくゆくはカルタヘナ国内法の改正につなげていくためのものである。

カルタヘナ議定書 MOP5 に至る活動は，当初主に前者のヨーロッパの運動と連携してきた流れから展開していった。その流れでは2008年5月にドイツ・ボンで行われるMOP4に合わせて，初の世界大会を開催することが企画された。これはプラネット・ダイバーシティと呼ばれるもので，MOP会期中の一週間にわたって，さまざまなイベントやデモンストレーションを行うものである。ちなみにキャンペーンのメンバーにとって，MOPへの参加はこのときが初めての経験であったという［2016年7月20日M氏への聞き取り］。

一方で先述のようにMOP4では，日本政府がアメリカなど食料輸出国の立場を代弁し，責任と修復条項の合意に抵抗するという事態が発生していた。これに対して海外のNGOからは，次回の開催国である日本を「敵対的なホスト国」だとするビラが撒かれるなど，痛烈な批判が湧き上がっていた。その中で海外のNGOは，日本からの参加者に対して政府代表団と直接交渉することを要請し，それにキャンペーンのメンバーが当たることになった。これまでキャンペーンは，自生調査のデータにもとづく意見書の提出などを行ってきた経験はあるが，日本政府と直接交渉の機会をもったのはこのときが初めてであったという。しかし日本政府側は難色を示し，結局5分という限られた時間しか与えられず，交渉は不十分なものに終わった。

その後キャンペーンでは，次回は自分たちがホスト国となりプラネット・ダイバーシティを開催すること，またMOP4で持ち越された責任と修復条項はGMナタネ自生調査の取り組みとも深くかかわり，国際会議での政策提言は後のカルタヘナ国内法の改正にもつながるといった意識から，MOP5に向けた提言活動を展開することとなった。このとき主な提言先となったのは，農水省大臣官房，並びに同省消費・安全局と環境省自然環境局だが，主な権限をもったのは農水省側である。農水省とは準備会合であった共同議長フレンズ会合や，CBD市民ネットの他の部会と一緒になった場を含む，さまざまな機会を通じ意見交換が図られた。中でもMOP5市民ネット固有の交渉の場となったのが，「院内学習会」である。これは，国会議員に働きかけ衆議院・参議院議員会館で開催するもので，関係省庁の担当者にも参加が呼びかけられた。当時民主党への政権交代の影響もあって，GM作物の問題に比較的熱心な議員が数多くおり，その場を介して関係省庁にも働きかけることは提言活動の戦術の一つとなっていた[9)]。

MOP5の準備段階においては，農水省側もN-KL補足議定書の採択に向けて動い

9）資料では，計6回の衆参議員会館での会合が確認できる［MOP5市民ネット 2011：79–81］。ちなみに，キャンペーンにとって，GM作物に関して院内学習会を開催することも，MOP5の準備段階が初めてであったという［2016年7月20日M氏への聞き取り］。

ていた。しかしだからといってNGO側の意見が，政府側にも採用されるということはなかったという。ここでN-KL補足議定書は，締約国に対して責任と修復条項に関する国内法の整備を求めるもので，どのような国内法を整備するかは補足議定書が参照されながらも各国の裁量に任されることとなる。したがってそれへの政策提言は，後に国内法に反映されることを見越してあらかじめそのオプションを広げるというものになる。このときNGO側が求めていたのは，大枠での予防原則にもとづくことの他，責任を取る事業者の範囲に種子開発メーカーや販売者も含めること，末端の事業者に賠償能力がないことによる被害者の泣き寝入りを防ぐため，財政的保証制度（例：基金，保険）について明記することなどである［MOP5部会 2010.9：12–5］。

またMOP5市民ネットの政策提言では，先のGMナタネ自生調査のデータが積極的に活用された。これは農水省や環境省も有していないオリジナルな専門知であり，提言活動の「最大の武器」であった。このデータはMOP5市民ネットの主張を補完するものとして，政府側からも高く評価されているという。ただしそうした希少な専門知にもとづく提言によっても，種子のこぼれ落ちに対策がなされるということはなかったとされる。政府の立場は一貫して，GMナタネの生物多様性に対する影響評価はすでになされているというもので，この意味でそれが自生していること自体に問題はない。その抜き取りといった対策は，NGOや企業など民間の自発的な取り組みに任されている。

MOP5においてN-KL補足議定書は採択され，政府間交渉の結果，国内法次第では責任の及ぶ範囲に種子開発メーカーや販売者を含むこと，また財政的保証制度ついては締約国が国内法によってそれを定める権利を有することが明記されたが，その具体的な制度の仕組みは発効後に研究を行うということになった。ただしN-KL補足議定書は，批准国が定数に達しないために発効が遅れ，日本政府もなかなか批准しなかった。MOP5市民ネットは，2011年6月に略称を「食農市民ネット」に変えて改めて設立され，同補足議定書の批准と国内法の整備，カルタヘナ国内法の改正に向けて政策提言活動を継続してきた。その後日本政府は，2017年12月にようやくN-KL補足議定書を批准し，同補足議定書も2018年3月に発効する運びとなった。

■ 3-4　遺伝資源へのアクセスと利益配分をめぐる政策提言

生物多様性条約の3つの目的の1つに，「遺伝資源の利用から生ずる利益の公正かつ衡平な配分」（第1条）がある。遺伝資源とは動植物や微生物の遺伝情報のことを指し，バイオテクノロジーの発展に伴い，今日では医薬品や食品，化粧品など，数多くの分野の研究・開発に利用されている。この遺伝資源の所有者は誰であるかについて，1992年の同条約の採択以前は明確な国際ルールが存在せず，技術の進んだ先進諸国が資源の豊かな途上国から無条件で取得し，利益を享受するという状況が続いてきた。こうした先進諸国の一方的な利用は，いわゆる「バイオパイラシー」（生物資源の海賊行為）とも呼ばれ，途上国，またNGO側から南北格差を助長させる一因となっているとの批判が繰り返されてきた。こうした批判を受けて生物多様性条約では，上記の目的が追加され，また遺伝資源の主権的権利はそれを有する国にあるということが明記された（第15条）。これを出発点としてその後同条約では，遺伝資源へのアクセスと利益配分をめぐる国際ルールづくりが開始された。これがABSの議論である。

COP10に至るABSの議論は，2002年のCOP6で採択されたボン・ガイドラインに遡る。このガイドラインは，提供者と利用者の間での事前同意の仕組みや相互合意条件にかかわる一定の基準を定めるものであるが，それ自体は法的拘束力をもたない。それをめぐって，ブラジルを中心とするメガ生物多様性同士国家グループやアフリカグループといった途上国側は，早くから法的拘束力をもつ議定書の制定を求めてきた。一方でEUや日本を含む先進国側は，遺伝資源へのアクセスの円滑化を求める立場から，従来ガイドラインの普及と実施状況を分析した上で議定書の必要性を議論すべきと主張してきた。こうした中で2002年ヨハネスブルグ・サミットの決議を受けて，新たな国際ルールを定めることが課題となり，その後2010年までにそれを完了することとなった。最終的にCOP10では，ABSに関する「名古屋議定書」が採択された。

なお日本政府の中では経産省が，ボン・ガイドライン以降，遺伝資源へのアクセスの促進を図ってきた経緯がある。またその委託事業は，同省所管の財団法人であるバイオインダストリー協会が請け負ってきた［バイオインダストリー協会 2011.3］。バイオインダストリー協会は主に製薬メーカーなどによって構成され，COP10に向けては「産業界が利益を享受でき不利益を被らない国際ルールの確立のため，担当部局（経済産業省・生物化学産業課）と協働していく」［バイオインダストリー協会 2008.11：269-70］との立場から，アクセスの促進を求める意見書の提出といった取り組みがなされた［バイオインダストリー協会 2010.3.4］。これらの動きは，以下のNGO側の政策提言にとって対抗的な位置にあったといえる。

ABSをめぐる議題について政策提言活動を行った「国際青年環境NGO A SEED JAPAN」（A SEED）は，前章でも参照したようにユース，具体的には学生や若手社会人によって構成されるNGOである。A SEEDは，日本のユースによるNGOの中では傑出した団体の一つで，環境NGO・NPOの業界では長らく人材育成の役割を果たしてきた。また環境行政側からも一定の認識を得て，とくにユースの声が必要とされる場合には，しばしばその窓口として指名されることもあるという［2016年8月7日J氏への聞き取り；小林 2010, 2015.6.21；トランス・アジア 2011；A SEED 2011；東京都国際交流委員会 2010.4］。

A SEEDのメンバーがABSの議論にかかわるようになったきっかけは，2008年5月のCOP9で，ドイツのNGOメンバーに「日本で遺伝資源の問題について発信する団体がないのはなぜ？」と問いかけられたことにある。当時ABSの議論は国際的にはかなり注目されていたものの，日本国内での認知度は低く，COP10に向けたNGOの動きの中でもそれにかかわる日本の団体はいなかった。また他の日本のNGOは，それぞれの既存の事業がベースにあるため新しいテーマに進出することが難しく，日本のNGO業界においても，ユースがそれに自発的に取り組むことが期待されていたという。この点でA SEEDは，大学生を中心的な担い手としており，彼・彼女らの流動性の高さからその活動も短期的なプロジェクト形式のものが中心であった。そのためそうした新たなテーマにも，比較的対応しやすい状況にあった。

こうした周囲からの期待を受けて2009年2月A SEEDでは，ABSの議論に対して政策提言を行う「生物多様性の利用をフェアに！プロジェクト」が立ち上げられた。そのメンバーは，これまで2008年のG8北海道洞爺湖サミットに向けたプロジェクトに携わってきた経験はあったが，そのときの主要議題は地球温暖化で，また活動の主軸も一般向けの普及啓発であったため，政府関係者へのロビイングは初めての経験であったという。しかし団体としてのA SEEDは，上記のような継続的な国際会議への参加経験や人材育成を果たしてきたNGO業界内でのネットワークもあり，その関係者の協力を得て政策提言の準備が進められた。とくに議定書の文言の読解やポジションペーパーの作成は，他のNGOで政策提言を仕事とするOBらからノウハウを得たという。またABSをめぐる論点についても，研究者へのヒアリングを通じて深められた。

A SEEDからはCOP10に向けた準備会合のABS作業部会への参加，及びそこで面識を得た担当者を呼び日本国内で開催したセミナーなどを通じて，日本政府側への働きかけが行われ，さらにはCBD市民ネットを介し参加した関係省庁の副大臣級の会議でも，ロビイングが行われた。ここで主要な提言先となったのは，外務省国際協力局環境政策課と環境省自然環境局自然環境計画課である。その他にも経済産業省や農水省，文部科学省がこの議題にはかかわるが，当時名古屋議定書の採択に向けて最大の権限をもったのは外務省であった。当時日本政府側もNGOとの意見交換の場の設定には積極的であり，上記のセミナーにも外務省の担当者が出席している。

また日本政府側は，COP10でのABS関連議定書の採択を目指していた。ここでその議定書の枠組とは，遺伝資源の提供国が定める国内法を取得した後の利用国においても適用し，その適否をチェックする機関を各国に設けるというものである。ただしいかなる国内法，チェック機関を整備するかに関しては，その議定書が参照されながらも各国の裁量に委ねられることとなる。そのためそれをめぐる政策提言も，後に国内法に反映されることを見越したオプションの拡大が主になる。

こうした中でA SEEDのメンバーが提言していたのは，大きく分けて次の2点である［A SEED 2010.7.7, 2010.10.15］。第1に遺伝資源の提供国ばかりではなく，原産国にも利益配分を奨励することである。これは多くの遺伝資源がすでに原産国≒途上国から先進国のジーンバンクに移転しているため，提供国と利用国の利益配分が実質的には先進国間での取引となり，原産国≒途上国の利益につながらない恐れがあることによる。一方で原産国への利益配分を直接定めることは，法の遡及適用につながり困難なため，自主的な配分を「奨励」するということが求められた。第2にチェック機関についての議定書原案を維持することである。その原案では，その機関をどこに設けるかに関して「知的所有権の審査機関」といった具体案が例示されていた。一方で当時この具体案を例示することは，特許法や商法に影響が出るため，日本政府をはじめ一部の国は反対を表明し，より柔軟性をもたせるよう調整されていた。

これらの政策提言は，日本政府案に採用されることはなかった[10)]。そのためA SEEDのメンバーは，とくに第1の点について日本以外の政府代表団に働きかけを行い，その結果ノルウェー政府から発言を得ることに成功した。しかしCOP10で

10)　なおA SEED側の提言のうち，「配分された利益を生物多様性の保全と持続可能な利用に役立たせるよう奨励すべき」という主張は，環境省側からの理解も得て，事実名古屋議定書の第7条でも明記されている。ただしこれは政府側の主張と偶然一致したものと考えられ，A SEEDのメンバーも実質的な成果とは考えていないという［2016年8月7日J氏への聞き取り］。

は，主に第2のチェック機関をめぐる議論が紛糾し，当初の議定書案自体が合意に至らず，最終的にはハイレベルセグメントでの交渉を経て日本政府が議長国案を作成，それが採択される運びとなった。結果的に採択された名古屋議定書では，原産国への利益配分の奨励は明記されず，またチェック機関も具体案を除いたものとなっている。なお同議定書は，批准国が定数に達し2014年10月に発効した。日本政府がそれを批准したのは，2017年5月である。

4　政策分野間の比較分析

以上の水田，UNDB，GM作物規制，ABSという4つの政策分野について，それぞれ政策提言活動の過程を記述してきた。本節ではそれらを比較分析しながら，NGOと行政機関との間にセクター横断的連携が形成される場合の条件を特定し，その条件がもつ選択性について考察していく。

表6-3は第2節で設定した分析枠組にもとづき，4つの提言活動の過程を整理したものである。まず被説明項となるセクター横断的連携について，本章で着目する「協働立案」という基準から，その連携が形成されたといえるのは水田とUNDBの提言活動である。それらではNGO側が発案した提言内容が日本政府側にも採用され，両者が一緒になって議題の採択に向けた活動を展開するという関係性が成立していた。ここで水田部会では，決議文案の作成段階から協働がなされていたのに対して，UNDB部会では，NGO側でも決議文案を作成したものの，実際に採択に回されたのは日本政府側が別途作成した文案で，それらの間には若干の程度の差が存在する。ただしUNDB自体はNGO側が発案したもので，また同部会のメンバーも結果的に「趣旨は変わらなかった」と語っていたことからも，ここではUNDB部会でも，水田と同様に「協働立案」の関係性が形成されたと解釈してよいだろう［2016年7月13日C氏への聞き取り］。

一方でGM作物規制，ABSをめぐる提言活動では，NGO側の提言内容が日本政府側にも採用されるということはなく，両者の関係性は「意見交換」の場が設定されたということに留まっていた。すなわち本章で設定したセクター横断的連携の基準では，両運動についてその連携は形成されなかったと解釈される[11]。

以降では，上記のセクター横断的連携が形成された場合とされなかった場合について，それぞれの条件の違いを特定していく。第1に「先行する紐帯」について，連携が形成された水田をめぐる提言活動は，環境省側とこれまでも「意見交換」の関

表 6-3　政策分野ごとの比較分析

		水　田	国連生物多様性の 10 年（UNDB）	遺伝子組み換え（GM）作物規制	遺伝資源へのアクセスと利益配分（ABS）
提言先行政機関		・主：環境省，農水省 ・他：国交省	・主：外務省 ・他：環境省	・主：農水省 ・他：環境省	・主：外務省 ・他：環境省
先行紐帯		以前から環境省自然環境局と「意見交換」。08 年のラムサール水田決議で，環境省自然環境局，農水省大臣官房と「協働経験」	COP10 に向けて，外務省国際協力局と初めて	08 年の COP9 で，農水省と初めて。以降 COP10 に向けて，農水省大臣官房，消費・安全局	COP10 に向けて，外務省国際協力局と初めて
組織フレーム	希少な専門知	水田の生物多様性に関するローカル知	－	GM ナタネ自生全国調査のデータ	－
	解決策の担い手	「NGO 事業型」 宮城県大崎市での取り組みを全国的に展開	「NGO 事業型」 2020 年まで活動継続，その意思表明のための「NGO イニシアティブ」	「他者実施型」 予防原則，責任の範囲に種子開発メーカー等を含む，財政的保証制度の明記	「他者実施型」 原産国にも利益配分を奨励，チェック期間についての例示
				従来からアメリカ，カナダなどの食料輸出国を代弁	バイオ産業の対抗的政策提言
セクター横断的連携		NGO の決議文案にもとづく「協働立案」	アイディアの尊重による「協働立案」（決議文案は政府作成）	「意見交換」の場の設定	「意見交換」の場の設定

係性があり，またCOP10以前のラムサール水田決議に向けた過程では，それに農水省も加えた「協働経験」を有していた。一方でGM作物規制，ABSをめぐる提言活動では，従来意見交換や協働の経験がなく，上記に相当する先行紐帯は存在しなかった。このことから先行紐帯が存在することによって，セクター横断的連携が促されると想定される。こうした先行紐帯は，連携形成にとって必要な関係者間での信頼を醸成するための契機となり得る。この点で水田決議にかかわったラムネットJのメンバーも，「日常的なコミュニケーションがあることは重要」と語る［2016年7月13日C氏への聞き取り］。

11）なお上記のことは，その運動自体にとって成果の乏しいものであったということを必ずしも意味しない。たとえばGM作物規制に関してその政策提言を展開したメンバーは，これまでは行政機関との交渉の場がなく，またその機会が設定されたとしても当初の関係性は「ぎこちない」ものであったことと比べれば，現在は「話の通じないNGOとは思われなく」なり，「非常に良好な関係」が形成されたと語る。COP10後に改称した食農市民ネットでは，それ以降も自らのGMナタネ自生調査のデータにもとづきながら，農水省，環境省の担当者と意見交換を行う交流会を毎年継続させており，そうした定期的な市民参加の場が設定されたこと自体が，肯定的に解釈されている［2016年7月21日M氏への聞き取り］。

一方でUNDBをめぐる運動では，実質的な権限をもつ外務省側とは先行する紐帯がなかったにもかかわらず，セクター横断的連携が形成されていた。同様にそうした紐帯をもたないGM作物規制，ABSの運動でも，これまでにないような意見交換の場が設定されたということは，興味深い事実である。これらから先行紐帯は連携を促すが，それがなくとも連携は形成されうると解釈される。裏を返せば先行紐帯のみならず，他の条件の組み合わせを考慮する余地がある。ここでそうした他の条件に相当するのは，以降でみるものに加えてCOP10自体の政治的機会，すなわち日本政府側が多様な主体の参加を奨励する方針を示していたことが想定される。

第2に「希少な専門知」に関して，本事例においては連携形成と関連していないと考えられる。ここでローカルな知に代表されるような行政側も有さない知見をもって政策提言に臨んだのは，水田とGM作物規制をめぐる運動である。ここでUNDBは，包括的に生物多様性にかかわるもので，そもそも地域現場に根ざした特定の専門知とはかかわらず，またABSもオリジナルなデータを用いたわけではない。一方で水田部会は，オリジナルなデータを有し，また行政機関との連携も形成されたが，そのデータ自体は必ずしも行政側に重要視されたわけではなかった。またGM作物規制もそうしたデータは有したが，連携自体が形成されていない。

第3に解決策の担い手について，まずNGO側の提言内容が「NGO事業型」である場合，セクター横断的連携は形成されやすいといえる。この点で水田とUNDBの政策提言では，後の実施体制におけるNGOを主体とした事業があらかじめ見込まれていた。すなわち前者の場合は，ラムネットJが主体となる「田んぼの生物多様性向上10年プロジェクト」であり，後者の場合は，2020年まで愛知ターゲットの達成に向けた行動を継続することに関してNGO側から意思表明がなされていた（「NGOイニシアティブ」）[12]。これらは，第1章で検討した環境行政の財源・マンパワーの不足を補完するという，行政側の期待に適ったものであり，またその中で求められていた政策形成過程への参加を通じて，自ら何かしなければならないと認識し，自発的に政策実施にかかわるようになるという効果を体現したものである。加えて水田決議の提言については，「田んぼの生きもの調査」という環境省・農水省の従来の施策と方向性を同じくしたものであったということも，その連携を円滑にし

12）ここでUNDBに関しては，その政策提言に国際機関の行動奨励や国内体制の継続，発展といった「他者実施型」の要素も含んでいる。ただし当時それに対抗する主体は存在せず，このことも行政機関との連携を促したと考えられる。

たと考えられる。

一方でNGO側の政策提言が「他者実施型」の場合，セクター横断的は形成されず，意見交換の場が設定されるに留まっていた。この点でGM作物規制，ABSをめぐる提言は，後の政策実施体制におけるNGOの主体となった事業が想定されるものではなく，むしろ政府自身，ないし関連企業が実施の担い手となるものである。GM作物規制では生物多様性やヒトに被害が生じた場合，種子開発メーカーなどにも責任が及ぶこと，また修復にかかわる財政的保証制度を設けることが求められており，ABSでは原産国に対しても利益配分を奨励すること，並びにチェック機関の例示を維持することが要請されていた。加えてとりわけGM作物規制に関して，上記の提言は従来の日本政府の立場，すなわち食料輸出国側の意見を代弁する役割を果たしてきた立場と食い違うものであり，またABSに関しては関連業界から対抗的な政策提言もなされていた。これらのことは行政機関にとって調整のためのコストをいっそう高めることにつながり，結果としてNGOとの連携を不可能にしていたと想定される。

なお連携形成条件ごとの位置づけの違いに関して，「先行紐帯」は連携を促す場合もあるが，それがなくとも連携は形成されていた。それに対してNGO側の政策提言が「NGO事業型」である場合は，一様に連携が導かれていた。またとりわけUNDB部会においては，活動継続の意思表明を行いNGO事業型の要素を明確化することが，日本政府側による提言の受け入れに際して「決め手」となっていた。したがって本分析からは，NGO事業型であることが，最も有力な連携形成条件として示唆される。そしてこの意味で，「NGO事業型」の提言においてセクター横断的連携が形成されやすいという，一つの選択性を考察することができる。

5　連携形成条件の選択性

本章では，生物多様性条約COP10に向けた政策提言活動におけるNGOと行政機関のセクター横断的連携に注目しながら，それが形成される場合の条件を特定してきた。4つの政策分野ごとの提言活動の過程（第3節），及びそれらの比較分析の結果から（第4節），明らかになった知見は次のことである。セクター横断的連携の形成には，先行する紐帯といった他の条件も関連しているものの，最も有力な条件と想定されるのはその政策提言の内容が「NGO事業型」の場合である。すなわちセクター横断的連携は，後の実施体制においてNGO側が主体となる事業があらかじめ見込まれている場合に形成されやすい，という一定の選択性が示唆される。

上記の選択性は，4つの政策分野に限らず観察されうるものと考えられる。たとえば水田決議に向けた提言活動を展開したラムネットJは，別の重要な課題として長らく長崎県諫早湾干拓問題の支援活動に取り組んできた団体でもある。ここで水田と諫早湾干拓は，両者とも農水省の管轄に属する。そして水田に関しては，NGO側と農水省大臣官房との間に協力的な関係性が形成されているのに対して，諫早湾干拓に関しては，NGO側とをそれを管轄する農村振興局との間に依然の対立が続いている。すなわちNGO側と農水省との間には，協力的，対立的な関係性が，相互独立のままに併存する状況がある。このことは一方では生物多様性の持続可能な利用が推進されている反面，他方ではそれに逆行する動きが残り続けていると解釈することも可能である。こうした状況に対してラムネットJのメンバーは，長期的な変革の可能性に希望をもちながらも，「どう考えたらいいかわからない」と率直に語る［2016年7月13日C氏への聞き取り］。

本章ではNGO事業型の政策提言において，セクター横断的連携が形成されやすいという連携形成条件の選択性を明らかにした。ではこうした選択性のもと，形成された連携はその後の政策実施体制にどのような帰結をもたらすのであろうか。次章ではCOP10後の状況を対象に，NGO事業型の提言にもとづき形成されたセクター横断的連携の帰結を検討する。とりわけ本章の政策提言にかかわったNGOによる事業展開と，それを取り巻く実施体制の特徴について考察する。

第7章 連携の持続と政策実施体制

1 締約国会議以降の状況

前章では生物多様性条約COP10に向けた政策提言活動について，NGOと行政機関のセクター横断的連携の形成に焦点を合わせながら分析してきた。その中ではNGO側の提言内容が「NGO事業型」であること，すなわち後の政策実施においてNGO側が主体となる事業があらかじめ見込まれている場合に，両者の連携形成が生じやすいという，セクター横断的連携の選択性を明らかにした。

本章ではCOP10以降の状況に関して，NGOによる事業の展開とそれにかかわる政策実施体制について検討する。ここで前章で分析した政策提言活動において，その実質的な成果となったのは，「生物多様性条約水田決議」（CBD水田決議）と「国連生物多様性の10年」（UNDB）であった。このうち後の実施体制においては，愛知ターゲットの達成をめぐるUNDBが上位に，水田をめぐる取り組みはその一部として展開されている。したがって本章では，このUNDBにかかわる政策実施体制を主な検討対象として，その中で水田をめぐる事業についても検討する。

なお結論からいえば，上記の愛知ターゲットの達成，UNDBをめぐる政策実施は，現在のところ十分な政策的成果が上がっているとはいえない状況にある。ここで愛知ターゲットとは，COP10で採択された2020年までの国際的な戦略目標で，負の奨励措置（補助金などを含む）の廃止，森林や保護地域，種の保全，外来種対策，遺伝資源へのアクセスと利益配分（ABS），伝統的知識の尊重といった20の個別目標からなる[1)]。

愛知ターゲットの関連政策は非常に多岐にわたるが，日本政府によってとくにUNDBに向けて展開されている施策は，愛知ターゲット目標1の「普及啓発」にかかわるものである。これに関して2014年10月韓国・ピョンチャンで開催された

COP12では，目標1を含む愛知ターゲットのほとんどの項目で，「進展はあるが不十分」と評価された。また同年に実施された内閣府の世論調査によれば，「生物多様性」の認識度に関して，その言葉を「聞いたこともない」と回答した者の割合が，前回2012年の41.4%から52.4%に増加したとされる［10年委員会 2015.6.18；内閣府 2014.9.22］。もちろんこうした普及啓発が進んだからといって，そのまま日本の生物多様性が保全されるわけではない。むしろ普及啓発ばかりに頼った政策実施がなされている状況は，それ自体課題でもある。しかし今日の状況は，その普及啓発すらも成果が乏しいといわざるを得ない。

本章ではこの愛知ターゲットの達成，UNDBをめぐる政策実施体制の検討を通じて，上記のような状況が生じている要因の一端を明らかにすることを試みる。そこではとくに，その実施体制の中でNGOによる事業が実質的に担っている役割に着目する。また本書全体の文脈に位置づければ，本章の作業は先行研究において考察が乏しかったセクター横断的連携のもたらす帰結について，NGO自身を取り巻く状況を検討しようとするものである。

本章前半では，UNDBに向けたNGOによる事業の展開について検討する。まず第2節では，COP10後のNGOの活動についてそれぞれのグループの特徴を，質的比較分析の手法を用いて考察する。なお後述のようにこの分析は，社会運動研究の戦略的連携論においてこれまで検討の乏しかった，運動組織間の長期連携の形成条件を明らかにするという意義もある。第3節では上記のグループに関して，COP10後の事業展開を検討する。その後第4節では，日本政府のUNDBに向けた政策実施体制，及びその中でのNGOによる事業の役割について考察する。最後に第5節ではそれらの小括を述べる。

2　質的比較分析によるNGOグループの特徴

2-1　分析対象，質的比較分析，長期連携

COP10後CBD市民ネットにかかわったNGOは，いくつかのグループに分かれ

1）正確には愛知ターゲットは，2050年までの長期目標（「自然と共生する世界」）と2020年までの短期目標（「効果的かつ緊急な行動の実施」）からなり，本文中の20の個別目標は後者に相当する。なおこれらの目標は，締約国に対し法的な拘束力はもたない。ちなみに本文中後述の目標1とは，「遅くとも2020年までに，生物多様性の価値と，それを保全し持続可能に利用するために可能な行動を人々が認識する」である。

表 7-1　分析対象とした NGO の一覧（50 音順）

アースデイ・エブリデイ	市民外交センター
アースデイとやま実行委員会	生物多様性フォーラム
A SEED JAPAN	世界自然保護基金ジャパン
伊勢・三河湾流域ネットワーク	CEPA ジャパン
イルカ＆クジラ・アクション・ネットワーク	地球生物会議
動く→動かす GCAP Japan	中部の環境を考える会
FoE Japan	名古屋 NGO センター
環境パートナーシップ会議	日本自然保護協会
ぎふ NPO センター	日本野鳥の会
虔十の会	バイオダイバーシティ・インフォメーション・ボックス
国際協力 NGO センター	CSO ピースシード
コンサベーション・インターナショナル・ジャパン	藤前干潟を守る会
サステナブル・ソリューションズ	森とむらの会
持続可能な開発のための教育の 10 年推進会議	ラムサール・ネットワーク日本

活動を続けている。本節では，とくに CBD 市民ネットの後継組織である「国連生物多様性の 10 年市民ネットワーク」（以下「UNDB 市民ネット」）に参加したか否かに着目し，それぞれのグループの特徴を考察していく。

ここで，上記の後継組織が結成されたのは次の理由による。まず CBD 市民ネットは，『会則』の中で活動期間を「2011 年 3 月 31 日」までとし，「必要との結論に達した場合には改めて後継組織を設立する」と定めていた。それに対して第 6 章でも論じたように，日本政府側の UNDB の受け入れにあたって，NGO 側はその後の実施にも関与するという意思表明を行っていた。また 2012 年インドでの COP11 までの 2 年間，日本は生物多様性条約の議長国であり続ける。その中で日本の NGO としてもリーダーシップを発揮することが，重要な意義をもつと考えられていた［2013 年 10 月 20 日 O 氏への聞き取り］。以上の経緯によって，2011 年 5 月 UNDB 市民ネットが結成された。

本節の分析では CBD 市民ネットの会員団体のうち，運営委員または作業部会での役職者（部会長，副部会長，会計）を担った 28 団体を対象とする（表 7-1）。それらは CBD 市民ネットの主要メンバーであり，その実質的活動を担ってきたものである。このうち UNDB 市民ネットへの参加は 14 団体，不参加は 14 団体である（2011 年 10 月時点）[2)]。また UNDB 市民ネットに参加した団体，しなかった団体の条件を特定するにあたっては，質的比較分析という手法を用いる。

質的比較分析とはブール代数と集合論を基礎に置く手法であり，分析の手続きは次のようになる。まず検討したい条件，結果となる現象をカテゴリカルな独立変数，従属変数として設定し，各ケースの条件組み合わせのパターンを真理表に表現する。その上で，それらを論理式として解き縮約する。それによって，ある現象が生じるためのより倹約的な条件の組み合わせを導出する。初期の質的比較分析は，独立変数が2値であることを前提としたもの（csQCA：crisp set Qualitative Comparative Analysis）であったが，近年では3値以上の変数も分析可能なmvQCA（multi value QCA）に発展している（Rihoux & Ragin eds. 2009=2016）。なお従属変数はいずれも2値である。本章では，変数設定上の理由からmvQCAを用いることとする[3]。

ここで従属変数となるUNDB市民ネットへの参加について，CBD市民ネットと比べたときに，その運動組織間の連携は「長期連携」であるといえる。これはCBD市民ネットがCOP10を対象とした短期的なものだったのに対して，UNDB市民ネットはそれ以降10年間に及ぶことによるもので，また前者は連携終了の見込みが明確なのに対して，後者はそれが不明確であるという特徴をもつ。この長期連携に関して戦略的連携論では，タロー（Tarrow 2005）によって短期／長期の区別が提起されていながらも，その区別にもとづく先行研究は乏しく，さらにそれらの内実は短期連携が中心だったといえる。この点で他の論者も，「連携は短期的な対象に焦点を合わせがちである」（Diani, Lindsay, & Purdue 2010：220）と批判する。これに対

2）CBD市民ネットの主要メンバーに該当するNGOは計34団体であるが，うち6団体（UNDB市民ネット参加3団体，不参加3団体）は独立変数に欠損値が生じたため，あらかじめ除外した。なおCOP10後UNDB市民ネット結成までの期間に，新団体を立ち上げそれへの移行が確認できる2団体は，新団体のデータでもって分析を行っている。

3）mvQCAは式の表記法と若干の縮約の手続きを除き，ほぼcsQCAと同等である。詳しくは，Rihoux & Ragin eds.（2009=2016）を参照。質的比較分析を用いた戦略的連携論の研究としては，先行研究群をケースにメタ分析を行ったMcCammon & Van Dyke（2010）がある。また組織社会学では，ボランティア団体の組織化を検討した稲田・小坂（1998）がある。

　ここで他の分析手法と比較したとき，質的比較分析の特徴は通常の質的分析より数多くのケースを対象にできること，一度に複数の条件を考慮した体系的な比較が行えること，いくつかの条件の組み合わせによりある現象が生じるという，複合的な因果関係を検討できることにある（鹿又ほか編 2001）。この点で本分析は，28団体と通常より多いケースを対象とし，以降に示す3つの条件に関する体系的な比較を目的とする。さらに第2章で論じたように，これらの各条件は単独で連携参加を引き起こすものではなく，相互補完的に組み合わさることでその現象を生じさせるものである。以上を鑑み，本稿の連携参加の条件を検討するにあたって質的比較分析は最適な分析手法と考えられる。とりわけ複合的な因果関係の検討は，連携参加にとって重要であるばかりでなく，質的比較分析の最大の長所ともいえる。そのため本分析後の考察でも，この結果現象を導く条件組み合わせにとくに注目することになる。

して本分析は長期連携に注目したもので，それ固有の連携参加条件を明らかにするものと位置づけることができる。とりわけ上記の連携終了の見込みが不明確であるという特徴が，連携の参加のし方にもかかわってくると想定される。

以降では戦略的連携論の分析枠組である「先行する紐帯」「組織フレーム」，並びに運動組織間の連携において断片的に指摘されてきた「組織資源」について，仮説を提起しながらそれぞれを独立変数として設定していく。

■ 2-2　各変数の設定

1）先行する紐帯

本書でもたびたび指摘してきたように，主体間に先行する紐帯が存在することは，その主体の連携への参加を促すと想定される。この「先行紐帯：T」に関して本分析では，「国際自然保護連合日本委員会」（以下「IUCN 日本委員会」：International Union for Conservation of Nature）と「野生生物保護法制定をめざす全国ネットワーク」（以下「野生法ネット」）を取り上げる[4)]。前者は，世界最大の自然保護機関である国際自然保護連合に加盟する日本の団体が，連絡協議のために自発的に集まった国内委員会である（1980 年設立）。これには環境省，外務省も加盟するが，事務局を運営しているのは環境 NGO の「日本自然保護協会」である。この IUCN 日本委員会は，COP10 以前から生物多様性条約に関する勉強会や集会の開催，その国家戦略に対する政策提言などを行ってきた。

一方で野生法ネットは，野生生物保護にかかわるさまざまな法律の制定，改正に向けて活動を行ってきたネットワーク組織である（1999 年結成）。とくに 2003 年には野生生物保護基本法案を市民提案し，それが最終的に 2008 年の生物多様性基本法制定へと結びついた。野生法ネットは CBD 市民ネットの中では「法制度」部会として活動し，その後は「生物多様性保全・法制度ネットワーク」として活動を続けている。本分析では IUCN 日本委員会に加盟，または野生法ネットの世話人が所属する NGO を「T_1」，それらにかかわっていない NGO を「T_0」とする。

4）分析対象のうち重複を含み，IUCN 日本委員会の加盟 NGO は 4 団体［2009 年 1 月時点，IUCN 日本委員会 2009］，野生法ネットの世話人は 5 団体［2008 年 5 月時点，野生法ネット 2008］である。なおこれらを除き主体間での先行する紐帯は，資料・聞き取りから確認できなかった。

2）組織フレーム

次に主体間で組織フレームが一致することは，その主体の連携への参加を促すと仮定される。本分析では戦略的連携論の先行研究（Cornfield & McCammon 2010）に示唆を得ながら，このフレームを「政策アジェンダ」という観点から，とくに生物多様性の下位にあるアジェンダと連携参加との関連を検討する。そしてその下位の政策アジェンダは，それぞれのNGOがCBD市民ネットのどの作業部会に関与していたかということから特定する。資料・聞き取りにもとづく検討から，計15の作業部会は次の3つに類型化できる（表7-2）。

ⓐ自然保護政策に関する提言かつ抗議を含む「沿岸・海洋」〜「地域ネット」部会
ⓑ自然保護政策に関する提言のみの「法制度」〜「水田」部会
ⓒ自然保護以外の政策に関する提言のみの「MOP5」〜「開発」部会

ここで「提言」とは，COP10の議題，関連する法制度に則り，その部分修正などの意見を表明するもので，一方で「抗議」とは上記のあらかじめ設定された議題に則らず，とくに地域開発問題への反対といった既存政策の根本的問い直しを含むものとする。ちなみに，15部会の中に「自然保護以外の政策に関する提言かつ抗議を含む部会」は存在しなかった。

これら3つに作業部会を類型化した上で，それへの関与にもとづき各NGOの「組織フレーム：F」を次のように設定する。なお複数の部会に関与していたNGOも存在するため，この設定のし方はベン図7-1に表される。たとえばⓐ「沿岸・海洋」とⓑ「法制度」部会双方に関与したNGOは，次の「自然－抗議型」のフレームを有することとなる[5)]。

第1にⓐの部会のいずれか一つにでも関与したNGOのフレームを，ここでは「自然－抗議型：F_1」とする。自然保護に関する抗議を含むこのフレームは，地域開発問題などの解決をCOP10という場で国際社会に向けてアピールするという志向性が表れている。聞き取りでも，この志向性は「ラジカル」なものと区別して認識されていた［2014年2月17日D氏への聞き取り］。また自然－抗議型のフレームは，

5）各NGOの作業部会への関与は，次の手続きによって特定した。まず作業部会での役職を担ったNGOはその作業部会を，また運営委員のみ務めいずれの部会でも役職に就いていない3団体については，それが賛同者，構成員のいずれかになった作業部会を，そのNGOが関与した作業部会とした。

表7-2　CBD市民ネット作業部会の類型（『ポジションペーパー』[CBD市民ネット 2010.9]，『活動報告』の「作業部会の活動」[CBD市民ネット 2011] から作成）

類型	部会名	活動のテーマ	提言内容	抗議対象
ⓐ自然保護政策に関する提言かつ抗議を含む部会	沿岸・海洋	海洋の環境保全の問題提起，提言	国際：愛知ターゲット，議長勧告（海洋・沿岸） 日本：海洋生物多様性戦略，海洋保護区の策定	沖縄本島東海岸（辺野古米軍基地），瀬戸内海東周防灘（上関原発）の破壊行為
	流　域	中部圏，流域にある課題，自然生態系のつながりをとりもどす活動事例を可視化，流域再生の必要性を世界に訴える	国際：条約前文の改正 国際・日本・自治体：生命流域イニシアティヴの確立	伊勢・三河湾流域（藤前干潟，長良川河口堰 etc.），上関原発，諫早干潟（干拓）等の開発事業
	湿　地	日本の湿地の現状と課題，湿地政策への提言をまとめ，政策に反映させる	国際：ラムサール条約との連携 日本：湿地に対する国家戦略の策定	諫早干潟，泡瀬干潟（埋立），長島の海（上関原発）の開発事業
	沖　縄	「環境」「平和」「人権」をテーマとし，沖縄の生物多様性の豊かさと危機をアピール	国際：地政学的な脆弱さを考慮，米国の条約批准，平和や人権の視点の取り入れ 日本：生物多様性国家・地域戦略での優先，国際社会への応答	辺野古・大浦湾海域（米軍基地），やんばるの森（米軍ヘリパッド），泡瀬干潟（埋立）の開発事業
	地域ネット	地域と草の根の市民ネットワーク作り	国際：環境アセスメントの実施等 日本：生物多様性地域戦略，戦略的環境アセスメント条例の制定と連携	上関原発，辺野古（米軍基地），高江（米軍ヘリパッド）の開発事業
ⓑ自然保護政策に関する提言のみの部会	法制度	国内法の現状を明らかにし，将来の法改正を目指す	国際：愛知ターゲット（野生生物） 日本：種の保存法の改正	
	TEEB	「生態系と生物多様性の経済学」に貢献	国際：愛知ターゲット（TEEB）	
	普及啓発	生物多様性の「自分ごと化」「行動化」	国際：CEPA に関する決議，グローバルイニシアティブ，行動計画の策定	
	10年	国連生物多様性の 10 年の提案	国際：国連生物多様性の 10 年決議	
	水　田	水田決議の支援，実践，政策提言等	国際：水田関連決議	
ⓒ自然保護以外の政策に関する提言のみの部会	MOP5	遺伝子組み換え作物への規制	国際：カルタヘナ議定書（責任と修復） 日本：カルタヘナ国内法の改正	
	ABS	「遺伝資源へのアクセスと利益配分」の国際制度の具体的なあり方を検討	国際：名古屋議定書（遺伝資源の利益配分）	
	た　ね	「たねの自由と未来」に向けた提案（有機農業他）	国際：条約文言定義に補足表現を追加，たねの保全・供給戦略，市民種子銀行の創設	
	ジェンダー	ジェンダー及びマイノリティに関る課題を学び，提言をまとめる	国際：条約前文の改正 日本：ジェンダー行動計画の策定	
	開　発	開発，環境，人権など様々な NGO 間の経験交流，市民を対象とした啓発活動	国際：途上国への支援，先住民の権利擁護，有機農業の重視，ミレニアム開発目標の達成	

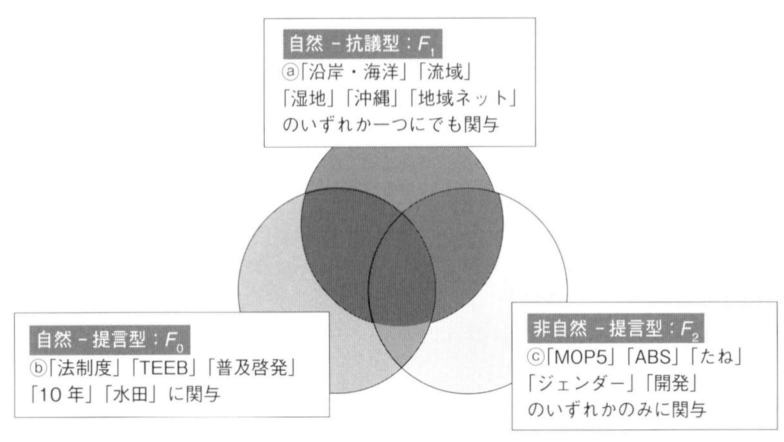

図7-1　各NGOの組織フレーム

後継組織の構想の中でも今後のあり方の一つとされていた。当時の運営委員会では，後継組織の目的，機能として地域問題への対応や開発計画といった国内地域の問題と世界の問題をつなぐことが議論されている［CBD市民ネット 2010.12.11］。したがってこのフレームを有することは，各NGOの長期連携への参加に一定の影響を与えていた可能性がある。

第2にⓒ自然保護以外に関する政策提言を行う部会のいずれかのみに関与したNGOのフレームを，「非自然－提言型：F_2」と呼ぶ。ここで，生物多様性が従来自然保護をめぐる概念として主に用いられてきたという日本独自の文脈から，生物多様性概念がなじみやすい自然保護の分野とそれ以外の分野を区別する必要がある。部会の中でも「MOP5」は消費者運動，「ABS」と「開発」は途上国への援助，「ジェンダー」は女性運動，「たね」は農業と，日本の自然保護の文脈とは多少距離のある政策アジェンダである。こうした政策カテゴリーの境界はCOP10において一時的に棚上げされたとはいえ，その後の取り組みを続けていくにあたっては再度NGOの一つの認識枠組として作用し続けた可能性がある。すなわち非自然－提言型のフレームしかもたないNGOは，生物多様性を旨とする長期連携に参加しない傾向があるかもしれない。

第3にⓑの部会に関与したNGOのもつフレームは，「自然－提言型：F_0」と名付けられる。これは自然保護に関する政策アジェンダを扱いながら，抗議を含まず提言のみに携わったものである。

3) 組織資源

とくに運動組織同士の連携に関する先行研究では，組織の有する資源と連携参加の関連について，個別組織レベルと社会運動インダストリー・レベルという2つの観点から検討されてきた。前者のうち代表的なアメリカの中絶権利運動の事例研究では，組織資源が不足する場合，連携が形成されると結論づけられている（Staggenborg 1986）。これはすでに十分な資源を有する組織より不足する組織の方が，連携において資源の獲得可能性をもち，連携参加への正の誘因をもちやすいためである。一方でゾールドとマッカーシー（Zald & McCarthy［1980］1987）により提唱された社会運動インダストリーというレベルでは，諸組織は多かれ少なかれ外部の資源をめぐる競争関係に置かれていることを前提に，とくに利用可能な資源が少ない場合，組織同士の競争が増すと仮説立てている。この観点から学生運動のイベント・データを定量的に分析した研究では，資源が限られる場合より豊富に利用できる場合，連携が起こりやすいことが考察されている（Van Dyke 2003）。これは資源が限られる場合，他組織との差別化が重要となるためである（McCammon & Campbell 2002 も同様）。

両レベルの知見は，連携が起こるのは資源が不足している場合か豊富な場合という点で一見相反するようにもみえる。ただし前者は資源の不足する組織が連携に参加しやすいことを意味するのに対して，後者は資源の豊富な外部環境が連携を増加

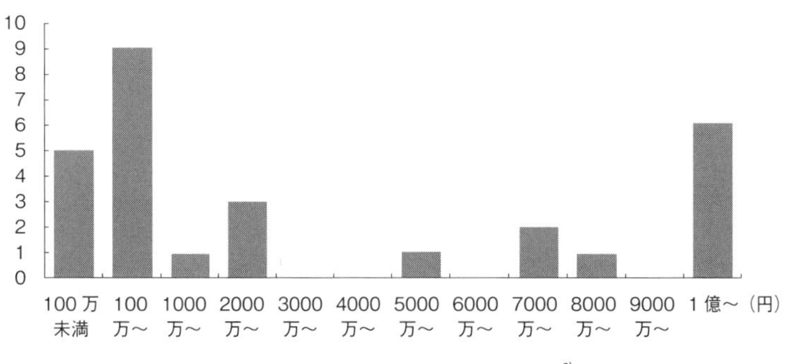

図7-2　各NGOの年間予算規模の分布 [6]

6）データは次の手順で収集した。①各NGOのホームページ：14団体，②内閣府『NPO法人ポータルサイト』：4団体，③環境再生保全機構『環境NGO・NPO総覧』：2団体，④国際協力NGOセンター『NGOダイレクトリー』：1団体，⑤EICネット『機関情報』：1団体。①～⑤の順に検索をかけ，いずれも2011年度に最も近い時点での年間予算規模を用いた。それでも収集できなかった5団体は，筆者が直接問い合わせた。

させるという意味である。本稿は個別組織をケースに分析を行うため，前者のレベルから検討を行う。したがって仮説は，「資源が不足する場合その運動組織は連携に参加する」となる。

「組織資源：R」を表すデータとしてはNGOの会員数，活動資金等が考えられるが，本分析では各団体の年間予算規模をデータに用いる。これは会員数の場合，NGOによってメンバーシップのあり方が異なるため，一元的なデータとして用いることができないことによる。図7-2は，NGOの年間予算規模の分布を表すグラフである。データの制約上「100万円未満」を除き，横軸は1000万円毎である。このグラフから全28団体の半数に上る14団体が，1000万円未満の規模であることがわかる。本分析では資源量が少ない／多いという区別のみが重要であるため，1000万円を閾値として設定する[7]。すなわち「R_1」は年間予算規模が1000万円以上のNGO,「R_0」は1000万円未満のNGOとなる。

■ 2-3　結果と考察

以上の先行紐帯：T，組織フレーム：F，組織資源：Rという3つの独立変数について，対象とする28団体における各変数の組み合わせのパターンを真理表に表せば，表7-3のようになる。この真理表は独立変数の組み合わせから，事例なしの行も含め計12（=2 × 3 × 2）行となる。

「従属変数：P」を設定するにあたっては，UNDB市民ネットの団体正会員であるNGOと，団体正会員ではないが運営委員としてかかわる者の所属NGOを対象とする。ここでとくに後者も含める理由は，運営委員がUNDB市民ネットと自団体の橋渡し的役割を果たし，これも連携参加のあり方の一つと呼んで差し支えないと考えられるためである。参加数・率は，表7-3中5列目のようになる。このうち3，5，6，10行目は，矛盾を含む行となっている。これについて本分析では，65%以上の参加率を示す行で従属変数値を「P_1」，それ以外を「P_0」とする[8]。以上の処理によって連携に参加したといえる条件組み合わせは，1，3，5行目となる。

$$P_1 = T_0{}^*F_0{}^*R_0 + T_0{}^*F_1{}^*R_0 + T_0{}^*F_2{}^*R_0$$

7）1000万円という閾値について，2009～2012年度に環境再生保全機構が実施した『環境NGO・NPO活動状況調査』によれば，80.59%の団体が年間予算規模を1000万円未満と答えている［環境再生保全機構 2014］。すなわち，1000万円以上の団体は，日本のNGO全体においても特徴的に資源が多いといえる。

表 7-3　各 NGO の長期連携参加をめぐる真理表

独立変数			ケース数	参加数・率（%）	従属変数 P
先行紐帯 T	組織フレーム F	組織資源 R			
0	0	0	5	5（100%）	1
0	0	1	1	0　（0%）	0
0	1	0	5	4　（80%）	1
0	1	1	2	0　（0%）	0
0	2	0	3	2　（67%）	1
0	2	1	6	2　（33%）	0
1	0	0	-	-	-
1	0	1	1	0　（0%）	0
1	1	0	1	0　（0%）	0
1	1	1	3	1　（33%）	0
1	2	0	-	-	-
1	2	1	1	0　（0%）	0

$P_1 = T_0{}^*R_0$　…①

$P_0 = T_0{}^*F_0{}^*R_1 + T_0{}^*F_1{}^*R_1 + T_0{}^*F_2{}^*R_1 + T_1{}^*F_0{}^*R_1 + T_1{}^*F_1{}^*R_0 + T_1{}^*F_1{}^*R_1 + T_1{}^*F_2{}^*R_1$

$P_0 = R_1 + T_1{}^*F_1{}^*R_0$　…②

ソフトウェア TOSMANA を用いて，mvQCA による分析を行った。数式中の“*”は「かつ」，“+”は「または」を表す。まず長期連携に参加した場合の分析結果は①となり，縮約後の式は「先行紐帯を有さずかつ資源が不足する場合，その組織は連携に参加する」ということを示す。他方で長期連携に参加しなかった場合の分

8）この矛盾を含む行の処理には，分析者の判断が介在せざるを得ない。本分析では田村正紀（2015）を参考に，「通常は十分」といえる頻度基準，65%以上を用いることとした（田村 2015：142-4）。なおこの値は，鹿又伸夫ほか編（2001）で提起される「各行における結果現象の生起比率を，全体のそれと比較する方法」（鹿又ほか編 2001：33）による頻度基準，50%（＝全体参加率：全参加数 14 ／全ケース数 28）を上回る値であり，その意味でより厳格な基準を採用している。

なお頻度基準は，QCA の運用においてしばしば用いられるものであるが，QCA が本来的に事例指向的なアプローチであることを念頭に置けば，その確率論的な方法自体に議論の余地がある（Rihoux & Ragin eds. 2009=2016：66；田村 2015：203）。本分析では各ケースにできる限り広く共有されうる傾向を捉える観点から，上記の頻度基準を用いた。この他矛盾を含む行の処理のし方には，独立変数，従属変数の操作化や，母集団の定義を再検討するといった方法がある。

析結果は②となり，縮約後の式は「資源が豊富である，または資源が不足していても自然－抗議型の組織フレームを有しかつ先行紐帯を有する場合，その組織は連携に参加しない」ということを意味する。

この分析結果について，簡単に考察しておこう。まず組織フレームの一致は，長期連携の参加条件となっていない。①の式からどのフレームを有しているかは関係なく，他の条件が組み合わさることで連携参加が生じていた。またそうした他の条件となるのは，先行紐帯の不在と組織資源の不足で，両条件がともに成立する場合に，その NGO は連携に参加している。逆に資源が豊富な場合，または資源が不足していても先行紐帯を有している場合は，その NGO は連携に参加しない傾向がある（②式）。

上記の組織資源の不足をめぐる結果からは，資源の獲得可能性が連携参加の誘因の一つとなっていたことが示唆される。たとえば後継組織に参加した NGO のメンバーは，その理由として「生物多様性条約の議論に参加するための「乗り物」がほしい」と語った［2013 年 10 月 20 日 O 氏への聞き取り］。この乗り物とは資金をはじめ，環境省とのつながりや自団体より認知されている肩書きのことを意味する。一方ですでに多くの資源を有する団体は，そうした連携参加の誘因をもちにくかったと想定される。

また短期，長期を問わず，連携は一定の負担を伴うものである。聞き取りでは CBD 市民ネット当時の状況について，自団体のものに加え必要な助成金の獲得，その会計処理，15 にも上る作業部会の『ポジションペーパー』作成におけるマネジメントといった大変さが述べられた。さらにそうした事務的負担に加えて，主体間での合意形成という面でも連携をめぐる難しさは語られた。たとえば対外的な声明を出す際の手続きについて，CBD 市民ネット内部で十分な合意形成を得る前にある宣言の素案が新聞報道されたことで，メンバー間での軋轢が生じることもあったという［2013 年 12 月 13 日，2014 年 1 月 30 日 A 氏への聞き取り］。CBD 市民ネットは運営委員会，作業部会，会員団体という 3 層構造をとったが，それらを通して全体的に活動状況を把握，共有することの難しさ，またそうした中でも期限内に意思決定を行い事業を進めることの困難さは，しばしば感じられたとされる［2014 年 2 月 17 日 D 氏への聞き取り］。

こうした負担は短期連携と比べて，連携終了の見込みが不確実な長期連携において，より問題となるだろう。そしてそれによって先行紐帯がなく資源が不足する場合にのみ，連携に参加するという結果が生じたと想定される。ここでとくに先行紐帯の不在が参加を導くという結果は，従来の知見に反するが，これは先行紐帯（本分析ではIUCN日本委員会と野生法ネット）が，新たな連携参加に代替する役割を果たしたことによると考えられる。これらの点は，長期連携固有の参加条件といえるだろう。

以上のようにCBD市民ネットの後継組織，UNDB市民ネットに参加したグループは，先行紐帯がなく組織資源が不足する中小のNGOで，一方で参加しなかったグループは，比較的大規模なNGOという特徴が抽出できた。なおこのようにグループが分かれても，それらは依然として協力関係にある。

次節では，これらCBD市民ネットの元メンバーたちによるUNDBに向けた事業展開を確認していく。ここではまず本節の分析で焦点となったUNDB市民ネットの事業を検討した後，それに参加しなかったグループの代表的な事業，中でも第6章で検討した政策提言活動とも関連が深い事業を取り上げる。これには，本節の分析で先行する紐帯としても検討したIUCN日本委員会が実施する「にじゅうまるプロジェクト」，並びにCBD水田決議に向けた提言活動から派生，展開した，ラムサール・ネットワーク日本による「田んぼの生物多様性向上10年プロジェクト」が挙げられる。これらの3つは，次節以降で検討する政府側のUNDBをめぐる政策実施体制にも大きくかかわっているものである。

3　NGOによる事業展開

3-1　UNDB市民ネットによる事業

まず2011年5月に結成されたUNDB市民ネットは，その前身となるCBD市民ネットと比較し，中小規模でかつ既存の紐帯に属さないNGOによって運営されることとなった。ただしその大枠での活動内容や組織形態は，前身の枠組を引き継いでいるといえる。すなわち会員団体が，それぞれの問題関心に応じて自発的に作業部会を組織し，その活動内容を決定する。また形式上最上位に置かれる運営委員会は，予算獲得やスケジュール管理といった必要最小限のことを行う。そのため愛知ターゲットの達成，UNDBに向けた事業も，それぞれの作業部会の活動として実施される形となっている。

2016年7月時点で，上記の作業部会には次のものがある。たとえば全国各地の生物多様性の豊かな地域を対象に，その保全・持続可能な利用がなされている事例，逆に原発や地域開発問題などによって危機的状況にある事例を調査し，政策提言を行う「ホットスポット」部会。またサンゴ礁の保全や持続可能な漁業のあり方，沿岸域管理を課題とする「海洋保全」部会。2015年に国連で採択された「持続可能な開発目標」（SDGs：Sustainable Development Goals）と関連させつつ，東日本大震災後の生物多様性に配慮した防災・まちづくりをテーマとする「SDGsレジリエンス」部会。さらに中部地方の自治体の枠を越えた課題，流域圏連携に取り組む「中部地域ネットワーク」部会といった計9つの部会である［UNDB市民ネット 2016.7.3］。

こうした中でUNDB市民ネット全体にわたる事業となっているのは，生物多様性条約のCOP，及びそれに関連する国際会議（COPの事前会合である科学技術助言補助機関会合など）への継続的な参加である。すなわち作業部会の主要メンバーが，これらの国際会議に参加，それぞれ現地での情報収集やロビー活動などを行い，また会議終了後には国内で報告会を開催している。たとえば上記のホットスポット部会にかかわり，現在ではUNDB市民ネットの代表を務めるG氏は，2012年の「リオ＋20」（地球サミットの20周年会合）から，生物多様性条約COP11，12を通じて，原発の放射能汚染による生物多様性への影響を議題化するためのロビー活動を継続してきた。また上関原発建設計画に反対する山口県祝島の住民運動をはじめ，地域開発問題の反対運動に対する支援活動を行っている。これに関連してG氏は，自らUNDB市民ネットに参加し上記の活動を続けている理由について次のように語る。

> そういう〔地域現場で活動する〕人たちにつなげていくためには，現場をもっているフィールドをもっている自分たちが残ったほうがいいという判断です。［…］でないと，また国際会議が遠いものになってしまって，使えないものとなってしまうかなっていうのが理由ですね。［2013年10月31日G氏への聞き取り，〔〕内の補足は筆者による］

第5章で指摘したようにG氏自身も，東京都の圏央道高尾山トンネル建設反対運動にかかわってきた経緯があり，そのことが上記の発言に関連している。

なお前述のようにUNDB市民ネットの作業部会が個別に実施している活動は，G氏のような地域開発問題だけに限らない。これは，フレームの一致がその参加条件となっていなかったという前節の分析結果とも関連している。しかし上記のように，地域現場の課題と国際会議の場をつなげていくということは，UNDB市民ネット全体においても事業の基本方針となっている［UNDB市民ネット 2011.10.10］。

図 7-3　UNDB 市民ネットによる生物多様性条約 COP13 報告会の様子（筆者撮影）

■ 3-2　にじゅうまるプロジェクト

次に後継組織に参加しなかったグループによる UNDB に向けた事業展開について，その代表的なものが，IUCN 日本委員会が実施する事業である。IUCN 日本委員会は，前節の分析結果から長期連携への参加に代替する役割を果たしていた先行紐帯であった。同委員会は，2011 年 10 月から「にじゅうまるプロジェクト」を開始させている。これは市民団体，企業，地方自治体などさまざまな主体が，自分たちにできる愛知ターゲットへの貢献を宣言し，それを登録するという事業である。その目的は愛知ターゲットの内容をわかりやすく具体例も含めて翻訳することによって，目標達成に向けた行動を促すこと，また登録された行動を集約することによって，達成状況を可視化させることである。なお参加者も，それを通じてインターネット上での広報の機会を増やしたり，各種の情報提供を受けたりすることができる［IUCN 日本委員会 2011.9.1］[9]。

同プロジェクトの立ち上げにあたって，IUCN 日本委員会のメンバーにはある問題意識があったという。それには愛知ターゲット以前の，生物多様性条約上の「2010 年目標」の失敗が大きく関連している。2010 年目標は 2002 年に採択されたものの，その後 COP などに参加しても，政府関係者の間ではあまり浸透していない状況にあったという。また頻繁な人事異動によって政府担当者の認識が続かない

9)　ちなみに「にじゅうまる」という名前は，愛知ターゲットの達成年である 2020 年とその 20 の個別目標に由来する。なお上記の参加者による宣言・登録という形式は，2006 年から IUCN 本体が国際的に展開していたキャンペーン，「カウントダウン 2010」が下地となっている［2013 年 12 月 13 日 A 氏への聞き取り］。

図 7-4　にじゅうまるプロジェクト全国イベントでのワークショップの様子（筆者撮影）

ということも，しばしばあるとされる。こうした中で今度の愛知ターゲットは「忘れさせない，実行させる」というのが，同プロジェクト立ち上げ時の一番の目標であったと，IUCN 日本委員会のメンバーは語る［2013 年 12 月 13 日 A 氏への聞き取り］。

2016 年 11 月 5 日現在にじゅうまるプロジェクトには，278 の団体，376 の事業が登録されている。また 2014 年からは 2 年ごとに，関係者の集う全国的なイベントも開催されている［IUCN 日本委員会 2016.11.5］。

■ 3-3　田んぼの生物多様性向上 10 年プロジェクト

「田んぼの生物多様性向上 10 年プロジェクト」（以下「田んぼ 10 年プロジェクト」）は，前章の CBD 水田決議にかかわったラムサール・ネットワーク日本（ラムネット J）のメンバーが，COP10 後実施しているものである。これは，プロジェクトの参加者に水田の生物多様性に関する『行動計画』の自発的な実践を求めるもので，それを通じた愛知ターゲットの達成が目指されている［ラムネット J 2013.2.9］。なお同プロジェクトは，上記のにじゅうまるプロジェクトの一部にも位置づけられている。またラムネット J 自身は，UNDB 市民ネットの会員団体にもなっているが，両者の事業は相互独立に展開されている。

前章でも検討したようにラムネット J は，ラムサール・CBD 両水田決議，また UNDB 自体も発案した団体であった。そうした立場から，田んぼ 10 年プロジェクトには「愛知ターゲット達成に向けた，行動のモデルになれば」という思いが込められていると，そのメンバーは語る［2016 年 7 月 13 日 C 氏への聞き取り］。とくに上記の『行動計画』は，水田の生物多様性という観点から，愛知ターゲットの内容を具体的な行動のあり方として示し，地域現場の団体，個人によって実践可能なように設計されたものである。この『行動計画』の策定にあたっては，ラムネットＪをはじめとするNGO・NPO，農家，農業者団体，生協，企業，地方自治体といった地域現場のさまざまな主体が参加するワークショップが開催されている。

田んぼ10年プロジェクトは，COP10直後の2010年11月に立ち上げられた。しかし，主要メンバーが翌年3月に発生した東日本大震災の被災地に居住していたこともあってその後少し間があき，キックオフとなる集会は2013年2月に開催されている。2016年7月末現在，同プロジェクトには102の団体，個人が参加している［ラムネットＪ 2014.9.10-2016.8.8］。

以上UNDBに向けた元CBD市民ネットのメンバーによる事業として，代表的な3つを検討してきた。ここで前章でも検討した「NGO事業型」「他者実施型」という区別にもとづけば，にじゅうまるプロジェクトと田んぼ10年プロジェクトはNGO事業型の傾向が強いもの，一方でUNDB市民ネットのとくにG氏による活動は，他者実施型の志向性が強いものと整理することができる。なおたとえばにじゅうまるプロジェクトでも，政府関係者の認識の持続という目標が述べられていたように，ここでのNGO事業型，他者実施型という区別は必ずしも二者択一的なものではなく，一定のグラデーションの中に位置づけられるものである。

またこれらの事業を実施するにあたって主な資金源となっているのは，それぞれのNGOが自ら申請し獲得する助成金である。表7-4は，各NGOがそれぞれの事業実施のために獲得している助成金の一覧である。各事業は，2011～2015年度までの5年間に年間平均400万～1000万円ほどの助成を獲得している。なお田んぼ10年プロジェクトについて，キックオフ後地球環境基金の獲得以前の2013，2014年度は，数十万円までの少額の資金で運営されていた。また2015年度の獲得後はさらなる事業展開をみせており，参加団体間の交流を深め活動を強化・充実させるため，

表7-4　3事業の実施のために獲得された助成金の一覧（千円）（各NGOの総会資料『事業報告』［IUCN日本委員会 2011-15；ラムネットＪ 2011-15；UNDB市民ネット 2011-15］から作成）

事　業	助成金	2011年度	2012年度	2013年度	2014年度	2015年度
UNDB市民ネット	地球環境基金	-	5,887	5,793	5,878	4,626
にじゅうまるプロジェクト	地球環境基金	6,000	4,875	5,000	4,300	4,500
	経団連自然保護基金	3,750	5,000	5,432	4,745	6,000
田んぼ10年プロジェクト	地球環境基金	-	-	-	-	3,926

地域集会や全国集会の企画などが行われている。

4 国連生物多様性の10年の政策実施体制

ここまでCOP10後の状況について，NGO側の事業展開を検討してきた。では政府側のUNDBをめぐる事業はどのように展開しており，またその中でNGOの事業は実質的にどのような役割を担っているのだろうか。以降では，環境省を中心とするUNDBの政策実施体制について考察する。

愛知ターゲットの達成，UNDBに向けて，政府側は2011年9月に「国連生物多様性の10年日本委員会」（略称「10年委員会」）を設置している。これは2010年の国際生物多様性年に向けて，同年1月に設置された「国際生物多様性年国内委員会」（通称「地球生きもの委員会」）を発展的に改組したもので，日本政府によるUNDBの実施体制の中心に位置づけられるものである。その事務局は，環境省自然環境局自然環境計画課生物多様性施策推進室に置かれ，その委員は前身の地球生きもの委員会から引き続き，さまざまなセクターの関係者がかかわる構成となっている（表7-5）。まず日本経済団体連合会の会長が委員長を務め，委員となる関係団体には経済界，第一次産業，動物園などの利益団体，NGOやユース，自治体のネットワーク組織が参加，環境省以外の関係省庁もこれにかかわっている。なお前述のIUCN日本委員会やUNDB市民ネットも，関係団体となっている。以上の経緯，構成からも10年委員会は，COP10を通じ形成されたセクター横断的な連携について，その

表7-5　国連生物多様性の10年日本委員会の関係団体一覧（2016年9月現在）

（10年委員会［2016.9.13］から作成）

日本経済団体連合会	全国農業協同組合中央会	CEPAジャパン	生物多様性自治体ネットワーク
経済同友会	全国農業協同組合連合会	生物多様性わかものネットワーク	外務省
日本商工会議所	日本旅行業協会	自然公園財団	文部科学省
日本青年会議所	国際自然保護連合日本委員会	SATOYAMAイニシアティブ推進ネットワーク	農林水産省
大日本水産会	日本植物園協会	日本自然保護協会	経済産業省
全国漁業協同組合連合会	日本動物園水族館協会	地球環境パートナーシップ	国土交通省
日本林業協会	日本博物館協会	国土緑化推進機構	環境省
全国森林組合連合会	国連生物多様性の10年市民ネットワーク	山階鳥類研究所	

表 7-6　地球生きもの委員会・10 年委員会の事業一覧
（地球生きもの委員会の『配布資料』［地球生きもの委員会 2010.1.25-2011.2.10，計 3 回］，10 年委員会の『配布資料』［10 年委員会 2011.9.1-2016.6.23，計 6 回］から作成）

	国際生物多様性年国内委員会	国連生物多様性の 10 年日本委員会
設　置	2010 年 1 月	2011 年 9 月
目　的	国際生物多様年を契機に，国内の幅広い主体の参加を得ながら，「生物多様性」の認知度を高め，生物多様性の保全と持続可能な利用に資する活動を実施・促進	愛知目標を達成するため，国，地方公共団体，事業者，国民及び民間の団体における生物多様性の保全及び持続可能な利用に関する取組を促進し，各セクター相互の情報交換及び連携を進めること
各種イベント開催	プロジェクトチームによる，記念イベント（含「MY 行動宣言式」），グリーンウェイブ 2010，COP10/MOP5 出展，クロージングイベントなど	全国ミーティング，地域セミナー，出前講座，グリーンウェイブなど
各種事業	サポーターの登録（寄付・協賛）	サポーターの登録（寄付）
	著名人による「応援団」の任命，キャラクターの作成	著名人による「応援団」・「リーダー」の任命，「キャラクター応援団」の登録
		連携事業の認定
		「MY 行動宣言」の推進，「生物多様性アクション大賞」による表彰
		推薦図書等の選定，「生物多様性の本箱」の寄贈・普及
		広報誌『Iki・Tomo』の発行，「Iki・Tomo パートナーズ」の募集，「生物多様性 .com」の構築

持続を象徴するものである。

ここで『設置要綱』によれば，10 年委員会の目的は「愛知目標を達成するため，国，地方公共団体，事業者，国民及び民間の団体における生物多様性の保全及び持続可能な利用に関する取組を促進し，各セクター相互の情報交換及び連携を進めること」とされている。ただし以下で検討するように，その中で実施されている事業は，ほぼ「普及啓発」に関するものに限られる。したがって，とくに愛知ターゲットの目標 1 に向けた対応が主となっている。それに関連して，10 年委員会の資料では「国民運動」や「主流化」といった用語が頻繁に登場する。

表 7-6 は，この 10 年委員会が実施している事業を整理したものである。また左列には，前身の地球生きもの委員会の事業内容も示した。このうち地球生きもの委員会から 10 年委員会を通じて，変わらず実施されている事業は，各種のイベントの開催，主に企業からの寄付を求めるサポーターの登録，著名人・キャラクターによる「応援団」の任命といったものである。

それに対して UNDB に向けて新たに構築された実施体制は，前節でみたような NGO による事業をほぼそのまま 10 年委員会の事業としても活用するという形となっている。とりわけ10年委員会の事業の柱ともなっている連携事業の認定が，その最たるものだろう。これはIUCN日本委員会のにじゅうまるプロジェクトに登録されている事業の中から，とくに推奨する事業を10年委員会が認定するというものである。なおこの連携事業は，IUCN日本委員会のメンバーからの積極的な提案によって創設されたという経緯がある［2013年12月13日A氏への聞き取り］。同事業では，2016年3月時点までに計79の事業が認定されている。またその中ではラムネットJの田んぼ10年プロジェクトが，中核的な役割を果たしている。同プロジェクト自体も第1弾として2012年9月に認定され，その後も計10もの事業を輩出するまでとなっている。

また他の事業についても，同様の傾向をみることができる。たとえば「MY行動宣言」の推進に関して，この宣言自体はCBD市民ネットの普及啓発部会で考案されたツール「5 ACTIONS!!!!!」を発展させたもので，COP10後その普及啓発部会から展開し設立された「CEPAジャパン」が10年委員会に提案，同委員会の事業にもなったものである［2013年12月13日A氏への聞き取り］。またCEPAジャパンでは，『MY行動宣言』にある5つのアクションについて地域現場での実践事例を募集し，企業などからの寄付・協賛を得て表彰する「生物多様性アクション大賞」を2013年から開始しており，翌年からは10年委員会の主催事業ともなっている。さらには推薦図書の寄贈，ポータルサイト「生物多様性.com」の構築・運営には，CBD市民ネットの元主要メンバーでIUCN日本委員会の事務局にもなっている日本自然保護協会が中心的にかかわっている。

なお，にじゅうまるプロジェクトや田んぼ10年プロジェクトといったNGO事業型の傾向にあるものは，10年委員会の中でも重点が置かれているのに対して，UNDB市民ネットによる他者実施型の志向性が強いものは，同委員会においても明確な位置づけを与えられていない。この点にも，前章で検討したようなセクター横断的連携の選択性を確認することができる。

加えて10年委員会の事業にかかわる予算自体も，決して十分なものとはいいがたい。表7-7は環境省の『契約締結情報の公表』から確認した，前身の地球生きもの委員会と10年委員会に関連する委託業務費の推移である。地球生きもの委員会，また10年委員会の初年度には大手の広告会社がかかわり，前者は計1億7000万円ほど，後者も4000万円近い委託業務費がついている。

しかしそれ以降は，10年委員会の企画運営等業務に年間1000万円前後の業務費が支出されているに過ぎない[10)]。ちなみに10年委員会と同様に普及啓発による

表 7-7　地球生きもの委員会・10 年委員会に関連する委託業務費の推移（千円）
（『契約締結情報の公表』［環境省 2011–15］から作成）

年度	委員会企画運営		普及啓発		イベント開催	
	金額	相手	金額	相手	金額	相手
2010	50,000	（株）電通	42,000	（株）電通	2,426	若林株式会社
					75,600	（株）電通
2011	8,969	（株）ソシオエンジン・アソシエイツ	22,950	（株）電通	1,861	（株）オーエムシー
			5,145	（株）TREE		
2012	7,350	（一社）環境パートナーシップ会議				
2013	11,445	（一社）環境パートナーシップ会議				
2014	10,908	（一社）環境パートナーシップ会議				
2015	10,908	（一社）環境パートナーシップ会議				

「国民運動」を謳って，環境省がかつて実施した「地球温暖化防止大規模「国民運動」推進事業」，いわゆるクール・ビズなどで有名な「チーム・マイナス 6%」の事業費は，2005 ～ 2007 年度の 3 年間で計 83 億円，年間平均 27 億 7000 万円に上るものであった[11]。上記の 10 年委員会関連の事業費は，たとえ NGO が自主的に調達しているものと合わせたとしても，それに遠く及ばない額である。

5　NGO の事業に依存した体制

本章ではまず前半部で，COP10 後の NGO の活動について質的比較分析の手法を用い，それぞれのグループの特徴を分析し，とりわけ CBD 市民ネットの後継組織である長期連携に参加した団体が，先行する紐帯をもたず組織資源の不足するものであったということを考察した。そしてそれにもとづきながら，元 CBD 市民ネッ

10）2005 年 6 月に開催された 10 年委員会の中間評価では，課題として「予算の不足」「必要な資金の精査と確保」が挙げられている［10 年委員会 2015.6.18］。

なお 2012 年度以降の契約相手となっている「環境パートナーシップ会議」とは，政府と市民セクターの協働の拠点である「地球環境パートナーシッププラザ」（第 1 章参照）を運営する団体で，それによる 10 年委員会の企画運営等業務には IUCN 日本委員会，CEPA ジャパン，同じく CBD 市民ネットの普及啓発部会にかかわった株式会社 TREE の計 4 団体が関与しているという［2013 年 12 月 13 日 A 氏への聞き取り］。

11）『参議院会議録情報』［2007.6.19］における蓮舫氏から環境省地球環境局局長（当時）南川秀紀氏への質問と回答より。なおこの事業費は，2003 年の石油石炭税の導入による税収増加によって可能になったものである。このとき経済産業省と環境省が，エネルギー対策特別会計の石炭課税分を山分けすることになった（杉本 2012）。

トの主要メンバーによる愛知ターゲットの達成，UNDBに向けた代表的な事業の展開について検討してきた。UNDBに向けてNGO側はいくつかの事業を展開しているが，それらは自ら申請し獲得する助成金を主な資金源として運営されているものである。

一方で政府によるUNDBに向けた実施体制，10年委員会では，それらNGOによる事業をほぼそのまま活用するという形の体制が構築されている。このことは見方によっては，10年委員会の実施体制でもNGOがイニシアティブを取って活動していると捉えることも可能である。しかし裏を返せば，UNDBに向けた実施体制がNGOによる事業に依存したものとなっていることをあらわすものだろう。この意味で10年委員会独自の事業展開，とりわけNGO以外の主体による取り組みといったものは，同委員会の枠内では概して乏しく，その予算自体も少ないものとなっている。前節のNGOの事業は，こうした状況の中で結果的にそれを補完する役割を果たしているといえる[12)]。

上記のような本章の連携の帰結は，第2章で提起した「他者変革性の発揮」と「行政の下請け化」という概念からは，十分捉えられないものである。まずUNDBの政策実施体制について，市民セクターの主体が存在しなくとも事業が実施可能な状態にはないということから，その実施体制は他者変革性が発揮された状態にあるとはいえない。一方でNGOの事業は，上記の実施体制に位置づけられているものも含むが，それに限らずたとえばUNDB市民ネットの原発の放射能汚染による生物多様性への影響を議題化するための活動など，その実施体制に位置づけられないものも含まれる。またラムネットJも，諫早湾干拓問題をはじめ地域開発問題への支援活動を続けている。したがって本章で検討したNGOは，上記の実施体制において自主事業がなされなくなるという行政の下請け化の状態にあるともいえない。対して次章では，本書の結論としてこうした実施体制の特徴を明確化していくこととする。

最後に本章冒頭でも指摘したように，愛知ターゲットの達成，UNDBをめぐる政策実施は現在のところ低迷状況にある。とくに10年委員会がその主な目的としている普及啓発に関しても，近年では「生物多様性」という言葉の認識度が低下している。もちろんこうした普及啓発に頼った政策実施がなされていること自体課題で

12）この点でC氏も，現時点での政府からのサポートはNGOの事業を推薦したり，そのイベントに参加したりといった程度のものであるという［2016年7月13日C氏への聞き取り］。

もあるが，今日ではそれすらも政策的成果が乏しい。

この低迷状況は，上記のようなUNDBに向けた政策実施体制自体の不十分さを示唆するものだろう。しかしここで，その実施体制で中心的役割を担っているのがNGOであるからといって，打開のためのさらなる努力をNGO側に求めることは失当であろう。もちろん，それらの事業が重要であることは論を俟たない。しかしNGO側にさらなる努力を求めることは，政府や企業など他の主体がより果たすべき役割を看過してしまうことにもつながり，さらに上記の不十分な実施体制をさらに変えがたくしてしまう恐れもある。本質的な課題は，NGO以外の主体による事業展開が乏しい状況自体をいかに解消していくかということにあると考えられる。

終章
本書の知見と環境ガバナンスに向けた問題提起

1 事例研究のまとめ

第3～7章では，生物多様性関連の環境政策決定・実施過程を対象に事例研究を進めてきた。このうち第3，4章では外来種オオクチバス等の規制をめぐる政策提言活動を，また第5～7章では生物多様性条約COP10に向けた政策提言活動を対象とし，両者ともに政策決定過程におけるセクター横断的連携と，それが政策実施体制にもたらす帰結について検討してきた。これらの事例研究から得られた知見をまとめれば，次のようになる。

第3章ではバスの規制をめぐる政策提言活動を対象に，2005年のバスの特定外来生物指定を後押しした環境NGOと漁業者団体のセクター横断的連携に焦点を合わせ，分析を行った。その中では組織フレームのすれ違いと一致に着目し，どのようなフレームのもとで両者の連携が形成されたのかということを問いとした。このうち1990年後半から2000年前後までの第1期において，漁業者団体側ではバスの駆除を対策事業の方針としながらも，自らにそれが任されている現状についてはたびたび違和感が表明されていた。すなわち解決策の担い手について，潜在的に漁業者以外の新たな主体が要請されていたといえる。一方で第1期のNGOのフレームは，生物多様性という観点から漁業者団体のフレームを含み込む形でほぼ一致したものであったが，とくにバスの駆除の担い手については，あくまで漁業者を想定するものであった。この点で両者のフレームはすれ違っていた。

一方でその後の中間期には，地域現場でバスの駆除活動に取り組む，ローカルなNGOが登場した。これに対して先のNGOは，それらとネットワークを構築しながら，自らの解決策をめぐるフレームの中に市民セクターが担う駆除活動を積極的に位置づけていった。具体的には，NGOが相互に支え合い駆除を推進していく連合体の構想である。こうした構想は漁業者団体側からも好意的に受け止められ，2005年前後の第2期には合同シンポジウムの開催や共同宣言の採択といった形で，バスの特定外来生物指定を後押しする連携がNGOとの間に形成された。すなわち後の実施体制におけるNGOを担い手とした事業の見込み，「NGO事業型」のフレームのもとで，上記のセクター横断的連携が形成されたのであり，NGO側のそのフレームへの移行が連携形成の決定的な条件となっていた。なおこうした連携の中でも，それ以外の論点，たとえば漁協の放流事業やバスの漁業権免許といったNGO以外の主体を解決策の担い手とする論点については，潜在的にすれ違ったままであった。

第4章では外来生物法施行以降の政策実施体制について，そこでNGOが実質的に担っている役割に着目しながら検討した。まず先の中間期に登場した秋田県八郎湖他，宮城県旧鹿島台町，滋賀県琵琶湖をフィールドとするローカルなNGOに関する分析から，地域現場でのバスの駆除活動が独自のライフヒストリーやネットワーク，個人的な満足感に支えられながら，主に助成金とボランティアによって担われていること，並びに連合体による支援活動についても同様であることを確認した。さらにそれらを取り巻く外来生物法の実施体制については，行為規制や国による防除の実施をめぐる実質的な変更点が乏しく，また新たな展開である環境省のモデル事業も，必ずしも政策的成果の出ないまま終了している実態を指摘した。すなわちバスをめぐる外来生物法の実施体制は，ただ政府セクター以外の主体に，実質的にはNGOをはじめとする市民セクターの主体に期待するというものになっている。なおバスの防除は，現時点では約90％の水域でバスによる被害の低減がしていないか，防除後のモニタリングもなされていないとされ，政策的な成果が上がっているとはいいがたい状況にある。

第5章では生物多様性条約COP10に向けた政策提言活動を事例に，組織的な基盤となったNGOのネットワーク組織における連携戦略と，その戦略がもたらした運動内的な帰結に注目しながら分析を行った。ここでネットワーク組織の初期メンバーが採用した個別運動の違いよりも協働性を重視する戦略，すなわち包摂戦略は，さまざまなフレームの実践機会としてCOP10を位置づけ，多様な二次メンバーの連携参加を促した。またこうした多様な運動組織間の連携は，対外的にはネットワーク組織を市民セクターの統一体と認知させ，一定の政治的な影響力の発揮にも結びついたといえる。一方で包摂戦略が翻って運動内の集合的意思決定にもたらした帰結について，政策提言の体系化や焦点化の限界というトレードオフが生じていた。中でも個別問題に焦点化した政策提言に関して，個々のNGOとしてはそのポテンシャルを有していたにもかかわらず，会全体としてはそれがなされにくいという傾向が生じていた。このことから運動外的なターゲットに対する影響についても，環境省の路線を補強するという提言内容が会全体の影響の与え方の傾向となっていた。

第6章ではCOP10に向けて，とくに活発的な政策提言活動を繰り広げていた「水田」「国連生物多様性の10年」「遺伝子組み換え作物の規制」「遺伝資源へのアクセスと利益配分」に関する4つの作業部会について，関係したNGOと行政機関のセクター横断的連携に着目しながら比較分析を行った。ここでは先行する紐帯と組織フレーム，中でも「希少な専門知」と「解決策の担い手」に関する組織フレームを分析枠組として，上記の連携形成条件及びその選択性について考察した。このうち先行紐帯は連携形成を促す条件の一つであったが，そればかりでは連携は形成されないと想定される。また希少な専門知は，本事例では連携形成と関連していなかった。

一方で解決策の担い手について，NGO側の提言内容が「NGO事業型」であること，すなわち後の実施体制におけるNGOを主体とした事業があらかじめ見込まれている場合，行政機関との間にセクター横断的連携が形成されていた。これに相当するのは水田と，国連生物多様性の10年に関する部会であり，とくに後者ではNGO側があらかじめ政策実施を担うことについて意思表明することが，政府側がその提言を受け入れるにあたっての「決め手」となっていた。一方で政府，産業セクターの主体を解決策の担い手とした「他者実施型」の政策提言の場合，上記のセクター横断的連携が形成されることはなかった。これに相当するのは遺伝子組み換え作物の規制と，遺伝資源へのアクセスと利益配分に関する部会である。上記の解決策の担い手に関する条件は，他の条件と比べても被説明項の連携形成の成否と直接に関連するものであり，最も有力な条件であったと考えられる。すなわちセクター横断的連携は，「NGO事業型」の提言において形成されやすいという一定の選択性を考察することができる。

第7章ではCOP10以降の状況に関して，NGOによる事業の展開とそれにかかわる政策実施体制について検討した。COP10にかかわったNGOは，愛知ターゲットの達成，国連生物多様性の10年に向けてさまざまな事業を展開しているが，それらは自ら申請し獲得する助成金を主な資金源として運営されている。一方で政府側の実施体制は，それらNGO側の事業をほぼそのまま活用するものとなっていた。すなわち政府セクター独自の事業展開，並びにその予算は概して乏しい状況にあり，結果的にはそれを補完する形で，NGOの事業に依存した実施体制が構築されていた。なおこれらの政策実施は，普及啓発を中心としたものであるが，最近では生物多様性の認知度が低下するなど政策的成果の乏しい状況にある。

以上の本書の事例研究から得られた知見について，本章では序章で提示した先行研究の論点と関連させながら，示唆を述べていく。なお序章で設定した本書の問いは，「従来の議論で環境問題の解決策として提起されてきた協働がすでに実行に移されているにもかかわらず，現実の環境問題解決が進んでいないとすればなぜか」であった。すなわち，本書の着地点は，環境ガバナンスの理念のもと市民参加が実態的にも制度化に向かいつつあるようにみえるにもかかわらず，現実の環境問題解決が前進していないという状況に照らして，その理由の一端を明らかにすることにある。これに対して本章では，事例研究から得られた示唆をもとに，今日の環境政策決定・実施過程をめぐる状況について問題提起を行う。

2 他者変革性の発揮を阻む選択性

まず序章で検討した環境ガバナンス論，セカンド・ステージ型環境運動論では，従来の行き詰まりを打開する新たな統治，運動のあり方といった観点から，セクター横断的連携に一定の期待が向けられていた。その中でNGOをはじめ市民セクターの主体は，市場・政府の限界を補完する，政府や企業の行動転換を導く社会変革のポテンシャルを有する主体と目され，上記の連携を通じてその役割が発揮されると理念的に想定されてきた。

一方でそうした理念的な意義の前に，セクター横断的連携の形成条件，及びその選択性の考察はこれまで看過されてきた。また連携の帰結に関する考察も不十分なまま残されており，とりわけ連携形成それ自体から環境政策の前進，ないし社会変革といったものが単線的に導かれてしまう傾向にあった。他方でNPO一般をめぐる議論では連携の帰結について，そこで見本例となっている社会福祉領域との違いといった検討課題を残すものの，「行政の下請け化」という現象が問題化されていた。

それに対して本書では，まず連携形成条件の特定しそこにあらわれる選択性を考察すること，並びに連携の帰結に関して結果的に構築される政策実施体制の特徴を検討することを提起した。そして上記の先行研究から想定される可能性を，「他者変革性の発揮」と「行政の下請け化」という2つの命題に整理した。本節では，本書の知見と「他者変革性の発揮」命題との関連を考察する。これは，政策決定過程では選択性を介してもなお，NGO 側の他者実施型の政策提言のもとで連携が形成され，その結果政策実施体制では政府，産業セクターの主体が「独自に」NGO の提言にもとづく事業を実施するようになる，というものである。ここで「独自に」とは，市民セクターの主体が存在しなくとも，その事業が実施可能であるということを要件とする。

本書の事例研究にもとづく知見からは，まずセクター横断的連携の形成条件の選択性について次のことが示唆される。すなわち第 3, 6 章の分析から，連携形成条件となっていたのは NGO 側のフレームが「NGO 事業型」である場合，つまり後の政策実施体制において NGO 自身を担い手とする事業があらかじめ見込まれている場合であった。一方で NGO 側が政府，産業セクターの主体を実施体制の担い手とする「他者実施型」のフレームを発している場合には，連携は形成されなかった。したがってセクター横断的連携は「NGO 事業型」のフレームのもとでのみ形成されやすいという，一定の選択性を有することが示唆される。

これらの NGO は連携相手となる政府，産業セクターの主体から一定の期待，たとえば第 1 章で検討したような環境行政の財源，マンパワーの不足を補完するという期待を受けていたにせよ，最終的には自発的に期待に応え NGO 事業型のフレームを発していた。また上記の選択性のもと構築された政策実施体制においては，NGO 側に期待ないし依存した体制が構築されていた。すなわち政府，産業セクターの主体は，市民セクターの主体が存在しなくとも実施可能な状態にはなく，本書の意味で「他者変革性の発揮」という帰結にはつながらなかったといえる。

以上の知見から，環境運動論が従来想定してきたようなセクター横断的連携を通じた他者変革性の発揮という帰結は，現代日本社会において必ずしも実態を反映しているとはいえない。というのも NGO との連携が形成されるのは，そもそも政府，産業セクターの主体が後の実施体制の担い手となるような場合ではなく，むしろ NGO 側に一定の事業が見込まれ，それが実施体制の中に位置づけられるような場合である。もっとも環境運動論で意図されていたのは，新たな運動のあり方を理念的に指し示すことであって，それが現状と食い違っていること自体は，いわば自明のことである。対して本書の知見は，そうした運動のあり方が現実の環境政策決定・実施過程において，果たして実現可能なのかという点に関して，一定の疑問を投げかけるものであろう。

また以上を敷衍すれば，本書の知見は近年の政策提言（アドボカシー）を行うような運動のあり方に対する評価についても，新たな議論を喚起するものである。ここで社会運動一般をめぐる議論では，NGO・NPO のような「事業性」を有する主体について，行政や企業と異なるアイデンティティである「運動性」を論じる文脈から，上記の政策提言のもつ意義が強調されていた（本郷 2007：235）。また環境運動論においても政策提言型の NGO・NPO は，たとえば「カウンターパワーの萌芽形態」（西城戸 1998：81）として，一定の期待を込めて論じられてきた。さらに NPO 論においても政策提言は，行政の下請け化に抗するアプローチとして，その問題構成の外部から要請されていた（藤井ほか編 2013：10）。

本書の「NGO 事業型」「他者実施型」という区別は，上記のように NGO・NPO の「政策提言」として従来一括りに議論されてきたものを分節化して捉えるということを意図したものである。本書の知見からは NGO・NPO が政策提言を行い，またそれがある程度実現したとしても，事業性に対置される役割としての運動性，ないし行政や企業とは異なるアイデンティティの発揮につながるという点に関しては，一定の留保をつけざるをえない。ここではそうした政策提言の中で，次のような一定のセクター横断的連携を経由することが前提となる[1]。

すなわちセクター横断的連携には，後の政策実施体制において NGO・NPO を担い手とした事業があらかじめ見込まれる場合にのみ形成されやすい，という一定の選択性が存在する。したがって NGO・NPO が新たな問題を発見し，それに関する政策提言を行い，たとえそれが実現したとしても，その実施体制における問題解決のための事業はあくまで NGO・NPO 自身が実施するという状況が成立する。ここでそうした政策提言が，一定の委託事業や補助金，あるいは象徴的にお墨付きを与えるといった行政側のサポートを実現するということはありうる。しかし行政が独自にそれに取り組むという体制が構築される可能性は，相対的に小さいと想定される。このことは，むしろ単に NGO・NPO 側の事業が拡大しただけと捉えた方が適切かもしれない。

もっともこうした状況をどのように評価するのかについては，NGO・NPO の運動性，事業性といった概念をより明確化しながら，別途議論しなければならない。

1）こうした前提を置くことは，実態に即したものと想定される。というのも現代日本社会における NGO・NPO 一般は，政策過程において「レイトカマー（late comer：新規参入者）」（辻中ほか編 2012：40）の位置にあり，旧来の利益団体がもつような「票とカネ」「団体の正統性」のような政治的影響力の源泉が乏しいためである。したがってそこから政策提言の実現を目指すには，一定のセクター横断的連携を形成することが現実的な戦術となるだろう。レイトカマーがそうした連携を経由せず，独力で政策提言の実現を目指すことはほぼ不可能である。

しかし，少なくとも本書からは次のことが示唆される。すなわちNGO・NPOが政策提言を行い，たとえそれが実現したとしても，そのことは必ずしも政府，産業セクターの行動転換につながるということを意味しない。ここではむしろ別様の形で生じる帰結について，十分注意を向ける必要がある[2)]。

3 政策実施体制の丸投げ

次に，本書の知見と「行政の下請け化」命題との関連を考察していく。これは，政策決定過程では選択性によって，NGO事業型の政策提言のもとでのみセクター横断的連携が形成され，その結果政策実施体制ではNGOの「自主事業」がなされなくなる，というものである。ここで「自主事業」とは，すでに実施体制の中に位置づけられているものばかりでなく，それに位置づけられていないものも含むことを要件とする。

これに対して第4，7章で検討した両事例の政策実施体制は，次のような特徴を有するものであった。まずバスの規制をめぐる外来生物法施行以降の実施体制は，とりわけ地域現場でのバスの防除を推進していくにあたって，環境省が少数のモデル事業を行い，その他は政府セクター以外の主体，実質的に市民セクターの主体にただ期待するというものになっていた。またCOP10以降の実施体制は，生物多様性全般に関して包括的な普及啓発を行うため，政府セクターは多様な主体のかかわる場を設定するものの，その中ではNGO側の事業をほぼそのまま活用するというものであった。

2）NGO・NPOをはじめ今日的な市民セクターのあり方に関しては，新自由主義的な国家による「動員」として，批判的に論じられることも少なくない。たとえば中野敏男は，本書のような政策提言を含むNGO・NPOのあり方に対しても，「国家システムが主体（subject）を育成し，そのようにして育成された主体が対案まで用意して問題解決をめざしシステムに貢献するという（「アドボカシー（advocacy 政策提案）型の市民参加」），まことに都合よく仕組まれたボランティアと国家システムの動態的な連関である」（中野 2014：258）と評している。

これに対して本書の事例研究にあらわされるNGO像は，政策実施体制の担い手として位置づけられるという点で，「動員」の対象となる懸念はある。しかしそうしたNGO・NPOのあり方自体に問題があるのではない。むしろ問題となるのは，それに接続してしまっている帰結の方である。これに関連して仁平典宏は，「動員が何と接続しているのかを個別に精査／評価」することの重要性を提起しながら，「文脈抜きの動員批判は，文脈抜きの協働擁護と同じくらい認識利得は小さい」（仁平 2011：424）と指摘している。

なおこれらは，第2章で指摘したそれぞれの事例の特色，「シングルイシュー／マルチイシュー」「ローカル／リージョナル／グローバル」という2つの軸から整理した特色を反映したものと捉えられる。すなわち前者はシングルイシューのローカルに近い問題であったことから，モデル事業を通じて地域現場の実践が奨励され，一方で後者はマルチイシューのグローバルに及ぶ問題であったことから，まずもって多様な主体のかかわる包括的な場をつくるという形式で，実施体制が構築されていたと位置づけられる。

両事例の実施体制に関して本書の知見から示唆される連携の帰結は，「行政の下請け化」という概念によってもうまく捉えられないものである。まず両事例における行政側の役割は，モデル事業を行う，あるいは場を設定するという限りであった。その中では，下請け化問題で想定されるようなNGOの自発性を脅かす行政側の介入がなされているわけではない。またNGO側の事業は，主にボランティア，あるいは自ら申請し獲得する助成金によって運営されていた。ここで助成金は，委託事業と違ってNGO自身が事業主体となるため，その自発性は一定程度担保される。

そしてこうした自発性の担保のもと，事例研究で取り上げたNGO・NPOは，政策実施体制に位置づけられる事業を自発的に担いながらも，同時にそれに位置づけられない事業も積極的に実施していた。たとえば第4章のノーバスネットでは，山梨県河口湖などの4湖におけるバスの漁業権免許の更新に反対する政策提言が行われており，また第7章のUNDB市民ネットでは，原発の放射能汚染による生物多様性への影響を議題化するためのロビー活動，あるいはラムネットJでも，長崎県諫早湾干拓問題に対する支援活動などが続けられている。

したがって見本例となってきた社会福祉領域の状況と異なり，環境領域ではセクター横断的連携を通じて行政の下請け化から示唆されるような状態，すなわちNGO・NPO側が行政に過度に依存し，自発性が脅かされるという状態が生じる可能性は相対的に小さいと想定される。

一方で本書の知見から問題として浮かび上がるのは，むしろ環境行政側において，そうしたNGOの事業に期待し依存した政策実施体制が構築されてしまう，という帰結が生じる可能性である。本書ではこうした状態を，「実施体制の丸投げ」として提起する[3]。この丸投げは，「政策実施体制において市民セクター主体の「自主事

---

3)「丸投げ」という用語自体は，宮永健太郎がパートナーシップの現実的な側面に関して，地方自治体における状況を例示する際に使ったものの一つから着想を得ている（宮永 2011：35）。

業」がなされるままに，政府，産業セクターの主体による「独自の」事業展開が乏しくなってしまう状態」のことを意味する。ここで「独自」「自主事業」の要件は，他者変革性の発揮，行政の下請け化と同様である。なお他の概念との関係を念頭に，上記を命題の形に整理しておけば次のようになる。

「実施体制の丸投げ」命題：環境政策決定過程では選択性によって，NGO側の「NGO事業型」のフレームのもとでセクター横断的連携が形成され，その結果政策実施体制では，NGOの「自主事業」がなされるままに，政府，産業セクターの主体による「独自の」事業展開が乏しくなってしまう。

この実施体制の丸投げについて「行政の下請け化」と最も区別されるのは，そこでは行政側の介入が，下請け化が想定されるような一種の抑圧に至るものとして発生しているわけではない，ということである。むしろそこでは市民セクターの自発性を担保し，さらに促進していくような形で行政側の介入が起こっている。また先述の両事例の特色に関する整理にもとづけば，シングルイシュー，ローカルに近い問題を念頭に置いた「モデル事業型丸投げ」や，マルチイシュー，グローバルに及ぶ問題を念頭に置いた「場づくり型丸投げ」といった丸投げ的な実施体制のバリエーションも示唆されよう。こうした市民セクター側の自発性を活かすような行政側の介入のし方は，環境社会学の協働研究でも想定されておらず，逆にその先行研究では抑圧的な介入のあり方ばかりが問題化されてきたといえる。

4　政策的成果の乏しさと循環構造

本書で実施体制の丸投げについて問題提起をするのは，とりわけ次の理由による。第1に丸投げ的実施体制は，特定の環境問題の解決に対してもつ効果という意味で，実質的に政策的な成果の乏しいものにならざるをえないという可能性が示唆される。この点で本書の事例研究でも，たとえばバスの防除事業のうち約10%の水域でしか成果が上がっていなかったり，あるいは生物多様性の認識度が低下したりといった「焼け石に水」の状況が散見された。こうした政策的成果の乏しさは，NGOをはじめ市民セクターの主体自身が政府，産業セクターの主体と比べて，財源，マンパワーといったリソースを調達するのに，そもそも不利な立場に置かれていることによると想定される。

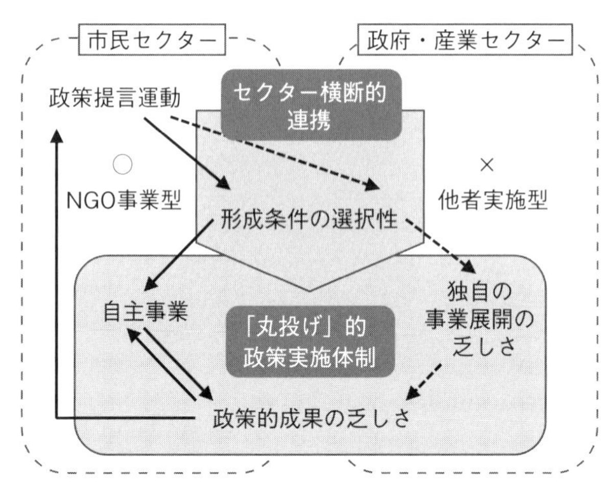

図1　丸投げ的実施体制の循環構造

第2にセクター横断的連携における形成条件の選択性に関する知見と合わせれば，丸投げ的実施体制は，次のような「循環構造」に結びつく恐れがある。ここでこの循環構造を図示したものが，図1である。

まずNGOをはじめ市民セクターの主体は，新たな問題を発見し政策提言活動を繰り広げる。ここで政策決定への市民参加が奨励されていたとしても，セクター横断的連携における形成条件の選択性を通じて，その政策提言が実現するのはNGO事業型の場合である。一方で他者実施型の提言は実現しない。そして丸投げ的政策実施体制のもと，市民セクター主体の自主事業がなされるままに政府，産業セクターの主体による独自の事業展開が乏しく，最終的に政策的成果の乏しさが生み出される。これに対して市民セクター側は，さらなる自主事業に取り組むか，あるいは新たな政策提言活動を試みるが，上記の構造を繰り返すこととなる。

この循環構造は，ひとたび形成されればそれから抜け出しがたい自己強化性をもつと考えられる。というのもこの構造は，政策的成果が乏しいものであるにもかかわらず，あるいは乏しいからこそ，それぞれの主体にとっては一定の個別的成果を与えてくれるものになりうるからである。まず政府，産業セクターにとって，この構造は低コストで環境政策にかかわるための手段を与えてくれる。とりわけアドホックには，自ら抜本的な行動転換を行わずとも，環境政策に取り組んでいないという外部からの批判を回避することに貢献しうる。またNGOをはじめ市民セクター側も，自らの活動に成果が求められる。そして上記の連携形成条件の選択性のもと，他者実施型の政策提言の実現がほぼ不可能であるなら，NGO事業型の提言によって政府，産業セクターの主体と連携を形成するということが，戦略的に成果を出すための手段となるだろう。この点で政策的成果が乏しい状況は，市民セクターにとってさらに自ら活動を行う余地にもなる。

しかし裏を返せば，上記の循環構造は長期的な視点に立った場合，それぞれの主体にとって不利益をもたらすものになりうる。ここでの不利益とは，たとえば生物多様性の損失によってすべての主体が損害を被る，といったことを指すばかりではない。まず市民セクターにとっては，問題解決に対して効果の乏しい政策実施をほぼ際限なく継続せざるをえなくなる。ここで現状NGOの活動を支えているものの一つに，ボランティアがあった。このボランティアに対して際限のない政策実施を求めることは，多大な負担を伴うだろう。また政府，産業セクターにとっても，効果の乏しい状況が続くことは慢性的な時間と資金の浪費につながりうる。こうした浪費とは，実働の中心ではないにしろそれらの主体もかかわるさまざまな事業を通じたものであり，またボランティアとは別にNGOの活動を支えている公的な補助金，民間の助成金にかかわるものである。

加えて上記の循環構造が仮に成立しているとした場合，現状起こりうる事態として次のことが想定される。まずこの構造は最終的な政策的成果の乏しいものであるが，一見すれば序章で検討したような環境ガバナンスの理念，多様な主体の政策「決定」過程からの協働，パートナーシップを体現したものとなっている。すなわち政策的な成果が乏しい不十分な政策実施体制を導いているにもかかわらず，それが理念的には正当化され，結果的に上辺だけ装った環境政策の展開につながってしまう可能性がある。

もっとも上記のことは，あらゆる地域現場においてNGO・NPOを担い手とした事業は政策的成果が上がらない，ということを意味しない。もちろん個々の地域現場では，それら独自の人材やネットワークによって成功する場合はあるし（第4章），また第1章で分析した『環境白書』でも随所にそうした事例が報告されている。しかしそうした局所的なレベルでの成功は，政策実施体制という大局的なレベルでの成功を必ずしも意味しない。むしろそうした局所レベルでの成功を論拠として，上記のような丸投げ的実施体制の不十分さを正当化してはならないのである。

また連携形成条件の選択性のもと，市民セクター側の事業が見込まれず，セクター横断的連携すら形成されない領域に特定の環境問題の根本的な原因があると仮定した場合，上記の政策実施体制は根本原因を解消しないままの「対症療法」に陥ってしまう可能性も示唆される。また逆に市民セクター側との連携が促される領域が，根本原因のある領域以外である場合，そこでの連携は市民セクター側の対症療法への動員を意味することになるだろう[4]。もっとも根本原因のある領域でセクター横断的連携が形成されたとしても，それが原因の解消につながるとは限らない[5]。しかしそうした連携が根本原因の解消を導くことを前提とした場合でも，上記の連携形成条件がもつ選択性を考慮せず，ただセクター横断的連携の理念的な意義ばかりを強調することは，最悪の場合，市民セクター側の対症療法への動員を助長してしまうという帰結に結びつく恐れがある。

5 今後の課題

以上，本書の知見から得られた示唆をまとめれば次のようになる。まず政策決定過程におけるセクター横断的連携は，その形成条件の選択性のもと他者実施型の政策提言の場合に形成されにくく，結果として「他者変革性の発揮」につながるわけではない。また上記の選択性のもとではNGO事業型の提言の場合に形成されやすく，その帰結として「行政の下請け化」とも異なる「実施体制の丸投げ」につながりうる。さらに両者の示唆を合わせれば，政策的成果の乏しいままに政策提言活動

4）協働・市民参加が対症療法に陥る可能性としては，次のような事態が指摘されている。「ごみの分別回収やグリーンコンシューマーキャンペーンといった環境NPOの活動に対して，政府が補助金を支出するといった「環境政策」であっても，それが大量生産・大量消費・大量廃棄型の経済システムを所与としたものであるならば，その政策的意義は小さいと言わざるを得ない」（宮永 2003：33）。

5）セクター横断的連携をめぐる議論を敷衍し，政策決定への市民参加をめぐる議論につなげるなら，市民参加自体と決定内容の適切さは別個に検討しなければならない。というのも，市民参加がそのまま決定内容の適切さを導くとは限らないからである。

　これにかかわる論点を提起しているのが，科学社会学における「第3の波」論である。松本三和夫（2009）の整理によれば，「第3の波」論では，経験的にはその関与が望ましい場合もそうでない場合も等しく存在するため，「「素人専門家」（lay expert）が関与する可能性が論理的に存在することをもって，公共的な争点をめぐる意思決定に「素人専門家」が関与すべきだという規範的な主張を引き出すことは誤りである」（松本 2009：170）ということが指摘されている。

　ここでその主要な論者によれば，「第3の波」論は素人の政治的排除を意図したものではなく，市民参加を留保なしに推奨する風潮に対して「技術に関するポピュリズム（technological populism）に繋がることへの懸念」（Collins 2011=2011：32）を表明したものとされる。

から丸投げ的実施体制を繰り返す，循環構造に結びつく恐れがある。

本書の貢献は，これまで理念的な意義の前に経験的な検討が看過される傾向にあったセクター横断的連携の実態的なパフォーマンスに関して，連携形成条件の選択性とその帰結を明らかにしたこと，また従来捉えられてこなかった実施体制の丸投げという環境領域に特徴的な連携の帰結に関して，新たな問題提起を行ったことである。

ただし上記をもって本書の目的が達成できたとしても，その意義はセクター横断的連携の実態的な問題点を明らかにしたということにとどまる。最後に本節では，上記の問題提起を越えてどのような問題点の解消のあり方がありうるか，とりわけ上記の丸投げ的実施体制の循環構造をどのように回避していくかという観点から，今後の検討課題を述べておきたい。

第1に政策決定過程におけるセクター横断的連携では，NGO側の政策提言がNGO事業型であるということが，その形成条件となるという一定の選択性があった。ここでこうした選択性は，連携にかかわるそれぞれの主体が自発的に行為していることの結果といえる。すなわち政府，産業セクター側は，相対的にコストが低くなるため，他者実施型の提言よりNGO事業型の提言を選好し，一方でNGO側も政策提言活動において一定の成果が求められるために，自発的にNGO事業型の政策提言を行うと想定される。ただしこうした状況は結果的に，NGO側にあらかじめ政策「実施」体制に位置づけられるような事業が見込まれることが，実質的な政策「決定」過程における市民参加の要件になるということにつながってしまう。

丸投げ的実施体制の循環構造を回避するためには，上記のような状況は改められなければならない。ここで従来の市民参加に関する議論では，その参加が事業の見込みにもとづくものであるか否かについて十分な区別がなされず，一括りに「市民参加」と捉えられてきた向きがある。対してこの市民参加の違いを明確に認識することは，先の循環構造を回避するための出発点となるだろう。そして，個々の主体が自発的に行為することで連携形成条件の選択性が生じてしまうのであれば，それぞれの自発性に任せない制度的な「仕組み」を構想する必要がある。具体的には，上記の市民参加の違いを認識した上で，行政の審議会をはじめとする政策決定の場や各種アセスメントのあり方を再検討することが挙げられる。またこの制度的な仕組みにおいては，市民セクター側に事業が見込まれなくとも，とりわけ市民セクターの政策提言が他者実施型である場合でも，決定内容に照らして適切な限り，政策決定過程における市民セクターの主体の参加，それとの連携を導くようなものであることが求められる。

これに関連して第2に，事業の見込みに依らない政策決定における市民参加・連携が担保されたとしても，その決定内容，決定の手続きが正当なものになるとは限らない。上記の仕組みは，その決定内容・手続きの正当性を担保する「原則」を含むことが要件となる。ここでそうした原則を検討する上では，「環境正義」（池田 2005; 寺田 2016）という概念が手がかりになるだろう。この環境正義とは，1980 年代に産業公害や有害廃棄物問題に直面したアメリカの人種的マイノリティや低所得者コミュニティの草の根運動によって用いられるようになった概念であり，環境負荷やリスクなどの損害，あるいは便益の公平性をめぐる「分配的正義」，また政策決定過程における参加や法の平等な執行などにかかわる「手続き的正義」といった原則が提起されている（寺田 2016: 87-90）。政策決定過程における市民参加・連携がなされたとしても，こうした原則なしには，たとえばマイノリティにリスクが偏在する不平等な決定内容となったり，必ずしも民主的とはいえない参加や連携になったりする恐れがある。上記の仕組みを構想する上では，これらの議論を参考に，単に市民参加・連携を担保するということを越えた原則の明確化が必要である。

そして第3に先述の循環構造を前にしたとき，市民セクター側にさらなる取り組みを期待するという方向性は本質的な解決策にはなりえない。もちろん本書の事例研究でみたような NGO・NPO による事業は，それ自体意義深いものである。しかしなおもそれに期待し依存を深めることは，丸投げ的実施体制の解消にならず，むしろその循環構造をより強化してしまうことにつながりかねない。さらにそればかりではなく，市民セクター側に期待，依存した実施体制自体が果たして持続可能なものなのかという点も再考の余地がある。なぜなら第 4 章で触れたローカルな NGO に限らず，組織維持，世代交代をめぐる困難さは日本の NGO・NPO 一般に共通する課題だからである[6)]。

上記に対しては逆説的にではあるが，いかにして政府，産業セクター独自の事業，すなわち市民セクターの主体が存在しなくとも実施可能な事業を展開していくか，ということを検討していく必要があるだろう。とりわけ長らく日本の環境行政が抱

6）もっとも日本の市民セクターが政府，産業セクターに匹敵するほどに成長する可能性があるとすれば，なおも NGO・NPO に期待し，それらを中心に構築される政策実施体制を持続可能なものとみなしうる。ただし本章脚注 1）でも指摘したように，現代日本社会における NGO・NPO 一般が「レイトカマー」であるという認識に立てば，上記が即座に実現する可能性は低いだろう。

えてきた財源・マンパワーの不足，また総合調整に限定された任務といった問題点を解消していくための方向性を，明確化していかなければならない。第1章で検討したように，日本の環境行政では上記の問題点を暗黙の前提とした上で，それを市民参加・連携によって補完するという方向性を展開させてきた。また環境行政に限らず日本の官僚制は，先進国の中でも極端に公務員数が少ない（前田 2014）。環境ガバナンスやパートナーシップ，協働の意義を主張するとき，こうした事実は往々にして不問に付されてきたが，根本的には行政機関の不十分さにこそ原因があるということに目を向ける必要がある。

ただしこうした方向性は，序章で検討した従来の環境ガバナンスに対する批判，環境社会学の協働研究から導き出される含意と一見矛盾するものである。その先行研究では環境ガバナンスの実態として，行政による支配，地域住民の従属という関係性が生じ，結果としてローカルな知が圧倒されたり，対立，抑圧に転化したりする状況，すなわち住民の主体性が脅かされる状況が問題化されてきた。この状況に対しては，住民の視点の解放，回復が必要とされる。ここで政府，産業セクター独自の事業展開を提起することは，かえって地域現場の視点をないがしろにするものと捉えられかねない。

しかしすでに第1，2で指摘した，市民セクター側の事業の見込みに依らない政策決定への市民参加・連携かつ環境正義的な原則を担保する仕組みのもとで，政府・産業セクター独自の事業が展開されるのであれば，それは環境社会学の協働研究の含意とも矛盾せず，むしろ両立可能であると想定される。中でも上記の仕組みのもとで本書が提起するのは，政策・事業の決定局面における市民参加・連携は担保しつつ，現状それと不可分に結びついてきた政策・事業の実施局面における参加・連携を切り離すということである。すなわちたとえ政府，産業セクターが独自に実施する事業であっても，決定局面における参加・連携が担保されるのであれば，地域現場の視点の重視，また市民セクターによる自治といったものは達成されうる。むしろ丸投げ的実施体制が構築され，その政策的成果が乏しい状況のもとでは，決定局面の市民参加・連携を担保しつつ，こと環境行政に関しては政府セクター側の財源・マンパワーの強化を模索するという方向性が必要となるだろう。

なおこうした方向性は，近年オーストラリアの環境政治学者ロビン・エッカースレイが提起している「緑の国家」論に近いものである。ここで欧米の環境政治理論の伝統において，従来国家は最大限に懐疑的なものとして捉えられてきた。すなわち国家は，せいぜい環境破壊と環境保全の双方を促進する矛盾した役割を演じる限りであって，最悪の場合根本的に環境破壊的であり，功が罪を上回ることはない。またグローバルな環境主義の文脈でも，国家的な枠組は拒絶される傾向にある（Echersley 2004=2010：5-6）。一方でそれに対してエッカースレイは，グローバルな環境的公共財を守るべく，市場を統制するためのシステムや民主主義的な正当性をもった唯一の存在として，国家を再編成することを提起している。その中では「エコロジー的民主主義」への移行と，諸原則を含む「緑の憲法」の制定が要件となる（Echersley 2004=2010：273-5）。

先述のような仕組み，原則を明確化しながら，いかに国家の役割を再定位していくかということは，本書の議論を越えて今後検討していかなければならない課題である。

文　献

阿部　敦，2003，『社会保障政策従属型ボランティア政策』大阪公立大学共同出版会.

足立幸男，2009，「持続可能な発展に資する民主主義の理念と制度——民主主義の近視眼とその克服」足立幸男編『環境ガバナンス叢書 8　持続可能な未来のための民主主義』ミネルヴァ書房，1-21.

Agrawal, A., 2005, *Environmentality: Technologies of Government and the Making of Subjects*, Durham and London: Duke University Press.

赤川　学，2012，『社会問題の社会学』弘文堂.

Almeida, P., 2010, "Social Movement Partyism: Collective Action and Oppositional Political Parties," N. Van Dyke & H. J. McCammon eds., *Strategic Alliance: Coalition Building and Social Movements*, Minneapolis: University of Minnesota Press, 170-196.

青木聡子，2013，『ドイツにおける原子力施設反対運動の展開——環境志向型社会へのイニシアティヴ』ミネルヴァ書房.

浅田進史，2007，「デヴィッド・タカーチ『生物多様性という名の革命』を読む——公共哲学セクション＆公共政策セクション・ジョイント対話研究会」『公共研究』3(4): 289-297.

浅野昌彦，2007，「政策形成過程におけるNPO参加の意義の考察——政策実施過程から政策形成過程へ」『ノンプロフィット・レビュー』7(1): 25-34.

浅岡美恵，1998，「市民活動の役割と可能性——「気候フォーラム」の1年で見えてきたもの」『環境社会学研究』4: 77-80.

Bandy, J., 2004, "Paradoxes of Transnational Civil Societies under Neoliberalism: The Coalition for Justice in the Maquiladoras," *Social Problems*, 51(3): 410-431.

Benford, R. D., 1997, "An Insider's Critique of the Social Movement Framing Perspective," *Sociological Inquiry*, 67(4): 409-430.

Benford, R. D., & D. A. Snow, 2000, "Framing Processes and Social Movements: An Overview and Assessment," *Annual Review of Sociology*, 26: 611-639.

Bernstein, S., 2002, "Liberal Environmentalism and Global Environmental Governance," *Global Environmental Politics*, 2(3): 1-16.

Best, J., 1987, "Rhetoric in Claims-Making: Constructing the Missing Children Problem," *Social Problems*, 34(2): 101-121.（=2006，足立重和訳「クレイム申し立てのなかのレトリック——行方不明になった子どもという問題の構築」平　英美・中河伸俊編『新版構築主義の社会学——実在論争をこえて』世界思想社，6-51.）

————, 2008, *Social Problems*, New York: W.W. Norton & Co.

Blumer, H., 1971, "Social Problems as Collective Behavior," *Social Problems*, 18(3): 298-306.（=2006，桑原　司・山口健一訳「集合行動としての社会問題」『経済学論集』66: 41-55.）

Borland, E., 2010, "Crisis as a Catalyst for Cooperation? Women's Organizing in Buenos Aires," N. Van Dyke & H. J. McCammon eds., *Strategic Alliance: Coalition Building and Social Movements*, Minneapolis: University of Minnesota Press, 241–265.

Bowerbank, S., 2002, "Nature Writing as Self-Technology," É. Darier eds., 1999, *Discourses of the Environment*, Oxford: Blackwell, 163–178.

Carroll, W. K., & R. S. Ratner, 1996, "Master Framing and Cross-Movement Networking in Contemporary Social Movements," *The Sociological Quarterly*, 37(4): 601–625.

茅野恒秀, 2003, 「国有林野における保護林制度の政策過程」『環境社会学研究』9: 171–184.

————, 2009, 「プロジェクト・マネジメントと環境社会学——環境社会学は組織者になれるか, 再論」『環境社会学研究』15: 25–38.

————, 2014, 『環境政策と環境運動の社会学——自然保護問題における解決過程および政策課題設定メカニズムの中範囲理論』ハーベスト社.

Chung, C., 2011, "Mesomobilization and the June Uprising: Strategic and Cultural Integration in Pro-Democracy Movements in South Korea," J. Broadbent & V. Brockman eds., *East Asian Social Movements*, New York: Springer, 157–180.

Collins, H., 2011, "The Third Wave of Science Studies: Development and Politics," *Japan Journal for Science, Technology & Society*, 20: 81–106.（=2011, 和田　慈訳「科学論の第三の波——その展開とポリティクス」『思想』1046: 31–63.）

Cornfield, D. B., & H. J. McCammon, 2010, "Approaching Merger: The Converging Public Policy Agendas of the AFL and CIO, 1938–1955," N. Van Dyke & H. J. McCammon eds., *Strategic Alliance: Coalition Building and Social Movements*, Minneapolis: University of Minnesota Press, 79–98.

Corrigall-Brown, C., & D. S. Meyer, 2010, "The Prehistory of a Coalition: The Role of Social Ties in Win Without War," N. Van Dyke & H. J. McCammon eds., *Strategic Alliance: Coalition Building and Social Movements*, Minneapolis: University of Minnesota Press, 3–21.

Curtis, R. L., & L. A. Zurcher, 1973, "Stable Resources of Protest Movements: The Multi-Organizational Field," *Social Forces*, 52(1): 53–61.

Darier, É., eds., 1999, *Discourses of the Environment*, Oxford: Blackwell.

della Porta, D., 2007, "The Global Justice Movements: An Introduction," D. della Porta ed., *The Global Justice Movement: Cross-National and Transnational Perspective*, Paradigm Publishers, 1–28.

Diani, M., 2011, "Social Movements and Collective Action," J. Scott & P. J. Carrington eds., *The Sage Handbook of Social Network Analysis*, Los Angeles: SAGE, 223–235.

Diani, M., & D. McAdam, eds., 2003, *Social Movements and Networks: Relational Approaches to Collective Action*, Oxford: Oxford University Press.

Diani, M., I. Lindsay, & D. Purdue, 2010, "Sustained Interactions? Social Movements and Coalitions in Local Settings," N. Van Dyke & H. J. McCammon eds., *Strategic Alliance: Coalition Building and Social Movements*, Minneapolis: University of

Minnesota Press, 219–238.

Dunlap, R. E., & A. G. Mertig eds., 1992, *American Environmentalism: The U.S. Environmental Movement 1970–1990*, New York: Taylor & Francis.（=1993，満田久義監訳『現代アメリカの環境主義――1970年から1990年の環境運動』ミネルヴァ書房.）

Echersley, R., 2004, *The Green State: Rethinking Democracy and Sovereignty*, Cambridge, MA.: MIT Press.（=2010，松野弘監訳『緑の国家――民主主義と主権の再考』岩波書店.）

藤井敦史，2010,「地域密着型中間支援組織の機能とその課題――CS神戸を事例として」原田晃樹・藤井敦史・松井真理子『NPO再構築への道――パートナーシップを支える仕組み』勁草書房，83–102.

藤井敦史・原田晃樹・大高研道，2013,『闘う社会的企業――コミュニティ・エンパワーメントの担い手』勁草書房.

藤村コノヱ，2009,「立法過程におけるNPOの参加の現状と市民立法の課題――環境教育推進法とフロン回収・破壊法の事例から」『ノンプロフィット・レビュー』9(1･2): 27–37.

舩橋晴俊編，2011,『環境社会学』弘文堂.

舩橋晴俊・長谷川公一・畠中宗一・勝田晴美，1985,『新幹線公害――高速文明の社会問題』有斐閣.

舩橋晴俊・長谷川公一・畠中宗一・梶田孝道，1988,『高速文明の地域問題――東北新幹線の建設・紛争と社会的影響』有斐閣.

舩橋晴俊・長谷川公一・飯島伸子編，1993,『巨大地域開発の構想と帰結――むつ小川原開発と核燃料サイクル施設』東京大学出版会.

Gamson, W., & D. S. Meyer, 1996, “Framing Political Opportunity,” D. McAdam, J. D. McCarthy & M. N. Zald eds., *Comparative Perspectives on Social Movements: Political Opportunities, Mobilizing Structures, and Cultural Framings*, New York: Cambridge University Press, 275–290.

Gerhards, J., & D. Rucht, 1992, “Mesomobilization: Organizing and Framing in Two Protest Campaigns in West Germany,” *American Journal of Sociology*, 98(3): 555–596.

Guenther, K. M., 2010, “The Strength of Weak Coalitions: Transregional Feminist Coalitions in Eastern Germany,” N. Van Dyke & H. J. McCammon eds., *Strategic Alliance: Coalition Building and Social Movements*, Minneapolis: University of Minnesota Press, 119–139.

Hajer, M. A., 1995, *The Politics of Environmental Discourse: Ecological Modernization and the Policy Process*, Oxford : Oxford University Press.

Hannigan, J., 1995, *Environmental Sociology: A Social Constructionist Perspective*, London: Routledge.（=2007，松野弘監訳『環境社会学――社会構築主義の観点から』ミネルヴァ書房.）

――――, 2006, *Environmental Sociology Second Edition*, London: Routledge.

原田晃樹，2010，「日本におけるNPOへの資金提供――自治体の委託を中心に」原田晃樹・藤井敦史・松井真理子『NPO再構築への道――パートナーシップを支える仕組み』勁草書房，54-82.

Hardin, G., 1968, "The Tragedy of the Commons," Science, 162(3859): 1243-1248.

長谷川公一，2003，『環境運動と新しい公共圏――環境社会学のパースペクティブ』有斐閣.

――――，2011，『増補版　脱原子力社会の選択――新エネルギー革命の時代』新曜社.

長谷川公一・町村敬志，2004，「社会運動と社会運動論の現在」曽良中清司・長谷川公一・町村敬志・樋口直人編『社会運動という公共空間――理論と方法のフロンティア』成文堂，1-24.

長谷川公一・品田知美編，2016，『気候変動政策の社会学――日本は変われるのか』昭和堂.

橋本道夫，1988，『私史環境行政』朝日新聞社.

樋口直人，2008，「日本版「緑赤連合」の軌跡」久保田滋・樋口直人・矢部拓也・高木竜輔編『再帰的近代の政治社会学――吉野川可動堰問題と民主主義の実験』ミネルヴァ書房，267-294.

本田　宏，2002，「ドイツ原子力政治の規制と力学」『環境社会学研究』8: 105-119.

――――，2005，『脱原子力の運動と政治――日本のエネルギー政策の転換は可能か』北海道大学図書刊行会.

本郷正武，2007，『HIV/AIDSをめぐる集合行為の社会学』ミネルヴァ書房.

星野　智，2009，『環境政治とガバナンス』中央大学出版部.

飯島伸子，1993，『改訂版　環境問題と被害者運動』学文社.

池田寛二，2005，「環境社会学における正義論の基本問題――環境正義の四類型」『環境社会学研究』11: 5-21.

――――，2014，「環境社会学のブレイクスルー――言説の統治を超えて」『環境社会学研究』20: 4-16.

稲田雅也・小坂　猛，1998，「ボランティア団体の組織化過程に関する研究――ブール代数を用いた比較分析」『組織科学』32(1): 37-47.

Issac, L., 2010, "Policing Capital: Armed Countermovement Coalitions against Labor in Late Nineteenth-Century Industrial Cities," N. Van Dyke & H. J. McCammon eds., *Strategic Alliance: Coalition Building and Social Movements*, Minneapolis: University of Minnesota Press, 22-49.

Johnston, H., 2011, *States & Social Movements*, Cambridge: Polity Press.

上河原献二，2015，「外来生物法制度はどのように成立したか？――ガイドライン，認識共同体，学習」『環境情報科学　学術論文集』29: 345-350.

鹿又伸夫・野宮大志郎・長谷川計二編，2001，『質的比較分析』ミネルヴァ書房.

片桐新自，1995，『社会運動の中範囲理論――資源動員論からの展開』東京大学出版会.

川村研治，2001，「「協働」の実験場から――環境パートナーシップオフィスの5年間」『環境社会学研究』7: 77-80.

Keck, M. E., & K. Sikkink, 1999, "Transnational Advocacy Networks in International

and Regional Politics," *International Social Science Journal*, 51(159): 89–101.
木原啓吉，1992，『暮らしの環境を守る――アメニティと住民運動』朝日新聞社.
金　敬黙，2008，『越境するNGOネットワーク――紛争地域における人道支援・平和構築』明石書店.
喜多川進，2015，『環境政策史論――ドイツ容器包装廃棄物政策の展開』勁草書房.
Klandermans, B., 1992, "The Social Construction of Protest and Multiorganizational Fields." A. D. Morris & C. M. Mueller eds., *Frontiers in Social Movement Theory*, 77–103.
小橋　勉，2013，「資源依存パースペクティブの理論的展開とその評価」組織学会編『組織論レビューII――外部環境と経営組織』白桃書房，141–178.
倉阪秀史，2013，『第3版　環境政策論――環境政策の歴史及び原則と手法』信山社.
草野　厚，1997，『政策過程分析入門』東京大学出版会.
Levi, M., & G. H. Murphy, 2006, "Coalitions of Contention: The Case of the WTO Protests in Seattle," *Political Studies*, 54(4): 651–670.
Luke, W. T., 1999, "Environmentality as Green Governmentality," É. Darier eds, *Discourses of the Environment*, Oxford: Blackwell, 121–151.
町村敬志，1987，「低成長期における都市社会運動の展開――住民運動と「新しい社会運動」の間」栗原　彬・庄司興吉編『社会運動と文化形成』東京大学出版会，157–184.
町村敬志・相川陽一・植田剛史・上野淳子・神山育美・寺田篤生・仁平典宏・松林秀樹・丸山真央・村瀬博志・山本唯人，2007，『首都圏の市民活動団体に関する調査――調査結果報告書』2006年度科学研究費補助金研究成果報告書，一橋大学.
前田健太郎，2014，『市民を雇わない国家――日本が公務員の少ない国へと至った道』東京大学出版会.
丸山　仁，2004，「社会運動から政党へ？――ドイツ緑の党の成果とジレンマ」大畑裕嗣・成元　哲・道場親信・樋口直人編『社会運動の社会学』有斐閣，197–214.
丸山真央・仁平典宏・村瀬博志，2008，「ネオリベラリズムと市民活動／社会運動――東京圏の市民社会組織とネオリベラル・ガバナンスをめぐる実証分析」『大原社会問題研究所雑誌』602: 51–68.
丸山康司，2013，「持続可能性と順応的ガバナンス――結果としての持続可能性と「柔らかい管理」」宮内泰介編『なぜ環境保全はうまくいかないのか――現場から考える「順応的ガバナンス」の可能性』新泉社，295–316.
松原治郎・似田貝香門編，1976，『住民運動の論理――運動の展開過程・課題と展望』学陽書房.
松本三和夫，2009，『テクノサイエンス・リスクと社会学――科学社会学の新たな展開』東京大学出版会.
松本泰子，2001，「国際環境NGOと国際環境協定」長谷川公一編『講座環境社会学第4巻　環境運動と政策のダイナミズム』有斐閣，179–210.
――――，2007，「地球環境ガバナンスの変容とNGOが果たす役割――戦略的架橋」松下和夫編『環境ガバナンス論』京都大学学術出版会，85–111.

――――, 2010,「異なる問題領域間における非政府組織（NGO）の役割――国際的環境NGOネットワークCANと国際協力NGO」新澤秀則編『環境ガバナンス叢書6 温暖化防止のガバナンス』ミネルヴァ書房, 185-212.

松村正治, 2013,「環境統治性の進化に応じた公共性の転換へ――横浜市内の里山ガバナンスの同時代史から」宮内泰介編『なぜ環境保全はうまくいかないのか――現場から考える「順応的ガバナンス」の可能性』新泉社, 222-246.

松下和夫, 2002,『環境ガバナンス――市民・企業・自治体・政府の役割』岩波書店.

――――, 2007,『環境政策学のすすめ』丸善.

松下和夫・大野智彦, 2007,「環境ガバナンス論の新展開」松下和夫編『環境ガバナンス論』京都大学学術出版会, 3-31.

松下和夫・春日あゆか, 2009,「地球化時代の市民の環境への権利と義務――エコロジカル・シチズンシップの意義と可能性」足立幸男編『環境ガバナンス叢書8 持続可能な未来のための民主主義』ミネルヴァ書房, 224-243.

McAdam, D., J. D. McCarthy, & M. N. Zald, 1996, "Introduction: Opportunities Mobilizing Structures and Framing Processes—Toward a Synthetic, Comparative Perspective on Social Movement," D. McAdam, J. D. McCarthy & M. N. Zald eds., *Comparative Perspectives on Social Movements: Political Opportunities, Mobilizing Structures, and Cultural Framings*, Cambridge: Cambridge University Press, 1-20.

McCammon, H. J., & K. E. Campbell, 2002, "Allies on the Road to Victory: Coalition Formation between the Suffragists and the Woman's Christian Temperance Union," *Mobilization: An International Quarterly*, 7(3): 231-251.

McCammon, H. J., & N. Van Dyke, 2010, "Applying Qualitative Comparative Analysis to Empirical Studies of Social Movement Coalition Formation," N. Van Dyke & H. J. McCammon eds., *Strategic Alliance: Coalition Building and Social Movements*, Minneapolis: University of Minnesota Press, 292-315.

McCarthy, J. D., & M. N. Zald, 1977, "Resource Mobilization and Social Movements: A Partial Theory," *American Journal of Sociology*, 82(6): 1212-1241.（=1989, 片桐新自訳「社会運動の合理的理論」塩原 勉編『資源動員と組織戦略――運動論の新パラダイム』新曜社, 21-58.）

McCright, A. M., & R. E. Dunlap, 2000, "Challenging Global Warming as a Social Problem: An Analysis of the Conservative Movements's Counter-Claims," *Social Problems*, 47(4): 449-522.

――――, 2003, "Defeating Kyoto: The Conservative Movement's Impact on U.S. Climate Change Policy," *Social Problems*, 50(3): 348-373.

Meyer, D. S., & S. Tarrow, 1998, "A Movement Society: Contentious Politics for a New Century," D. S. Meyer & S. Tarrow eds., *The Social Movement Society: Contentious Politics for a New Century*, Lanham: Rowman & Littlefield Publishers, 1-28.

Meyer, D. S., & C. Corrigall-Brown, 2005, "Coalitions and Political Context: U.S. Movements against Wars in Iraq," *Mobilization: An International Quarterly*, 10(3): 327-344.

宮本憲一，1987，『日本の環境政策』大月書店.
宮永健太郎，2003，「環境NPOと環境政策――関係・理論・政策」『ノンプロフィット・レビュー』3(1): 25-35.
――――，2011，『環境ガバナンスとNPO――持続可能な地域社会へのパートナーシップ』昭和堂.
――――，2013，「地域における生物多様性問題と環境ガバナンス――生物多様性地域戦略の実態分析から」『財政と公共政策』35(2): 83-95.
宮内泰介編，2013，『なぜ環境保全はうまくいかないのか――現場から考える「順応的ガバナンス」の可能性』新泉社.
――――，2017，『どうすれば環境保全はうまくいくのか――現場から考える「順応的ガバナンス」の進め方』新泉社.
森　元孝，2001，「環境運動の展開過程と制度化」長谷川公一編『講座環境社会学第4巻　環境運動と政策のダイナミズム』有斐閣，91-119.
毛利聡子，1999，『NGOと地球環境ガバナンス』築地書館.
Murphy, G., 2005, "Coalitions and the Development of the Global Environmental Movement: A Double-Edged Sword," *Mobilization: An International Quarterly*, 10(2): 235-250.
中野敏男，2014，『大塚久雄と丸山眞男――動員，主体，戦争責任』青土社.
中澤秀雄，2001，「環境運動と環境政策の35年――「環境」を定義する公共性の構造転換」『環境社会学研究』7: 85-98.
中澤秀雄・成　元哲・樋口直人・角　一典・水澤弘光，1998，「環境運動における抗議サイクル形成の論理――構造的ストレーンと政治的機会構造の比較分析（1968-82年）」『環境社会学研究』4: 142-157.
仁平典宏，2011，『「ボランティア」の誕生と終焉――〈贈与のパラドックス〉の知識社会学』名古屋大学出版会.
日本自然保護協会編，2002，『自然保護NGO半世紀のあゆみ――日本自然保護協会五〇年誌』平凡社.
――――，2010，『改訂　生態学からみた野生生物の保護と法律――生物多様性保全のために』講談社.
西城戸誠，1998，「日本における環境運動の組織構造と運動戦略――1960年-1990年代の環境運動を事例として」『現代社会学研究』11: 70-86.
――――，2008，『抗いの条件――社会運動の文化的アプローチ』人文書院.
西澤栄一郎・喜多川進，2017，『環境政策史――なぜいま歴史から問うのか』ミネルヴァ書房.
野宮大志郎，2002，「社会運動の文化的研究の課題――その問題とこれから」野宮大志郎編『社会運動と文化』ミネルヴァ書房，193-213.
野宮大志郎・西城戸誠編，2016，『サミット・プロテスト――グローバル化時代の社会運動』新泉社.
Obach, B. K., 2004, *Labor and the Environmental Movement: The Quest for Common Ground*, Cambridge, MA: MIT Press.

———, 2010, "Political Opportunity and Social Movement Coalitions: The Role of Policy Segmentation and Nonprofit Tax Law," N. Van Dyke & H. J. McCammon eds., *Strategic Alliance: Coalition Building and Social Movements*, Minneapolis: University of Minnesota Press, 197–218.

帯谷博明，2004，『ダム建設をめぐる環境運動と地域再生――対立と協働のダイナミズム』昭和堂.

及川敬貴，2010，『生物多様性というロジック――環境法の静かな革命』勁草書房.

Okamoto, D. G., 2010, "Organizing across Ethnic Boundaries in the Post-Civil Right Era: Asian American Panethnic Coalitions," N. Van Dyke & H. J. McCammon eds., *Strategic Alliance: Coalition Building and Social Movements*, Minneapolis: University of Minnesota Press, 143–169.

Olson, M., 1965, *The Logic of Collective Action*, Cambridge: Harvard University Press.（=1996，依田　博・森脇俊雅訳，『集合行為論――公共財と集団理論』ミネルヴァ書房.）

大森正之，2000，「内水面漁業制度への批判論と近年の流域環境・魚類資源問題――内水面漁協を対象とする調査票調査に向けた諸論点の整理」『政經論叢』69(2-3): 171–213.

———，2001，「内水面漁業協同組合における環境保全機能の現状と限界――環境経済学からの分析とその理論的・政策的含意」『政經論叢』69(4-5-6): 173–224.

大嶽秀夫，1990，『現代政治叢書 11　政策過程』東京大学出版会.

Park, H. S., 2008, "Forming Coalitions: A Network-Theoretic Approach to the Contemporary South Korean Environmental Movement," *Mobilization: An International Quarterly*, 13(1): 99–114.

朴　容寛，2003，『ネットワーク組織論』ミネルヴァ書房.

Pekkanen, R., 2006, *Japan's Dual Civil Society: Members Without Advocates*, Stanford: Stanford University Press.（=2008，佐々田博教訳『日本における市民社会の二重構造――政策提言なきメンバー達』木鐸社.）

Ratner, R. S., & A. Woolford, 2008, "Mesomobilization and Fragile Coalitions: Aboriginal Politics and Treaty-Making in British Columbia," *Research in Social Movements, Conflicts and Change*, 28: 113–136.

Reese, E., C. Petit, & D. S. Meyer, 2010, "Sudden Mobilization: Movement Crossovers, Threats, and the Surprising Rise of the U.S. Antiwar Movement," N. Van Dyke & H. J. McCammon eds., *Strategic Alliance: Coalition Building and Social Movements*, Minneapolis: University of Minnesota Press, 266–291.

Reimann, K. D., 2002, "Building Networks from the Outside In: Japanese NGOs and the Kyoto Climate Change Conference," *Political Science Faculty Publications*, 6: 173–187.

Rihoux, B., & C. C. Ragin eds., 2009, *Configurational Comparative Methods: Qualitative Comparative Analysis（QCA）and Related Techniques*. Los Angeles: SAGE Publications, Inc.（=2016, 石田　淳・齋藤圭介監訳『質的比較分析（QCA）と関連

手法入門』晃洋書房.）

Roth, B., 2010, "Organizing One's Own" as Good Politics: Second Wave Feminists and the Meaning of Coalition," N. Van Dyke & H. J. McCammon eds., *Strategic Alliance: Coalition Building and Social Movements*, Minneapolis: University of Minnesota Press, 99-118.

Rucht, D., 2004, "Movement Allies, Adversaries, and Third Parties," D. A. Snow, S. A. Soule & H. Kriesi eds., *The Blackwell Companion to Social Movements*, Malden, MA.: Blackwell Publishing, 197-216.

Ructheford, P., 1999, "The Entry of Life into History," É. Darier eds, *Discourses of the Environment*, Oxford: Blackwell, 37-62.

阪口　功，2011，「日本の環境外交――ミドルパワー，NGO，地方自治体」『国際政治』166: 26-41.

Salamon, L. M., 1992, *America's Nonprofit Sector*, New York: The Foundation Center.（=1994，入山映訳，『米国の「非営利セクター」入門』ダイヤモンド社.）

――――, 1995, *Partners in Public Service*, Baltimore: The Johns Hopkins University Press.（=2007，江上　哲・大野哲明・森　康博・上田健作・吉村純一訳，『NPOと公共サービス――政府と民間のパートナーシップ』ミネルヴァ書房.）

佐野　亘，2009，「環境ガバナンスにおける市民の役割――いま，市民に何が期待されているのか」足立幸男編『環境ガバナンス叢書８　持続可能な未来のための民主主義』ミネルヴァ書房，147-170.

佐々木利廣，2001，「企業とNPOのグリーン・アライアンス」『組織科学』35(1): 83-93.

佐々木利廣・加藤高明・東　俊之・澤田好宏，2009，『組織間コラボレーション――協働が社会的価値を生み出す』ナカニシヤ出版.

佐藤　仁，2002，「「問題」を切り取る視点――環境問題とフレーミングの政治学」石弘之編『環境学の技法』東京大学出版会，41-75.

――――，2009，「環境問題と知のガバナンス――経験の無力化と暗黙知の回復」『環境社会学研究』15: 39-53.

佐藤圭一，2014，「日本の気候変動政策ネットワークの基本構造――三極構造としての団体サポート関係と気候変動政策の関連」『環境社会学研究』20: 100-116.

佐藤慶幸，2002，『NPOと市民社会――アソシエーション論の可能性』有斐閣.

――――，2007，『アソシエーティブ・デモクラシー――自立と連帯の統合へ』有斐閣.

佐藤慶幸編，1988，『女性たちの生活ネットワーク――生活クラブに集う人々』文眞堂.

佐藤慶幸・天野正子・那須　壽編，1995，『女性たちの生活者運動――生活クラブを支える人びと』マルジュ社.

関　礼子，2009，「環境を守る／創るたたかい」鳥越皓之・帯谷博明編『よくわかる環境社会学』ミネルヴァ書房，98-101.

Shaffer, M. B., 2000, "Coalition Work among Environmental Group," *Research in Social Movements, Conflicts and Change*, 22: 111-126.

塩原　勉，1976，『組織と運動の理論』新曜社.

城山英明・細野助博編，2002，『続・中央省庁の政策形成過程――その持続と変容』中央大学出版部.
庄司興吉，1989，『人間再生の社会運動』東京大学出版会.
Snow, D. A., E. B. Rochford Jr., S. K. Worden, & R. D. Benford, 1986, "Frame Alignment Processes, Micromobilization, and Movement Participation," *American Sociological Review*, 51(4): 464–481.
Snow, D. A., & R. D. Benford, 1988, "Ideology, Frame Resonance, and Participant Mobilization," *International Social Movement Research*, 1: 197–217.
Spector, M., & J. I. Kitsuse, 1977, *Constructing Social Problems*, New York: Aldine de Gruyter.（=1990，村上直之・中河伸俊・鮎川　潤・森　俊太訳『社会問題の構築――ラベリング理論をこえて』マルジュ社.）
Staggenborg, S., 1986, "Coalition Work in the Pro-Choice Movement: Organizational and Environmental Opportunities and Obstacles," *Social Problems*, 33(5): 374–390.
――――, 2010, "Conclusion: Research on Social Movement Coalitions," N. Van Dyke & H. J. McCammon eds., *Strategic Alliance: Coalition Building and Social Movements*, Minneapolis: University of Minnesota Press, 331–329.
杉本裕明，2012，『環境省の大罪』PHP 研究所.
成　元哲・角　一典，1998，「政治的機会構造論の理論射程――運動をめぐる政治環境はどこまで操作化できるのか」『ソシオロゴス』22: 102–123.
諏訪雄三，1998，『増補版　日本は環境に優しいのか――環境ビジョンなき国家の悲劇』新評論.
鈴木　玲，2015，「新日本窒素労働組合と水俣病患者支援団体，患者組織との連携関係の分析」『大原社会問題研究所雑誌』675: 35–52.
高田昭彦，2001，「環境NPO とNPO 段階の市民運動――日本における環境運動の現在」長谷川公一編『講座環境社会学第 4 巻　環境運動と政策のダイナミズム』有斐閣，147–178.
田窪祐子，1997，「巻町「住民投票を実行する会」の誕生・発展と成功」『環境社会学研究』3: 131–148.
田村正紀，2015，『経営事例の質的比較分析――スモールデータで因果を探る』白桃書房.
田中弥生，2006，『NPO が自立する日――行政の下請け化に未来はない』日本評論社.
田尾雅夫・吉田忠彦，2009，『非営利組織論』有斐閣.
Tarrow, S., 2005, *The New Transnational Activism*, Cambridge: New York: Cambridge University Press.
寺田良一，1998，「環境NPO（民間非営利組織）の制度化と環境運動の変容」『環境社会学研究』4: 7–23.
――――，2016，『環境リスク社会の到来と環境運動――環境的公正に向けた回復構造』晃洋書房.
富永京子，2013，「グローバルな運動をめぐる連携のあり方――サミット抗議行動におけるレパートリーの伝達をめぐって」『フォーラム現代社会学』13: 17–30.
富田涼都，2013，「なぜ順応的管理はうまくいかないのか――自然再生事業における順応的管理の「失敗」から考える」宮内泰介編『なぜ環境保全はうまくいかないのか―

―現場から考える「順応的ガバナンス」の可能性』新泉社，30–47.
辻中　豊，1999，「現代日本の利益団体と政策ネットワーク」『選挙』52(1–12).
辻中　豊・坂本治也・山本英弘編，2012，『現代日本のNPO政治――市民社会の新局面』木鐸社.
植田和弘，2007，「環境政策の欠陥と環境ガバナンスの構造変化」松下和夫編『環境ガバナンス論』京都大学出版会，291–307.
Van Dyke, N., 2003, "Crossing Movement Boundaries: Factors that Facilitate Coalition Protest by American College Students, 1930–1990," *Social Problems*, 50(2): 226–250.
Van Dyke, N., & H. J. McCammon eds., 2010, *Strategic Alliance: Coalition Building and Social Movements*, Minneapolis: University of Minnesota Press.
若林直樹，2009，『ネットワーク組織――社会ネットワーク論からの新たな組織像』有斐閣.
脇田健一，2009，「「環境ガバナンスの社会学」の可能性――環境制御システム論と生活環境主義の狭間から考える」『環境社会学研究』15: 5–24.
Walters, W., 2012, *Governmentality: Critical Encounters*, London: Routledge.（=2016, 阿部　潔・清水知子・成実弘至・小笠原博毅訳，『統治性――フーコーをめぐる批判的な出会い』月曜社.）
渡戸一郎，2007，「動員される市民活動？――ネオリベラリズム批判を超えて」『年報社会学論集』20: 25–36.
Wiest, D., 2010, "Interstate Dynamics and Transnational Social Movement Coalitions: A Comparison of Northeast and Southeast Asia," N. Van Dyke & H. J. McCammon eds., *Strategic Alliance: Coalition Building and Social Movements*, Minneapolis: University of Minnesota Press, 50–76.
Wynne, B., 1996, "Misunderstood Misunderstandings: Social Identities and Public Understanding of Science," A. Irwin & B. Wynne eds., *Misunderstanding Science?: The Public Reconsideration of Science and Technology*, Cambridge: Cambridge University Press.（=2011，立石裕二訳，「誤解された誤解――社会的アイデンティティと公衆の科学理解」『思想』1046: 64–103.）
山倉健嗣，1993，『組織間関係――企業間ネットワークの変革に向けて』有斐閣.
山村恒年，1996，「地球環境法の形成をめぐる社会運動」『法社会学』48: 106–117.
山村恒年編，1998，『環境NGO――その活動・理念と課題』信山社出版.
Yearley S., 2001, "The Social Construction of Environmental Problems: A Theoretical Review and Some Not-Very-Herculean Labors," R. E. Dunlap, F. H. Buttel, P. Dickens & A. Gijswijt eds, *Sociological Theory and the Environment: Classical Foundations, Contemporary Insights*, Lanham: Rowman & Littlefield Publishers, Inc., 274–285.
寄本勝美，1998，『政策の形成と市民――容器包装リサイクル法の制定過程』有斐閣.
――――，2009，『リサイクル政策の形成と市民参加』有斐閣.
Zald, M. N., & R. Ash, [1966] 1987, "Social Movement Organizations: Growth, Decay,

and Change," M. N. Zald & J. D. McCarthy, *Social Movements in an Organizational Society: Collected Essays*, New Brunswick: Transaction Publishers, 121–141.

Zald, M. N., & J. D. McCarthy, [1980] 1987, "Social Movement Industries: Competition and Conflict among SMOs," M. N. Zald & J. D. McCarthy, *Social Movements in an Organizational Society: Collected Essays*, New Brunswick: Transaction Publishers, 161–180.

資　　料

【はじめに】

Secretariat of the Convention on Biological Diversity, 2014, *Global Biodiversity Outlook 4*, Montreal: Secretariat of the Convention on Biological Diversity.（=2015，環境省訳，『地球規模生物多様性概況第 4 版』環境省．）

【序章】

内閣府国民生活局，2009，『平成 20 年度　市民活動団体等基本調査　報告書』．

【第 1 部 1 章】

『環境白書』

年　版	記事タイトル
1987 年版	第 1 部／第 3 章／第 3 節／ 2 ／（2）快適環境の創造
1988 年版	第 1 部／第 3 章／第 5 節／ 2 ／（2）多様な主体の活動による環境協力ネットワークづくり
1992 年版	第 1 部／第 2 章／第 3 節／ 3　市民，住民団体の取組
1996 年版	第 1 部／第 3 章／第 1 節／ 1　地域における様々な主体の連携
2005 年版	第 1 部／第 3 章／第 3 節／ 2　環境パートナーシップの構築

『かんきょう――人間と環境を考える』ぎょうせい

発行年月号	著者（ある場合）	記事タイトル
1977 年 1 月号		OECD による日本の環境政策レビューについて
1977 年 3 月号	木原啓吉	アメニティーとは何か
1977 年 5 月号	環境庁アメニティ研究会	アメニティを探求する
1978 年 5 月号	環境庁アメニティ研究会	アメニティと今後の環境行政
1978 年 11 月号	竹内恒夫	昭和五四年度環境庁重点施策
1981 年 1 月号	平塚益徳	環境教育について　その理念と課題
1981 年 1 月号	大来佐武郎・鯨岡兵輔	対談　地球的規模の環境問題
1981 年 3 月号		「快適環境シンポジウム」に参加して
1982 年 7 月号		編集後記
1984 年 1 月号	環境庁自然保護局企画調整課	我が国における国民環境基金運動の展開の方向

発行年月号	著者（ある場合）	記事タイトル
1984年5月号	仁木　壮	アメニティ・タウンを目指して
1984年7月号	久水宏之・森嶌昭夫・山野謙治・山岡通宏	座談会　五九年版環境白書をめぐって
1985年3月号	環境庁自然保護局企画調整課	国民環境基金（ナショナル・トラスト）活動に関する税制改正について
1986年7月号		「環境教育懇談会」がスタート
1986年9月号	大井道夫・木原啓吉・猿田勝美・橋本道夫・山村勝美・飯島　孝	［座談会］環境行政一五年　回顧と展望
1987年3月号		環境保全長期構想（要点）
1988年3月号	官房長官国際課	地球懇特別委員会の設置
1988年7月号		「みんなで築くよりよい環境」を求めて（環境教育懇談会報告）
1988年7月号		六三年版環境白書について大来佐武郎氏に聞く
1988年7月号	石　弘之・猪口邦子・佐々波秀彦・照井義則	地球環境保全に向けての我が国の貢献
1989年3月号	ふるさと環境研究会	ふるさと環境の保全と創生
1989年7月号	野原昭郎	平成元年度環境庁予算の概要
1990年3月号	柏木順二	地域環境保全基金について
1991年9月号		環境ニュースレター　国の動き／地方の動き／世界の動き
1992年11月号		資料1　環境基本法制のあり方について（答申）
1993年1月号	小沢典夫	環境市民活動と環境庁の新たなパートナーシップ
1994年8月号	環境庁環境基本計画推進室	「環境基本計画検討の中間とりまとめ」について
1995年2月号	環境庁環境基本計画推進室	環境基本計画の概要
1995年2月号		環境ニュースレター　国の動き／地方の動き／世界の動き
1995年9月号	加藤三郎・森嶌昭夫・村田佳寿子	『かんきょう』20周年記念鼎談　環境行政の歩みと展望
1996年12月号	森本英香	環境パートナーシップの構築に向けて　市民・企業・行政の連携
2000年2月号	阿部　治	これからの環境教育・環境学習　持続可能な社会をめざして
2001年12月号	環境省自然環境局自然環境計画課	生物多様性国家戦略の見直しに向けて

発行年月号	著者（ある場合）	記事タイトル
2003年11月号	環境省・文部科学省・農林水産省・経済産業省・国土交通省	「環境保全のための意欲の増進及び環境教育の推進に関する法律」の概要及び関係省の関連する取組について

環境庁・省

快適な環境懇談会事務局編，1977，『日本は快適か』日本環境協会.

環境庁編，1988，『地球的規模の環境問題に関する懇談会報告書　地球化時代の環境ビジョン――地球環境問題への我が国の取組』.

環境再生保全機構，2016a，『地球環境基金の情報館』〈https://www.erca.go.jp/jfge/about/index.html（2016年6月16日取得），https://www.erca.go.jp/jfge/subsidy/application/h28_info.html（2016年6月27日取得）〉.

生物多様性国家戦略関係省庁連絡会議，2012，『生物多様性国家戦略2012-2020――豊かな自然共生社会の実現に向けたロードマップ』.

『参議院会議録情報』，1993.4.21（第126回国会　環境特別委員会　第7号）.

雑　誌

発行年月号	資料名	著者（ある場合）	記事タイトル
1975年2月号	文藝春秋	児玉隆也	イタイイタイ病は幻の公害病か
1981年10月号	月刊自由民主	森下　泰・高原須美子	環境対策はこれでいいのか　柔軟行政進める
1985年1月号	月刊ボランティア		環境庁もボランティア育成

新　聞

発行年月日	資料名	記事タイトル
1977年10月24日夕刊	朝日新聞	調和条項の「魔女狩り」発言　不適切なら撤回　石原長官答弁
1981年5月13日朝刊	朝日新聞	森下・自民環境部会長「環境庁は将来不要」“公害補償”見直し発言も
1981年6月6日夕刊	朝日新聞	波紋広がる「環境庁不要論」　行革に悪乗りの感も　財界の意向がチラつく
1992年4月18日朝刊	朝日新聞	竹下氏，官民基金を提唱　地球環境賢人会議終了，東京宣言を発表
1992年5月13日朝刊	朝日新聞	官民で環境基金　資金の安定図る　環境庁検討

【第2部】

環境省・農林水産省・水産庁

外来魚問題に関する懇談会，2003.6，『ブラックバス等外来魚問題に関する関係者の取り組みについて（「外来魚問題に関する懇談会」の中間報告）』.
環境省，2004.10.15，『特定外来生物被害防止基本方針』.
―――，2005-15，『契約締結情報の公表』〈http://www.env.go.jp/kanbo/chotatsu/tekisei/（2015 年 7 月 19 日・2016 年 9 月 14 日取得）〉.
―――，2014.3，『オオクチバス等の防除の手引き』.
―――，2016，『環境省が行う防除』〈https://www.env.go.jp/nature/intro/3control/bojokankyo.html（2016 年 9 月 11 日取得）〉.
環境省・農林水産省，2005a，『告示　第五種共同漁業権に係る特例を定める件』.
―――，2005b，『告示　環境大臣及び農林水産大臣が所掌する特定外来生物に係る特定飼養等施設の基準の細目等を定める件』.
―――，2005.6.1・2005.6.9，『通知　特定外来生物による生態系等に係る被害の防止に関する法律の施行について』.
環境省・水産庁，2005.6.3，『オオクチバス等に係る防除の指針』.
農林水産省，1973-2013，『漁業センサス（第 5-13 次）』.
水産庁，1997-2003，『補助事業等資料』.
―――，1999，『水産基本政策大綱――水産基本政策改革プログラム』.
―――，2000.11.1，『外来魚に関する漁業・遊漁秩序の構築』.
―――，2006-15，『補助事業等資料』〈http://www.jfa.maff.go.jp/j/aid/（2013 年 9 月 9 日，2016 年 9 月 23 日取得）〉.

全国内水面漁業協同組合連合会（全内漁連）

発行年月号	資料名	記事タイトル
1996 年 10 月号	広報ないすいめん	中禅寺湖のコクチバス撲滅作戦
1997 年 1 月号	広報ないすいめん	外来魚の密放流を考える
1997 年 4 月号	広報ないすいめん	外来魚密放流防止体制推進事業の概要
1997 年 10 月号	広報ないすいめん	コクチバス対策スタート
1999 年 1 月号	広報ないすいめん	コクチバス――その現状と今後の密放流防止対策
2000 年 4 月号	広報ないすいめん	密放流の横行をくい止めろ！
2000 年 10 月号	広報ないすいめん	とり戻そう！　美しい自然と豊かな川
2000 年 1 月号	広報ないすいめん	拙速な『棲み分け論』十分な議論を！
2001 年 4 月号	広報ないすいめん	ブラックバス Q&A
2005 年 4 月号	広報ないすいめん	子孫に残そう日本の自然を
2005 年 7 月号	広報ないすいめん	漁協は防除の中核となるべき
2014 年 10 月号	機関誌ぜんない	カワウ及び外来魚に関するアンケート集計結果(概要)

全内漁連，2003.3.31，『ブラックバス等（オオクチバス，コクチバス，ブルーギル）の生息分布，影響等についての調査結果（平成 14 年度）』.
―――，2003.6.9，『中央環境審議会　第 5 回移入種対策小委員会資料　釣魚類（オオクチバス等）について』.

―――, 2013.6.3,『平成 24 年度　カワウ及び外来魚に関するアンケート集計結果』.
―――, 2015,『第 58 回全国内水面漁業振興大会報告』〈http://www.naisuimen.or.jp/jigyou/sinkou.html（2016 年 9 月 21 日取得）〉.

生物多様性研究会（生多研）

発行年月日	資料名
2000 年 4 月 22 日	シンポジウム報告書　【ブラックバス問題を考える】
2001 年 2 月 9 日	「公認ブラックバス釣り場設定」反対の要望
2001 年 2 月 24 日	ブラックバスを考える　資料集 Vol.2
2002 年 2 月 23 日	ブラックバスを考える―外来魚と日本―　資料集 Vol.3
2003 年 5 月 12 日	2004 年度の山梨県漁業権魚種切り替えに対する意見
2004 年 3 月 22 日	全国内水面漁業共同組合連合会への申し入れ
2004 年 9 月 25 日	ブラックバスを考える　岐路に立つブラックバス問題　～特定外来生物被害防止基本方針をめぐって～　資料集 Vol.4
2005 年 3 月 12 日 a	合同シンポジウム　子孫に残そう日本の自然を！　～つくろう，ブラックバス駆除ネットワーク～　資料集
2005 年 3 月 12 日 b	合同シンポジウム　子孫に残そう日本の自然を！　～つくろう，ブラックバス駆除ネットワーク～

秋月岩魚, 1999,『ブラックバスがメダカを食う』宝島社.
秋月岩魚・半沢裕子, 2003,『警告！ ますます広がるブラックバス汚染』宝島社.

全国ブラックバス防除市民ネットワーク（ノーバスネット）

発行年月（日）	資料名
2007 年 3 月	市民によるブラックバス防除活動実態調査報告書
2008 年 3 月 10 日	市民によるブラックバス防除活動　STOP!　ブラックバス 2007 年度版
2009 年 3 月 27 日	市民による水辺の生き物・生態系を守るためのブラックバス類（オオクチバス・コクチバス）・ブルーギル防除ガイドブック
2011 年 3 月	市民による「外来魚のいない水辺づくり」活動報告書
2012 年 3 月	外来魚のいない水辺づくり　活動報告（2009~2011）
2016 年 2 月 21 日	収支決算の推移

秋田淡水魚研究会（ザッコの会）

発行年月日	資料名
2006 年 3 月 10 日	秋田淡水魚研究会総会
2009 年 4 月 18 日	秋田淡水魚研究会総会

環境再生保全機構，2016b，「秋田水生生物保全協会」『環境NGO・NPO 総覧オンラインデータベース』〈http://www.erca.go.jp/jfge/ngo/html/main.php（2016 年 9 月 12 日取得）〉.
杉山秀樹，2005，『オオクチバス駆除最前線』無明舎出版.

シナイモツゴ郷の会（郷の会）

安住　祥，2006，「巻頭言」細谷和海・高橋清孝編『ブラックバスを退治する――シナイモツゴ郷の会からのメッセージ』恒星社厚生閣，i.
環境再生保全機構，2016c，「シナイモツゴ郷の会」『環境NGO・NPO 総覧オンラインデータベース』〈http://www.erca.go.jp/jfge/ngo/html/main.php（2016 年 9 月 12 日取得）〉.
内閣府，2016，「シナイモツゴ郷の会」『NPO 法人ポータルサイト』〈https://www.npo-homepage.go.jp/npoportal/detail/004000281（2016 年 8 月 23 日取得）〉.
高橋清孝，2006a，「伊豆沼方式バス駆除方法の開発と実際」細谷和海・高橋清孝編『ブラックバスを退治する――シナイモツゴ郷の会からのメッセージ』恒星社厚生閣，77–86.
――――，2006b，「市民団体はこのようにして結成された――誰でもできる自然再生をめざす技術開発と体制づくり」細谷和海・高橋清孝編『ブラックバスを退治する――シナイモツゴ郷の会からのメッセージ』恒星社厚生閣，95–105.

琵琶湖を戻す会（戻す会）

環境再生保全機構，2016d，「琵琶湖を戻す会」『環境NGO・NPO 総覧オンラインデータベース』〈http://www.erca.go.jp/jfge/ngo/html/main.php（2016 年 9 月 12 日取得）〉.
戻す会，2006，『外来魚駆除 in 琵琶湖』〈http://biwako.eco.coocan.jp/（2016 年 1 月 14 日取得）〉.

日本釣振興会（日釣振）

発行年月号（日）	資料名
2000 年 2 月号	「日釣振の外来魚問題に関する方針」『日釣振だより』
2000 年 6 月 20 日	オオクチバスの有効な活用とルアーフィッシングフィールドの増設に関する提案について
2000 年 8 月号	「「ブラックバス等外来魚問題」に対する日釣振の主張」『日釣振だより』
2005 年 1 月 7 日	第 3 回オオクチバス小グループ会合資料 〈質問事項の回答〉

その他

青柳　純，2003，『ブラックバスがいじめられるホントの理由』つり人社.
丸山　隆，2002，「バスフィッシングと行政対応の在り方」日本魚類学会自然保護委員会編『川と湖沼の侵略者ブラックバス――その生物学と生態系への影響』恒星社厚生閣，99-125.
野村　稔，1998.1，「内水面漁業と外来魚の移植問題」全内漁連編『広報ないすいめん』，8-13.
則　弘祐，1986.1.20，『別冊フィッシング　第33号　BASS STOP』廣済堂出版.
淡水魚保護協会編，1977-9，「特集――外来魚の放流について」『淡水魚』.
大浜秀規，2002，「ブラックバスと内水面漁場管理――山梨県を事例として」日本魚類学会自然保護委員会編『川と湖沼の侵略者ブラックバス――その生物学と生態系への影響』恒星社厚生閣，87-98.
『ウィークス』，1989.5，「外来魚に食われた漁民たち」.

聞き取り・資料収集の記録

年月日	場　所	対象者
2012年6月15日	東京都港区	全内漁連職員A氏ほか
2012年7月11日	東京都港区	全内漁連職員A氏ほか
2012年8月17日	東京都中央区	日釣振職員
2012年8月24日	東京都港区	全内漁連職員A氏
2012年9月10日	東京都中央区	日釣振職員
2012年9月18日	東京都中央区	日釣振職員
2013年8月22日	東京都墨田区	ノーバスネットメンバーD氏
2013年9月24日	東京都千代田区	水産庁職員
2013年10月18日	東京都台東区	生多研メンバーC氏
2014年4月28日	埼玉県新座市	生多研メンバー
2014年8月27日	東京都中央区	日釣振職員
2014年9月10日	メール	全内漁連職員A氏
2015年6月23日	千葉県我孫子市	生多研メンバーC氏
2015年7月27日	東京都中央区	日釣振職員
2015年12月17日	秋田県秋田市	ザッコの会メンバーE氏
2015年12月18日	宮城県大崎市	郷の会メンバーF氏
2016年1月25日	千葉県松戸市	生多研メンバーB氏
2016年2月19日	大阪府大阪市	戻す会メンバーG氏
2016年2月25日	東京都墨田区	ノーバスネットメンバーD氏
2016年2月25日	東京都墨田区	生多研メンバーC氏
2016年9月23日	東京都港区	全内漁連職員A氏ほか

【第３部】

環境省ほか

環境再生保全機構，2014，『調査について』〈http://www.erca.go.jp/jfge/ngo/shosai.html（2014 年 5 月 13 日取得）〉.

環境省，2005–15，『契約締結情報の公表』〈http://www.env.go.jp/kanbo/chotatsu/tekisei/（2015 年 7 月 19 日・2016 年 9 月 14 日取得）〉.

環境省，2010，『平成 22 年版環境・循環型社会・生物多様性白書』.

環境省自然環境局自然環境計画課，2002.4，「環境省と農林水産省の連携による『田んぼの生きもの調査』の結果について」『かんきょう』27(3): 27.

内閣府，2009，『環境問題に関する世論調査（平成 21 年 6 月調査）』〈https://survey.gov-online.go.jp/h21/h21-kankyou/index.html（2016 年 9 月 15 日取得）〉

内閣府，2014.9.22，『環境問題に関する世論調査（平成 26 年 7 月調査）』〈http://survey.gov-online.go.jp/h26/h26-kankyou/index.html（2016 年 9 月 15 日取得）〉.

『参議院会議録情報』，2007.6.19（第 166 回国会　文教科学委員会　第 20 号）.

国際生物多様性年国内委員会（地球生きもの委員会）

発行年月日	資料名
2010 年 1 月 25 日	第 1 回地球生きもの委員会　配布資料
2010 年 8 月 10 日	第 2 回地球生きもの委員会　配布資料
2011 年 2 月 10 日	第 3 回地球生きもの委員会　配布資料

国連生物多様性の 10 年日本委員会（10 年委員会）

発行年月日	資料名
2011 年 9 月 1 日	第 1 回国連生物多様性の 10 年日本委員会　配布資料
2012 年 5 月 23 日	第 2 回国連生物多様性の 10 年日本委員会　配布資料
2013 年 5 月 23 日	第 3 回国連生物多様性の 10 年日本委員会　配布資料
2014 年 7 月 10 日	第 4 回国連生物多様性の 10 年日本委員会　配布資料
2015 年 6 月 18 日	第 5 回国連生物多様性の 10 年日本委員会　配布資料
2016 年 6 月 23 日	第 6 回国連生物多様性の 10 年日本委員会　配布資料
2016 年 9 月 13 日	国連生物多様性の 10 年日本委員会 〈http://undb.jp/（2016 年 9 月 13 日取得）〉

生物多様性条約市民ネットワーク（CBD 市民ネット）

発行年（月日）	資料名
2009 年 1 月 25 日 a	設立総会・配布資料
2009 年 1 月 25 日 b	趣意書
2009 年 1 月 25 日 c	設立総会議事録
2009 年 1 月 25 日 d	会則

発行年（月日）	資料名
2010年1月23日	第2回総会議事録
2010年5月18日	国連生物多様性の10年NGOイニシアティブ
2010年9月	ポジションペーパー
2010年12月11日	運営委員会議事録
2011年4月29日	終結総会　配布資料
2011年	活動報告

国際自然保護連合日本委員会（IUCN日本委員会）

発行年（月日）	資料名
2011–2015年	事業報告〈http://www.iucn.jp/business-planning-budgeting.html（2016年9月13日取得）〉
2011年9月1日	にじゅうまるプロジェクト（愛知ターゲット実現化事業）について
2009年	IUCNリーフレット〈http://www.iucn.jp/images/stories/iucnj/pdf/leaflet.pdf（2014年3月14日取得）〉
2016年11月5日	にじゅうまるプロジェクト〈http://bd20.jp/（(2016年11月5日取得)〉

道家哲平，2008.3,「JAWANとIUCNと生物多様性条約」日本湿地ネットワーク『JAWAN通信』90: 12–14.

ラムサール・ネットワーク日本（ラムネットJ）

発行年（月日）	資料名
2011–2015年	事業報告〈http://www.ramnet-j.org/about/index.html(2016年9月13日取得)〉
2013年2月9日	田んぼの生物多様性向上10年プロジェクト　行動計画2013
2014年9月10日～2016年8月8日	田んぼ10年だより

柏木　実，2011.5.22,「市民の提案から生まれた「国連生物多様性の10年」」中日新聞朝刊〈http://eco.chunichi.co.jp/viva/interview/page31.html（2016年8月10日取得)〉

———，2015.5.27,「サステナビリティ紀行――田んぼから世界の開発課題とのつながりを考える」サステナビリティCSOフォーラム〈http://suscso.com/kiji/suskiko1505272（2016年6月29日取得)〉.

———，2015.6.21,「日韓NGOの連携――湿地，そして生物多様性」国連生物多様性の10年市民ネットワーク〈http://jcnundb.org/cbd_academics/others_cbd_academics/1616/（2016年7月7日取得)〉.

呉地正行，2007,「水田の特性を活かした湿地環境と地域循環型社会の回復――宮城県・蕪栗沼周辺での水鳥と水田農業の共生をめざす取り組み」『地球環境』12: 49–64.
――――，2008.7,「COP10での『水田決議』とその意義」日本湿地ネットワーク『JAWAN通信』91: 16–19.
――――，2010.7,「生物多様性条約COP10と水田関連決議――水田関連決議を通して見たCBD SBSTTA会合」ラムサール・ネットワーク日本『ラムネットJニュースレター』4: 1.
――――，2013,「水田と生物多様性：ラムサール条約COP11（ルーマニア・ブカレスト）における展開――ローカルの活動をグローバルに発信することの意義と課題」龍谷大学里山学研究センター編『2012年度年次報告書里山学研究　文化となりわいの景観――持続可能社会の構築を目指して』: 47–62.
――――，2013.12.17,「生き物いっぱいの田んぼを取り戻そう――“ふゆみずたんぼ”は湿地の役割も」中日新聞朝刊〈http://eco.chunichi.co.jp/viva/interview/page57.html（2016年8月10日取得）〉.
水田部会・ラムネットJ，2010.9,「水田の生物多様性に関するポジションペーパー」生物多様性条約市民ネットワーク『ポジションペーパー』: 44–47.
UNDB部会，2010.9,「国連生物多様性の10年に関するポジションペーパー」生物多様性条約市民ネットワーク『ポジションペーパー』: 42–43.

遺伝子組み換え食品いらない！キャンペーン（キャンペーン）
食と農から生物多様性を考える市民ネットワーク（MOP5市民ネット）
天笠啓祐，2009,『生物多様性と食・農』緑風出版.
――――，2009.8.15,「生物多様性と遺伝子組み換え生物――2010年の名古屋COP10・MOP5に向けて」『社会運動』353: 28–41.
――――，2010.11.19,「カルタヘナ議定書第5回締約国会議（MOP5）で決まったこと「名古屋－クアラルンプール補足議定書」成立」キャンペーン編『遺伝子組み換え食品いらない！ キャンペーンニュース　News Letter』128: 7–9.
――――，2012.12,「遺伝子組み換え作物に未来はない」岩波書店『世界』837: 212–221.
――――，2015.7,「遺伝子組み換え作物と自治体による独自の規制」『消費者法ニュース』104: 260–262.
キャンペーン編，2009,『遺伝子組み換えナタネ汚染』緑風出版.
MOP5部会，2010.9,「カルタヘナ議定書第27条「責任と修復」補足議定書策定と国内法の改正について」生物多様性条約市民ネットワーク『ポジションペーパー』: 12–15.
MOP5市民ネット，2011,「活動記録」『2009–2011 MOP5市民ネット　活動報告集』: 79–81.
真下俊樹，2009.5.19,「生物多様性条約・カルタヘナ議定書についてもっと知ろう！　第2回COP10・MOP5に向けた学習会　GM汚染は誰が賠償するのか」キャンペーン編『遺伝子組み換え食品いらない！ キャンペーンニュース　News Letter』118: 12–13.
――――，2010.5.13,「カルタヘナ議定書第27条「責任と修復」　第2回共同議長フレンズ会合（クアラルンプール）報告」キャンペーン編『遺伝子組み換え食品いらない！キャンペーンニュース　News Letter』125: 2–3.

―――, 2010.5.27,『カルタヘナ議定書第27条「責任と修復」交渉関係資料』MOP5市民ネット.
―――, 2010.8.7,「カルタヘナ議定書「責任と修復」第3回共同議長フレンズ会合報告　日本政府の姿勢を変え, 国際交渉の流れを変えた私たちの活動」日本消費者連盟編『消費者リポート』1467: 3.
―――, 2010.11.10,「遺伝子組み換えの脅威への新たな防護壁となり得る「名古屋－クアラルンプール補足議定書」を採択」日本消費者連盟編『消費者リポート』1474: 4–5.

国際青年環境NGO A SEED JAPAN（A SEED）

A SEED, 2011,『2010年度年次報告書』.
―――, 2010.7.7,「名古屋ABS議定書に関する日本政府へのNGO提案書　Ver. 6」生物多様性の利用をフェアに！ プロジェクト〈http://www.aseed.org/abs/teigen20100707-Ver.Final.pdf（2016年7月26日取得）〉.
―――, 2010.10.15,「ABS議定書の主な論点と意見」生物多様性条約市民ネットワーク『ポジションペーパー』: 34–37.
小林邦彦, 2010,「遺伝資源の新たなルールの採択になるか？」草刈秀紀編『知らなきゃヤバイ！生物多様性の基礎知識――いきものと人が暮らす生態系を守ろう』日刊工業新聞社: 140–143.
―――, 2015.6.21,「名古屋議定書とその国内実施に向けた課題と考察」国連生物多様性の10年市民ネットワーク〈http://jcnundb.org/cbd_academics/others_cbd_academics/1618/（2016年7月27日取得）〉.
トランス・アジア, 2011,「国連地球生きもの会議を振り返ってPart 1　がけっぷちの地球を救え　国際青年環境NGO『A SEED JAPAN』」CSRマガジン〈http://www.csrmagazine.com/archives/analysts/rep32_01.html（2016年7月20日取得）〉.
東京都国際交流委員会, 2010.4,「未来を担う世代として青年たちが環境問題に取り組む！国際青年環境NGO A SEED JAPAN」れすぱす〈https://www.tokyoicc.jp/lespace/close/close_1004.html（2016年7月20日取得）〉.

国連生物多様性の10年市民ネットワーク（UNDB市民ネット）

発行年（月日）	資料名
2011–2015年	事業報告
2011年10月10日	国連生物多様性の10年市民ネットワーク　会員総会
2016年7月3日	国連生物多様性の10年市民ネットワーク　2016年度通常総会

その他

バイオインダストリー協会, 2008.11,「平成20年度事業計画を承認　第428回理事会を開催」『バイオサイエンスとインダストリー』66(5): 269–271.
―――, 2010.3.4,『生物多様性条約に基づく遺伝資源へのアクセスと利益配分に関する国際的枠組み（International Regime）についての意見書』.

――――, 2011.3,『生物多様性条約に基づく遺伝資源へのアクセス促進事業 平成22年度報告書』.
CBD Alliance, 2010.10.29, *eco*, 35(9).
電通編, 2008,『アドバタイジング〈vol.17〉 特集 生物多様性とビジネス』電通.
JUCO(取りまとめ団体), 2010.10.22,『CBD-COP10開催国日本の開発行為に対するNGO共同宣言』.
長島の自然を守る会(取りまとめ団体), 2010.10,『山口県上関原発建設予定地の環境アセスメントのやり直しを求める要請書』.
野生法ネット(野生生物保護法制定をめざす全国ネットワーク), 2008,『「生物多様性基本法」制定に関する声明』〈http://www.wlaw-net.net/net/biodiversity/law/bd2008-net-seimei.htm(2014年3月9日取得)〉.
大沼淳一, 2010,「生物多様性条約第10回締約国会議(COP10)で起きたこと, 見えてきたこと」『季刊ピープルズ・プラン』52: 104–107.

聞き取り・資料収集の記録

年月日	場　所	対象者
2013年10月20日	千葉県我孫子市	アースデイ・エブリデイメンバーO氏
2013年10月31日	東京都千代田区	虔十の会メンバーG氏
2013年12月13日	東京都港区	IUCN日本委員会職員A氏
2014年1月30日	東京都中央区	IUCN日本委員会職員A氏
2014年2月17日	三重県津市	伊勢三河湾流域ネットワークメンバーD氏
2014年3月24日	メール	伊勢三河湾流域ネットワークメンバーD氏
2014年11月5日	東京都渋谷区	「環境・持続社会」研究センターメンバーL氏
2015年2月12日	東京都新宿区	国際協力NGOセンター職員K氏
2015年2月25日	東京都渋谷区	環境パートナーシップ会議職員B氏
2015年6月1日	東京都文京区	生物多様性JAPANメンバーE氏
2015年6月17日	東京都港区	CEPAジャパンメンバーN氏
2015年8月3日	東京都港区	CEPAジャパンメンバーN氏
2015年8月13日	東京都港区	虔十の会メンバーG氏
2015年9月1日	東京都中央区	IUCN日本委員会職員A氏
2015年9月2日	愛知県名古屋市	環境法律家連盟職員H氏
2015年9月3日	愛知県名古屋市	みたけ・500万人の木曽川トラストメンバーF氏
2016年7月13日	東京都台東区	ラムネットJメンバーC氏
2016年7月21日	東京都新宿区	キャンペーンメンバーM氏
2016年8月7日	東京都新宿区	A SEEDメンバーI氏
2016年8月7日	東京都新宿区	A SEEDメンバーJ氏
2016年12月27日	東京都新宿区	日本消費者連盟メンバー

おわりに

本書は，2016年度に東京大学大学院人文社会系研究科に提出した博士論文「環境NGO・NPOの政策提言運動におけるセクター横断的連携――生物多様性関連の政策決定・実施過程を事例に」を加筆・修正したものである。本書，及び博士論文の執筆にあたっては，以下の既発表論文を元にしている。

第3章：藤田研二郎，2015,「環境保全のクレイム申し立てと経路依存性――オオクチバス問題の論争過程を事例に」『年報科学・技術・社会』24: 57–83.
第5章：藤田研二郎，2016,「生物多様性条約に向けた政策提言型NGOネットワーク組織の連携戦略と帰結」『年報社会学論集』29: 21–32.
第6章：藤田研二郎，2017,「政策提言における環境NGOと政府の連携――生物多様性政策を対象とした比較分析」『ノンプロフィット・レビュー』17(2) , 101–112.
第7章：藤田研二郎，2015,「生物多様性政策をめぐる国内NGOの長期連携――質的比較分析を用いた参加条件の検討」『AGLOS Special Issue』: 1–21.

今思い返してみると，本書に至る研究を始めたきっかけは，「新しもの好き」という筆者の性分に尽きると思う。研究者を志して10年近くになるが，NGO・NPO，環境問題，生物多様性政策といった対象は，まだ研究の世界に入って間もない筆者にとって，目新しいもののように感じられた。専門に社会学を選んだのも，そうした新しいものを積極的に扱えるフットワークの軽さに魅力を感じたことが大きい。逆に言うと，新しさに惹かれたということ以上に，自身の経験に照らしてNGOや環境問題に思い入れが強かったというわけでは必ずしもない。

恥ずかしながら上記のように書いてみると，まったく足元のおぼつかない研究の出発点である。新しいものは常に移り変わる。しかし研究を進める中では，一見「新しい」ものの背後にあるパターン，ないし新しさを求める「構造」（のようなもの）を捉えることに，意識が向いていった。目新しさの看板が変わったとしても，同様に立ち現れる一定の構造。その成立には，問題の現場にかかわる人たちばかりでなく，筆者を含む研究者自身も，時に積極的に関与している。一方で，同時にその構造を反省的に捉えることも，研究者の役割に違いない。今日まで研究を続けることができたのも，パターンや構造を掴むこと自体に面白さを感じたからだと思う。

もっとも，本書でそうした構造を的確に掴めているかどうかは，読者の批判を待たなければならない。筆者自身，真正なる研究者を志しながらも，現状は生活者としての研究にかろうじて携わることができるようになったばかりである。本書を一つの通過点としつつ，今後も精進していきたい。

本研究を進める中では，数多くの方々にお世話になった。この場を借りて，感謝申し上げたい。

まず感謝を述べなければならないのは，調査にご協力いただいた関係者の方々である。一人ひとりお名前を挙げることはできないが，本書を完成させることができたのは，ひとえに皆様のおかげである。調査を通じて目の当たりにした，それぞれの問題の現場で地道な活動を続けてこられた皆様のご尽力には，ただただ敬服するばかりであった。

東京大学の社会学研究室の先生方には，学部・大学院を通じてご指導いただいた。

赤川学先生には，どこに向かうか何が出てくるかわからない筆者の研究を，辛抱強く見守っていただいた。何度もご心配をおかけしたと思う。ただ改めて本書全体を通してみると，学部生時代に先生からご紹介いただいた社会問題の構築主義アプローチのイメージが，筆者の社会学の原体験になっていると思う。フットワーク軽く，さまざまに興味関心を探求されている，「社会調査のなんでも屋」たる先生のお姿は，勝手ながら筆者にとって社会学者の理想である。

松本三和夫先生にも，一方ならぬご指導をいただいた。先生にいかに立ち向かうかということから，考えさせられたことは少なくない。本書の中心的なアイディアも，多くは松本ゼミでの議論から示唆を得た。社会科学者としてのものの見方・考え方について，基礎体力を養っていただいたように思う。また出口剛司先生，祐成保志先生にも，博士論文の審査を通じて大変お世話になった。

明治大学の寺田良一先生には，環境社会学の立場からご指導いただいた。部外者ながらゼミに参加させていただいた3年間は，出身研究室とは違う観点から自身の研究について見つめ直す貴重な機会となった。ご多忙にもかかわらず博士論文の審査にも携わっていただき，感謝の念に堪えない。

大学院での研究生活は，知的刺激の連続だった。ゼミや院生同士の研究会を通じて，切磋琢磨した日々は，今思えばそれが日常だったとは考えられないほど贅沢な時間だった。博士論文の執筆にあたっては，原田峻氏（金城学院大学），富永京子氏（立命館大学）との研究会で，何度も草稿を検討させていただいた。お世話になった人すべてを挙げることはできないが，とくに赤川ゼミの同期諸君には改めて感謝を述べたい。互いに励まし合ったばかりでなく，いつも一歩先を進む準拠集団としての彼らがいなければ，筆者の研究もおそらく進展しなかっただろう。研究者としてのスタートを彼らとともにできたことは，かけがえのない財産だったと心から思う。

現在の勤務先である農林中金総合研究所の皆様にも，日々お世話になっている。また厳しい専門書出版の状況の中で，本書の出版を引き受けてくださったナカニシヤ出版には深くお礼を申し上げなければならない。編集部の由浅啓吾様には，本書の準備段階からご尽力いただいた。

なお本研究は，日本学術振興会特別研究員奨励費（25-10103），松下幸之助記念財団研究助成（16-121）の助成を受けた成果の一部である。また本書の出版にあたっては，平成30年度東京大学学術成果刊行助成を受けている。

2019年1月　藤田研二郎

事項索引

た行

な行

は行

ま行

や行

ら行

人名索引

著者紹介

藤田　研二郎（ふじた　けんじろう）

2011 年　東京大学文学部卒業

2017 年　東京大学大学院人文社会系研究科博士課程修了
　　　　博士（社会学）

2017 年　立命館大学衣笠総合研究機構専門研究員

2018 年　株式会社農林中金総合研究所研究員（現在）

専門は、NGO・NPO 論、環境政策過程論。

主な論文に、「政策提言における環境 NGO と政府の連携――生物多様性政策を対象とした比較分析」（『ノンプロフィット・レビュー』, 2017 年）など。

環境ガバナンスと NGO の社会学

生物多様性政策におけるパートナーシップの展開

2019 年 3 月 30 日　　初版第 1 刷発行

著　者　藤田研二郎

発行者　中西　良

発行所　株式会社ナカニシヤ出版

〒606-8161　京都市左京区一乗寺木ノ本町 15 番地

Telephone　075-723-0111

Facsimile　075-723-0095

Website　http://www.nakanishiya.co.jp/

Email　iihon-ippai@nakanishiya.co.jp

郵便振替　01030-0-13128

印刷・製本＝亜細亜印刷／装幀＝間奈美子

ISBN978-4-7795-1383-1　C3036